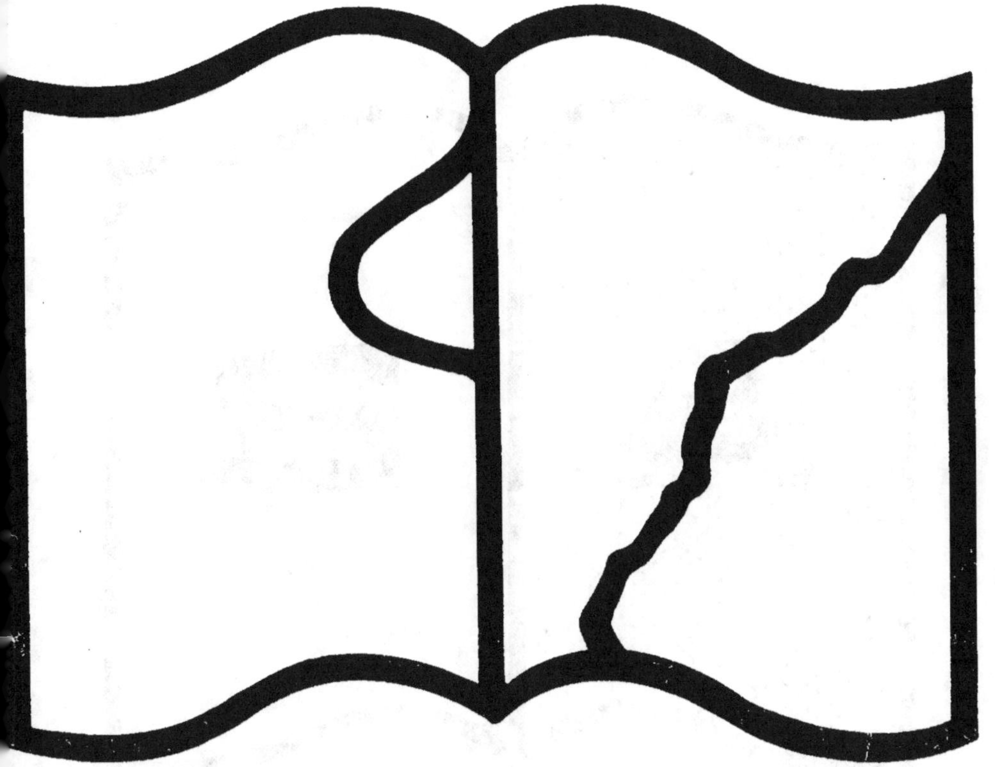

Texte détérioré — reliure défectueuse

NF Z 43-120-11

Contraste insuffisant
NF Z 43-120-14

27327

ENCYCLOPÉDIE-RORET.

MOULEUR

EN VENTE A LA MÊME LIBRAIRIE :

Manuel du Chaufournier, du Plâtrier et du Carrier, traitant de l'Exploitation des Carrières et de la Fabrication du Plâtre, des Chaux, des Ciments, des Mortiers, des Bétons, etc., par M. D. MAGNIER, ingénieur. 1 vol. accompagné de planches. . . . . 3 fr.

Manuel du Ciseleur, ou Art de Ciseler et de repousser tous les métaux ductiles, la Bijouterie, l'Orfèvrerie, les Armures, les Bronzes, etc., par M. J. GARNIER, ciseleur-sculpteur. 1 vol. accompagné de planches. 3 fr.

Manuel du Fondeur, contenant la description des Opérations de Moulage usitées pour le coulage des pièces en Fonte de fer, en Cuivre et en Etain, par M. A. GILLOT, ingénieur. 1 vol. accompagné de planches. (*Sous presse*).

Manuel de Galvanoplastie, ou Traité complet des Manipulations électro-métallurgiques, par M. A. BRANDELY, ingénieur. 2 vol. ornés de figures. . 6 fr.

Manuel du Naturaliste-Préparateur, ou l'Art de préparer les Pièces anatomiques, d'empailler les Animaux, et de conserver les Collections d'Histoire naturelle, par MM. BOITARD et MAIGNE. 1 vol. accompagné de planches. . . . . 3 fr. 50

Manuel du Bronzage des Métaux et du Plâtre, traitant des Enduits et des Peintures métalliques, ainsi que de la Peinture et du Vernissage des Métaux et du Bois, par MM. G. DEBONLIEZ, F. FINK et F. MALEPEYRE. 1 vol. orné de figures. . . . . . 2 fr. 50

Manuel du Fabricant de Cadres, Passe-partout, Châssis, Encadrements, par M. DE SAINT-VICTOR. 1 vol. avec figures. . . . . 1 fr. 50

Manuel de Numismatique, par M. A. BARTHÉLEMY, ancien élève de l'Ecole des Chartes.
1re PARTIE : NUMISMATIQUE ANCIENNE. 1 gros vol. et Atlas in-8 de 12 planches. . . . . 5 fr.
2e PARTIE : NUMISMATIQUE MODERNE ET DU MOYEN-AGE. 1 gros vol. et Atlas de 12 planches. . . . . . 5 fr.

MANUELS-RORET

NOUVEAU MANUEL COMPLET
DU

MOULEUR

EN PLATRE

AU CIMENT, A L'ARGILE, A LA CIRE, A LA GÉLATINE

TRAITANT DU MOULAGE

DU CARTON, DU CARTON-PIERRE, DU CARTON-CUIR,
DU CARTON-TOILE, DU BOIS,
DE L'ÉCAILLE, DE LA CORNE, DE LA BALEINE, ETC.

PAR

MM. LEBRUN ET MAGNIER

SUIVI

DU MOULAGE ET DU CLICHAGE

DES MÉDAILLES

PAR

MM. ROBERT ET DE VALICOURT

NOUVELLE ÉDITION

REVUE, CORRIGÉE ET AUGMENTÉE DES NOUVEAUX PROCÉDÉS
DE MOULAGE

PAR

MM. F. MALEPEYRE ET A. BRANDELY

OUVRAGE ORNÉ DE FIGURES

PARIS
LIBRAIRIE ENCYCLOPÉDIQUE DE RORET,
RUE HAUTEFEUILLE, 12
1875
Tous droits réservés.

AVIS

Le mérite des ouvrages de l'**Encyclopédie-Roret** leur a valu les honneurs de la traduction, de l'imitation et de la contrefaçon. Pour distinguer ce volume, il porte la signature de l'Éditeur, qui se réserve le droit de le faire traduire dans toutes les langues, et de poursuivre, en vertu des lois, décrets et traités internationaux, toutes contrefaçons et toutes traductions faites au mépris de ses droits.

Le dépôt légal de ce Manuel a été fait dans le cours du mois de mai 1875, et toutes les formalités prescrites par les traités ont été remplies dans les divers États avec lesquels la France a conclu des conventions littéraires.

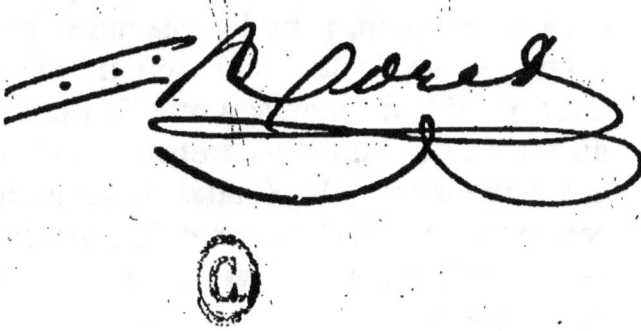

PRÉFACE

L'art du mouleur ne se renferme plus aujourd'hui dans l'éternelle reproduction des statues antiques; il a pris un nouvel essor; il s'associe aux travaux des physiologistes qui, sur les pas de leurs immortels maîtres, se livrent avec persévérance à l'étude des formes extérieures du crâne et du corps de l'homme. L'orthopédiste, le naturaliste, l'archéologue, le numismate ont souvent recours au mouleur, et la majeure partie des personnes qui viennent étudier à Paris s'empressent de joindre la connaissance de son art utile et agréable à toutes celles qu'ils moissonnent dans la capitale, pour les répandre ensuite sur les divers points de la France où ils doivent se fixer. C'est à l'aide du moulage que l'observateur, éloigné du centre des lumières, transmet aux académies et aux corps savants le résultat de ses recherches, qu'il conserve les monstres, les défectuosités, les superfétations qu'il importe d'étudier, de constater et de faire connaître.

D'un autre côté, l'industrie s'est emparée des procédés du moulage et les a mis à profit pour produire de nouveaux objets utiles à l'ornementation de nos habitations et à nos besoins journaliers. Les ciments, les compositions plastiques, la cire, la gélatine, la colle, le papier, le bois même ont fourni au mouleur de nouvelles matières qui ont agrandi son domaine et qui sont devenues, entre ses mains, des produits artistiques, que l'on ne pouvait se procurer auparavant qu'à grands frais.

Le *Manuel du Mouleur en plâtre* avait été rédigé primitivement par M. LEBRUN avec tant de soin et une connaissance si parfaite du sujet traité qu'il a été accueilli par le public avec une faveur marquée. C'est pour lui conserver la place honorable qu'il occupe que nous l'avons complété par le *Moulage et le Clichage des médailles*, travail dû à la plume d'un autre praticien aussi modeste que consciencieux, M. F.-B. ROBERT, de la Société d'Emulation du Jura.

Les procédés de moulage relatifs à des objets extrêmement variés ne sont pas suffisants lorsqu'il s'agit de reproduire des médailles en relief. Ces pièces sont en général d'une grande délicatesse et d'une exécution artistique très-soignée. Nous avons donc cru devoir consacrer à cette branche de l'art du mouleur une partie distincte qui renferme les procédés spéciaux à cette industrie, pratiquée principalement par les numismates et les collectionneurs de médailles. Nous avons été conduits ainsi à diviser ce Manuel en deux Livres bien distincts : les Moulages artistiques et industriels, le Moulage et le Clichage des médailles.

Afin d'éviter au lecteur de longues recherches parmi tous les procédés décrits dans ce Manuel, il a été nécessaire d'adopter des divisions bien tranchées, quoique se succédant progressivement les unes aux autres. L'ouvrage y a gagné en clarté et en concision, les premiers chapitres servant d'introduction aux chapitres suivants, sans qu'il soit nécessaire d'entrer dans des redites toujours fatigantes. Voici le plan que nous avons adopté :

Le premier livre se divise en huit sections :

La 1re contient tout ce qui est relatif au moulage en plâtre, depuis le choix du gypse jusqu'aux procédés nécessaires pour la conservation des figures qu'il produit. Nous avons soigneusement distingué les différentes espèces de moules, et décrit en détail la manière de *mouler* et de *couler* le plâtre. Sans cette précaution, les procédés de moulage sont remplis de confusion et d'obscurité. Cette première section, qui comprend toutes les opérations du moulage, est la plus importante du premier livre.

Les 2e, 3e, 4e, 5e, 6e et 7e sections traitent des *matières molles ou liquides autres que le plâtre*. Les ciments simples et composés, les mortiers, les nouvelles matières plastiques, l'argile, la cire, le carton, le carton-pierre, la sciure de bois, et bien d'autres compositions sont décrites dans le plus grand détail, quant à leur nature et à leur application.

Les 8e, 9e et 10e sections concernent le *moulage des matières solides*, telles que le bois, l'écaille, la corne et la baleine.

Le second livre se divise aussi en quatre sections :

La première traite du moulage des médailles au plâtre et au soufre, ainsi que les procédés de coloration de ces deux matières.

La seconde contient le moulage à l'aide des matières plastiques, telles que la cire, la mie de pain, la colle, la gélatine, la sciure de bois, le papier, le carton, ainsi qu'avec quelques matières dures telles que la pierre, le verre et le bois.

Dans la troisième partie se trouvent décrits le clichage des médailles en métal et la composition des alliages les plus convenables pour cette opération délicate.

Enfin, la quatrième partie renferme en détail les procédés de confection des médaillers, et des cadres de médailles.

Cette nouvelle édition peut donc être considérée comme un ouvrage tout-à-fait nouveau, à cause de la quantité de sujets qui y sont décrits et de l'ordre nouveau dans lequel ils y sont traités. Les annotations et les corrections de MM. Magnier et De Valicourt ont été refondues dans le texte original de manière à en rendre la lecture plus facile. Les perfectionnements industriels les plus récents ont été introduits, toutes les fois qu'il en a été besoin, par MM. F. Malepeyre et A. Brandely. Grâce à la collaboration de ces quatre auteurs, avantageusement connus par divers manuels publiés dans l'*Encyclopédie-Roret*, nous pouvons dire que l'ouvrage que nous offrons aujourd'hui au public est à la hauteur des connaissances actuelles et au courant des industries dont il traite.

L'exécution matérielle a été aussi soignée qu'il nous a été possible. Les figures, autrefois gravées sur des planches en taille-douce placées à la fin des volumes, ont été gravées en relief et intercalées dans le texte, afin d'en faciliter la lecture. Malgré ces changements et ces notables améliorations, le prix de ce Manuel n'a pas été augmenté; il est même moins élevé que celui des anciennes éditions des Manuels du *Mouleur en plâtre* et du *Mouleur en Médailles*, qui se vendaient autrefois séparément et qui sont réunis aujourd'hui en un seul volume. Nous espérons répondre ainsi à la bienveillante appréciation du public et conserver à ce Manuel l'estime dont il a toujours joui auprès des artistes, des amateurs et des industriels.

NOUVEAU MANUEL COMPLET

DU

MOULEUR

INTRODUCTION.

La *plastique* est l'art de prendre des empreintes, de faire des creux sur les reliefs, et de reproduire les originaux à l'aide de ces creux. Cet art est celui du mouleur. Il tient aux beaux-arts et aux arts mécaniques. Appelé à reproduire la sculpture, le mouleur doit en étudier les formes, en sentir les beautés, et se rapprocher ainsi de l'inspiration de l'artiste, tandis que dans la partie technique du moulage, son travail est simplement manuel. Il résulte de cette observation que le mouleur doit opérer avec goût, intelligence, en même temps qu'il doit s'efforcer d'acquérir beaucoup d'habitude, et se conformer à l'observation rigoureuse des moyens pratiques du *métier*.

On rencontre peu de mouleurs *véritablement artistes*, qui s'attachent à rendre le moelleux des formes d'une Vénus, la souplesse d'une Diane, le grandiose d'une Cléopâtre. Ceux-là s'inquiètent si le creux, mal rejoint, multiplie les coutures ou lignes saillantes;

si, faute de solidité, leur moule ne pourra fournir que peu de plâtres; si l'oubli de telle ou telle précaution expose les figures à se gercer, à s'écailler, à se couvrir de farine, et à d'autres inconvénients. D'autres mouleurs, et c'est le plus grand nombre, sont uniquement ouvriers. Dénués de réflexion, de sentiment, ils croient avoir tout fait en recouvrant grossièrement de plâtre une statue, et en rapprochant avec soin les pièces dont se composent leurs moules. Le rapport des parties, la grâce et le fini de l'ensemble, la fidélité des positions se rencontrent rarement dans leurs productions informes, dont ils ne soupçonnent pas même les défauts. Nous osons espérer que notre Manuel fera éviter ce double écueil à nos lecteurs.

Le bien-être, le goût éclairé des arts, qu'amènent nécessairement le perfectionnement de l'industrie et l'accroissement des lumières, ont, depuis un certain nombre d'années, donné à l'art du moulage une extension qui doit s'augmenter encore. Mais avant de montrer le haut point auquel la plastique est parvenue de nos jours, jetons un regard sur son origine et ses progrès successifs.

Si les commencements de la statuaire en bronze et de la sculpture en marbre sont obscurs, ceux de la plastique qui les ont précédés ne le sont pas moins. Quelques assertions des livres saints témoignent que les Egyptiens, les Phéniciens et les Hébreux la connurent d'abord : quelques passages du livre de Job concernant ce sujet, les prétentions des Grecs à sa découverte, qu'ils attribuèrent à Dibutade, les souvenirs de Dédale, tels sont les seuls éclaircissements que l'on puisse réunir à cet égard. Cela suffit pour nous prouver que la plastique était connue de l'antiquité, mais non pour nous révéler ses opérations et ses progrès. Après avoir consulté tous les auteurs, recueilli toutes les opinions, expliqué tous les témoignages relativement à la plastique, le savant M. de Clarac, qui a été conservateur des Antiques au musée du Louvre, termine par dire que l'argile fut la première matière de cet art, et que les potiers furent les premiers plasticiens. Sa vaste érudition, d'accord avec la vraisemblance, prouve que c'est aux essais, aux productions de ces artisans, que la plastique, la statuaire et la sculpture durent leur naissance.

Le grand nombre de figures en terre cuite qui nous restent, comme monuments de la plastique, sont pourtant loin de remonter à une très-haute antiquité. Plusieurs ont été trouvées dans les ruines de Pompéi et d'Herculanum, et portent des traces de peinture et de dorure qui attestent une origine moins reculée; mais elles n'en sont pas moins intéressantes et prouvent les premiers perfectionnements de l'art.

La souplesse et le moelleux de la cire feraient penser qu'elle dut être une des substances qui servirent d'abord au moulage, lors même que cette opinion ne serait pas appuyée sur le témoignage des écrivains de l'antiquité. Mais la préparation de la cire, beaucoup moins simple que celle de l'argile, ne permit de l'employer qu'après celle-ci. Une fois son usage reçu, il devint habituel. La cire entrait dans les couleurs, et l'on avait chez les anciens une expression fort usitée, *peindre avec des cires*. Chez les Romains, elle servait à faire les portraits, les bustes, les trophées de famille, que l'on conservait à la fois avec orgueil et piété. Elle devint un accessoire très-important de la sculpture.

INTRODUCTION.

Le plâtre, qui joue maintenant le principal rôle dans le moulage, n'est vraisemblablement qu'une des dernières matières mises en œuvre, bien qu'il fût connu des anciens. Hérodote, Théophraste, font mention du gypse (nom que porte encore la pierre de plâtre), mais non point comme d'une substance plastique. « Il a fallu sans doute, dit M. de Clarac, bien
« des essais sur différentes matières minérales, une
« grande expérience et des découvertes dues au ha-
« sard, avant de parvenir à savoir que, pour pouvoir
« se servir de cette pierre calcaire, il était indispen-
« sable de la cuire à un certain degré, de la broyer
« et de la mêler avec l'eau dans une juste propor-
« tion, pour la rendre propre aux divers usages dont
« le plâtre est susceptible, soit pour former du ci-
« ment par son mélange avec d'autres matières, soit
« pour se prêter à rendre exactement toutes les for-
« mes comme moule et comme objet moulé. En ad-
« mettant même qu'on eût découvert de bonne heure
« les propriétés du plâtre, il y avait encore bien des
« pas à faire avant de pouvoir en profiter. Cette sub-
« stance ne se laisse pas, comme l'argile ou comme
« le bois, travailler dans sa masse ; elle n'a jamais
« pu servir à faire un ouvrage original. Elle ne peut
« prétendre qu'à reproduire, en s'y adaptant, les for-
« mes qui ont été exécutées avec d'autres matières.
« Ses productions sont toujours des copies, ou, si l'on
« veut, des *fac-simile* d'autres ouvrages : une statue
« en plâtre en suppose une autre dont elle n'est que
« la répétition. »

Ces observations judicieuses s'appliquent également à l'art et à la matière spéciale de la plastique. Dépendante de la sculpture, elle en a toujours suivi le sort depuis la renaissance des arts, puisque, ainsi que nous l'avons vu, l'usage du plâtre est d'invention moderne. Dans ce beau siècle de Médicis, qui vit la poésie, la peinture et la sculpture se ranimer, le moulage en plâtre parut avec *Verrochio*. Cet artiste en fit usage le premier sur la nature morte ou vivante. Sculpteur et peintre, il n'eut pour but que de choisir les formes les plus heureuses, de réunir de belles proportions, presque toujours séparées, de fixer des traits prêts à s'échapper. Bientôt ce moyen devint un art. Ce ne fut plus un seul individu qui le fit servir à ses études particulières. Sur les traces du *Rosso*, du *Primatice*, qui reproduisent les trésors de l'antiquité, une foule de mouleurs multiplient les statues, bustes, bas-reliefs de la Grèce et de Rome, ruines précieuses, chefs-d'œuvre immortels dont l'étude et l'imitation font naître de nouveaux chefs-d'œuvre. Le moulage, qui secondait cette heureuse révolution, fut bientôt pratiqué en France comme en Italie, quand François Ier appela près de lui les artistes de cette terre, alors patrie des arts. Les importants travaux de la Toreutique, ou statuaire en bronze, ne tardèrent pas à orner les deux pays, et le moulage s'y associa.

La plastique, chez les anciens, s'unissait aussi à la fonte du bronze, mais le plâtre n'y paraissait point. Il était absolument étranger aux opérations dans lesquelles on l'emploie maintenant comme modèle, moule et noyau. Alors, comme aujourd'hui, le modèle se formait d'argile ; on en enlevait une épaisseur égale à celle qu'on voulait donner au métal. Ainsi l'on faisait à peu près ce que nos mouleurs appellent *engraisser*, et le modèle devenait le noyau. Ce noyau se faisait cuire, on le couvrait de cire, et c'était sur la cire terminée et réparée que l'on achevait l'ouvrage. Cela ne se pratique plus ainsi de nos jours.

Le temps qui s'écoula entre les règnes de François Ier et de Louis XIII fut perdu pour les arts. Mais, à cette époque, protégés par un puissant ministre, ils reparurent, et avec eux le moulage reprit faveur.

Louis XIV fit mouler à grands frais, à Rome, les antiques et toute la colonne Trajane. Les souverains, les amateurs imitèrent cet exemple. L'impératrice de Russie voulait aussi plus tard avoir le moule de la fameuse colonne. Les habitations particulières s'embellirent à la fois des chefs-d'œuvre de l'Italie et des productions des artistes français. Les détails du moulage, ignorés jusqu'alors, commencèrent à se répandre.

De nos jours, le goût des arts subsiste dans toute sa force, dans toute sa pureté; néanmoins le *positif*, qui s'unit à tout, dut chercher des améliorations dans les matières employées. Aussi diverses tentatives furent-elles faites pour composer des pierres factices et des mortiers; aussi la *Société pour l'encouragement de l'industrie nationale* provoqua-t-elle la découverte d'une matière plastique, réunissant aux avantages du plâtre la solidité, dont, par malheur, il est dépourvu; aussi les productions du moulage cessèrent-elles d'être uniquement consacrées à la vue. Elles parurent contenant des liquides, servant de caisses pour les arbustes et pour les fleurs, formant des tuyaux et des conduites d'eau, et s'appliquant à une foule d'usages industriels.

La plupart des autres substances sur lesquelles s'exerce encore l'art de mouler, ont subi des améliorations notables. Ainsi le moulage de la cire a produit celui du mastic, qu'il ne faut pas confondre avec le mastic à préparer les creux. Le moulage du carton a tout récemment produit le carton-pierre. L'art de mouler la sciure de bois, dont le produit est connu sous le nom de *similibois*, est encore une nouvelle conquête de l'industrie.

Ces découvertes, ces perfectionnements exigeaient nécessairement un nouvel ouvrage sur l'art du mouleur. Nous avons pensé que la collection encyclopédique des *Manuels-Roret* devait comprendre cet utile traité.

Nous ne rappellerons pas les améliorations successivement apportées aux précédentes éditions du *Manuel du Mouleur*, par M. Frédéric Déniau, sculpteur avantageusement connu, et par M. Magnier, ingénieur civil, auteur de plusieurs Manuels de la même collection. Mais nous croyons devoir insister sur les avantages que présente cette nouvelle édition.

Rien n'a été négligé pour rendre cet ouvrage parfaitement complet, pour réunir les anciens procédés aux méthodes nouvelles. Tous les ouvrages qui pouvaient offrir quelques éclaircissements sur la matière, ont été l'objet de nos recherches. Nous y avons joint les résultats de notre expérience personnelle; nous avons examiné les substances, essayé les opérations, fréquenté les ateliers. Nous pouvons donc espérer que cet ouvrage rendra à la fois service aux apprentis-mouleurs, en les familiarisant avec les procédés ordinaires; aux maîtres, en leur indiquant des découvertes précieuses, des méthodes perfectionnées; enfin aux amateurs, en les mettant à même de mouler avec peu de peine une foule d'objets.

LIVRE PREMIER

MOULAGES ARTISTIQUES ET INDUSTRIELS

PREMIÈRE SECTION

MOULAGE EN PLATRE.

CHAPITRE Ier.

Choix, tamisage et durcissement du plâtre.

§ 1. NOTIONS GÉNÉRALES SUR LE PLATRE.

Le plâtre, si nécessaire aux œuvres de la sculpture, rappelle, dans son nom, la plus précieuse de ses propriétés; en effet, écrit autrefois *plastre*, et vraisemblablement dérivé du mot *plastique*, il présente à l'imagination l'idée d'une matière susceptible de prendre rapidement toutes les formes que peut produire cet art. Avant qu'il ait subi la calcination, on l'appelle vulgairement *pierre à plâtre*; on le nomme *gypse* avec les naturalistes, d'après le mot latin *gypsus*, donné par les anciens Romains à cette substance calcaire. La chimie, qui presque toujours dans les noms qu'elle impose aux corps, en fait pressentir la composition, appelle la pierre à plâtre *sulfate de chaux* (combinaison de chaux et d'acide sulfurique); le nom de plâtre sert donc à désigner la matière plastique obtenue avec le sulfate de chaux hydraté natif, calciné et réduit en poudre.

Le sulfate de chaux hydraté (*pierre à plâtre*) se rencontre, en général, dans les parties supérieures des terrains secondaires, et dans les terrains tertiaires. Dans les premiers, il constitue des couches puissantes, intercalées de lits calcaires; parmi les seconds, il forme des dépôts plus ou moins étendus, accompagnés d'argile ou de marne; c'est ainsi qu'on le trouve aux environs de Paris, d'où, indépendamment de la consommation de cette ville, il s'en expédie dans d'autres départements et à l'étranger.

La France est le pays qui fournit le plus de plâtre et de la meilleure qualité. Celui des anciennes carrières de Montmartre était très-estimé, parce qu'il était plus dur après avoir été détrempé, et se boursoufflait moins que tout autre; mais indépendamment de la nature avantageuse du plâtre, ses qualités dépendent, en grande partie, de sa préparation, dont nous nous occuperons bientôt.

On remarque, dans l'extraction de la pierre à plâtre, trois variétés principales : l'une, en cristaux agglomérés ou masses informes, dont on exploite les plus grandes quantités, contient environ douze centièmes de son poids de carbonate de chaux; c'est la pierre communément employée pour former ce plâtre qui sert aux constructions, et pour amender les terres en culture. La deuxième, formée de sulfate de chaux lamelleux, cristallisé et presque pur, se présente en tables biselées à base de parallélogrammes obliquangles; on le rencontre aussi sous la forme de prismes et de lentilles plus ou moins volumineuses, isolées ou groupées en rosaces, en fer de lance, et jaunâtre ou limpide comme de l'eau; il sert à la préparation du plâtre fin, qui est réservé pour les divers moulages, et la fabrication du stuc. La troisième variété, en usage dans les arts industriels, se présente en masses homogènes, demi-transparentes, blanches, offrant des zônes jaunâtres; elle est susceptible d'acquérir plus de dureté par un léger recuit, et de prendre différentes teintes. Cette substance, que l'on connaît sous le nom d'*albâtre gypseux*, et dont on fait des vases et divers autres objets d'ornements, ne doit pas être confondue avec l'albâtre des anciens, qui est formé de carbonate de chaux cristallisé de couleur jaunâtre, veiné, susceptible d'un poli très-doux.

La cuisson du plâtre se pratique généralement dans des fours de construction très-simple, présentant d'assez graves défauts; aussi a-t-on inventé d'autres dispositions plus économiques, dans le détail desquelles il est inutile d'entrer. Nous dirons seulement que l'on a essayé, avec succès, les fours coulants, comme ceux où l'on cuit la chaux, et qu'on a aussi cherché à économiser le combustible, en combinant les fours à plâtre avec les fours à coke. Enfin, M. Violette a tenté de cuire le plâtre à l'aide de la vapeur surchauffée. Ce procédé n'est pas économique, mais il procure une très-grande régularité dans la température, ce qui permet d'obtenir des plâtres bien homogènes, très-propres aux moulages délicats.

La fabrication du plâtre consiste en deux opérations successives : cuire le plâtre et le pulvériser.

Dans les environs de Paris, on la divise, à coups de marteau, en morceaux de la grosseur d'un œuf;

on entasse ces morceaux, à sec, en forme de voûte, sous des hangars : un feu de bois s'allume sous ces voûtes, et s'entretient jusqu'au moment où les pierres commencent à rougir. Le feu est alors retiré, on fait crouler les voûtes et l'on procède sur-le-champ à la pulvérisation de la pierre calcinée.

Divers moyens sont mis en œuvre pour parvenir à ce but. Le plus simple consiste à battre le plâtre à bras avec une batte. Cet instrument est un long et fort bâton, courbé à son extrémité supérieure, celle que l'on tient à la main; élargi et ferré à son extrémité inférieure, celle qui porte sur la pierre. Cette opération entraîne de graves inconvénients; elle fatigue extrêmement l'homme qui la pratique : en l'exposant continuellement à la poussière du plâtre, elle lui fait contracter des affections de poitrine souvent très-dangereuses; enfin, elle est très-coûteuse. Un homme fort ne peut battre que 4 à 5 hectolitres par jour, tandis qu'avec différentes machines, on obtient jusqu'à 60 hectolitres de plâtre battu, dans le même espace de temps.

Le battage à bras n'est point du tout favorable au plâtre. Il est préférable de le broyer dans un mortier, avec un fort pilon; c'est le moyen de conserver la fleur du plâtre et de le rendre plus onctueux. Quelques personnes commencent par le battre dans le mortier avant de le piler, mais l'expérience engage à le broyer simplement. On a soin que, pendant cette opération, le plâtre n'absorbe point d'humidité.

On trouvera dans le *Manuel du Chaufournier, Plâtrier, Carrier*, de l'*Encyclopédie-Roret*, sur ces machines, des détails intéressants qui seraient inutilement placés ici; le mouleur en plâtre ne pouvant faire la dépense de leur construction, de l'entretien, des chevaux qui meuvent les unes, ni se procurer l'eau qui fait agir les autres, se contente de prendre son plâtre en poudre chez le plâtrier. Habitant des villes, il ne peut se livrer aux soins étendus qui occupent le manufacturier, et d'ailleurs, quelle que soit l'extension de ses produits, sa consommation en plâtre ne serait jamais en rapport avec la puissance de ces machines. Mais comme il est de la dernière importance pour le mouleur d'employer du plâtre parfaitement préparé, il doit connaître les modes de fabrication qui atteignent le mieux ce but. Et, par exemple, s'il achète le plâtre au sac, il donnera au plâtre écrasé au moulin, la préférence sur le plâtre battu à bras. En voici la raison : les moulins à écraser cette substance sont des moulins à meules verticales, dont l'auge en fonte est percée d'une multitude de petits trous, par lesquels le plâtre passe à mesure qu'il est pilé. Un crible placé au-dessous de l'auge se trouve agité par le mouvement même de la machine, et sépare la poudre très-fine de celle qui ne l'est pas encore assez. Cette dernière est remise de suite dans la pile pour être pulvérisée convenablement. Or, pendant ces opérations, la partie la plus délicate du plâtre ne se perd pas en poussière, comme cela arrive lorsqu'il est battu.

Le mouleur devra s'attacher à choisir du plâtre gras et nouvellement cuit ; il est avantageux pour lui de l'employer le plus promptement possible après sa calcination.

Nous avons dit que le mouleur choisira du plâtre *gras* ; ce terme, familier aux plâtriers, doit être expliqué. Le plâtre gras est celui qui est onctueux et qui s'attache aux doigts, lorsqu'on l'a délayé avec de l'eau.

Nous n'emploierons cette expression que cette seule fois pour faire comprendre l'action de *gâcher*. Ainsi donc, lorsque le mouleur voudra acheter du plâtre, il commencera par en gâcher quelque peu, afin d'en apprécier la qualité. Il attendra ensuite quelques instants pour observer les différents états qu'offrira le plâtre; pour juger s'il prend promptement ou avec lenteur, c'est-à-dire s'il absorbe l'eau plus ou moins vite, s'il se durcit ou conserve toujours une sorte de fluidité. Ces observations lui feront apprécier les diverses qualités du plâtre. S'il est gras, c'est un signe certain qu'il est bien cuit; s'il prend lentement et finit par beaucoup durcir, on doit croire qu'il est cuit et broyé récemment. Il faut attribuer aux causes contraires les effets opposés, tout en se rappelant néanmoins que bien souvent la nature du plâtre varie suivant les carrières. Les plâtres de Vaujours et des Prés-St-Gervais sont très-estimés pour leur consistance, et parce qu'ils ont l'avantage de très-peu se gonfler après le travail.

Au surplus, l'industrie plâtrière est assez avancée de nos jours et la fabrication est assez soignée pour que le mouleur puisse prendre avec confiance son plâtre chez les principaux plâtriers de Paris. Parmi les maisons qui préparent le plâtre spécialement pour les mouleurs et les figuristes, on doit citer la maison Letellier, rue du Chemin-Vert, 12, à Paris, qui livre au commerce du plâtre très-fin dit *plâtre d'albâtre*.

La confection des moules qui, quoique faits en plâtre, n'en sont pas moins uniquement des instruments pour couler le plâtre, n'exige pas un plâtre aussi pur que celui qui est destiné au moulage. Aussi, le mouleur achètera-t-il, pour les confectionner, du plâtre en poudre qu'il prendra le plus gras et le plus récent possible. S'il ne l'emploie pas entièrement, il conservera le reste dans des tonneaux ou caisses qu'il aura soin de mettre dans des lieux secs, à l'abri des ardeurs du soleil, pour le transporter de la carrière dans son atelier. Si la distance est peu considérable, le mouleur se contentera de le faire soigneusement renfermer dans des sacs de moyenne dimension. Il ajoutera à ce plâtre celui que lui fournira le rebut du plâtre de choix.

Le mouleur, qui n'habite pas auprès d'une plâtrière ou qui en a une dans son voisinage dont les produits laissent à désirer, doit faire venir son plâtre en sacs, quelquefois de fort loin. Il n'est pas toujours bien certain de la qualité du plâtre qui lui est expédié; il est donc prudent qu'il le tamise lui-même avant de l'employer. Voici comme il doit opérer :

Le plâtre étant suffisamment pilé, lorsqu'on veut l'obtenir à un très-grand degré de finesse, on le passe au tamis de crin plus ou moins serré, suivant la nature des ouvrages auxquels il est destiné. S'il doit servir à mouler des objets très-délicats, tels que des pierres gravées, des médailles, des fleurs, de petits modèles de monuments d'architecture, etc., on le passe au tamis de soie. Les ouvriers disent communément *passer au pas de crin, au pas de soie.* Il reste une assez forte partie de plâtre sur ces différents tamis, on le remet dans le mortier, on le broie de nouveau, puis on le conserve sans être passé, pour les mêmes usages auxquels on destine le plâtre acheté en poudre. On joint quelquefois à celui-ci le plâtre de tamis appelé *mouchette*, ou bien on le garde à part.

Le plâtre tamisé, les mouchettes et tout autre plâtre,

sont soigneusement renfermés dans des caisses et tenus dans un endroit parfaitement sec; car le plâtre perd sa force en s'éventant et s'altère très-vite en absorbant l'humidité de l'air. Il ne peut plus alors se durcir en séchant, et l'oubli de cette dernière précaution suffit pour rendre inutiles toutes les précautions précédentes.

§ 2. ANALYSE CHIMIQUE DU PLATRE.

Il est souvent utile de connaître la composition du plâtre dont on veut faire usage. Le procédé suivant d'analyse chimique remplit facilement ce but : « On traite la pierre à plâtre par l'acide hydrochlorique étendu; elle s'y dissout avec effervescence, parce que le sous-carbonate de chaux qu'elle contient est décomposé; on fait évaporer la dissolution jusqu'à siccité complète. On traite le résidu par l'alcool; celui-ci dissout le chlorure de calcium et un peu de chlorure de fer provenant de l'oxyde de ce métal, que contient ordinairement la pierre à plâtre. La portion du résidu insoluble dans l'alcool est le sulfate de chaux isolé; on précipite le fer par l'ammoniaque; on filtre la liqueur, puis ajoutant dans celle-ci de la solution de sous-carbonate de soude jusqu'à léger excès, on précipite à l'état de sous-carbonate toute la chaux qu'elle contient. Il suffit de recueillir ce précipité sur un filtre et de le faire dessécher à la température de 100°, pour connaître le poids du sous-carbonate calcaire que contenait la pierre à plâtre. »

§ 3. DURCISSEMENT ET MARMORISAGE DU PLATRE.

On prend un bloc de plâtre tel qu'il sort de la carrière, et on lui donne la forme qu'on veut à la scie, au ciseau, au tour, etc., puis on le met sécher pendant environ 24 heures dans un four. Si la pièce qu'on a ainsi préparée n'a que 36 millimètres d'épaisseur, on ne la laisse que 3 heures dans le four chauffé pour la cuisson du pain; si elle est plus épaisse, on l'y laisse plus longtemps, on la retire ensuite avec précaution. Quand elle est froide, on la trempe pendant 30 secondes dans l'eau de rivière; on l'expose ensuite à l'air pendant quelques secondes, et on la plonge de nouveau dans l'eau pendant une ou deux minutes suivant son épaisseur. Cette pièce ainsi préparée est exposée à l'air où elle acquiert, au bout de trois à quatre jours, la dureté et la densité du marbre. Alors elle est susceptible de se polir. Si on veut la colorer, il faut le faire une heure après la seconde immersion dans l'eau. Les couleurs végétales sont celles qui pénètrent le mieux dans ces sortes de pierres. Le poli est toujours la dernière opération qu'on doit leur faire subir; il se donne à l'aide des procédés ordinaires. On opère de même pour l'albâtre. Pour faciliter la main-d'œuvre de l'artiste, on fait cuire davantage la pièce, après l'avoir préalablement dégrossie. Quand elle est achevée et cuite d'avance, on la met dans l'eau, comme nous l'avons déjà dit pour le plâtre.

Il y a tout lieu de croire que ce ne sont que les albâtres gypseux que l'on peut traiter ainsi.

§ 4. DURCISSEMENT ET ALUNAGE DU PLATRE.

Depuis quelque temps, on prépare, au moyen du plâtre, une nouvelle substance plastique qui, tout en conservant une partie des propriétés de la matière première, en acquiert de nouvelles. Le plâtre aluné se rapproche du marbre par le poli, et il résiste très-bien aux intempéries de l'atmosphère. Voici en peu de mots sa fabrication qui a été, en France, l'objet d'un brevet, et dont M. Curtel rend compte dans le Dictionnaire des Arts et Manufactures.

On commence à cuire dans un four à réverbère, chauffé à l'air chaud, le plâtre que l'on veut aluner; on a eu soin de choisir pour cela les pierres les plus belles et les plus blanches. Lorsque la cuisson est terminée, on laisse refroidir le plâtre, puis on le dépose dans des grandes caisses en bois à claire-voie, que l'on place dans un bain d'eau tenant en dissolution 10 pour 100 d'alun. Après une immersion de quelques minutes, on retire la caisse, on la laisse égoutter quelque temps au-dessus du bain, puis on la vide sur une aire préparée pour le recevoir. Ce plâtre aluné est porté dans le four, et on le remet à une température beaucoup plus élevée que la première fois, et qui doit être poussée jusqu'au rouge. Après l'avoir laissé refroidir, on le pulvérise dans un moulin en fonte, puis on le blute.

Récemment on a perfectionné ce procédé de fabrication d'une manière remarquable. On mélange intimement le plâtre avec de l'alun en poudre, puis on chauffe une seule fois; on voit par là qu'on obtient une grande économie de combustible et de main-d'œuvre.

§ 5. DURCISSEMENT DU PLATRE ; PROCÉDÉS GREENWOOD, SAVAGE ET Cie.

Fabrication. — Dans ce mode de fabrication, dont la découverte appartient à M. Keene, de Londres, on fait subir au plâtre une première cuisson, afin de lui enlever son eau de cristallisation. Ce plâtre est immédiatement jeté dans un bain d'eau saturée d'alun, où il reste pendant environ six heures. On l'expose à l'air libre pour le faire sécher, et ce n'est que dans cet état qu'il est rapporté au four pour subir une seconde cuisson, qui n'est parfaite qu'autant que le plâtre est arrivé au rouge-brun. A ce point toutes les opérations sont terminées.

Le plâtre ainsi traité est immédiatement porté sous les meules qui le pulvérisent, il passe ensuite dans un blutoir, et de là dans des tonneaux pour être livré à la consommation.

Avant de donner au plâtre en roche aucune cuisson, on fait un choix et l'on réunit dans trois classes les pierres parfaitement blanches, celles qui le sont moins, et enfin celles qui sont recouvertes de parties terreuses et métalliques. Les premières donnent à la pulvérisation un plâtre très-blanc, les secondes un plâtre mi-blanc, et la dernière est destinée à recevoir une addition de sulfate de fer au bain d'alun, pour obtenir une nuance rouge-brique. On doit ajouter que les pierres à plâtre les plus favorables à ce genre de fabrication sont celles qui se présentent à l'état le plus universellement répandues et dont on ne fait presque aucun usage, en raison du peu de résistance qu'offre le plâtre qu'elles produisent.

Moyens d'emploi. — Ce plâtre doit être gâché serré, de manière à l'amener à la consistance d'un fromage à la crème. Les surfaces sur lesquelles il doit être appliqué doivent être, en outre, suffisamment mouillées pour éviter une absorption trop rapide. Il se travaille avec les mêmes outils et plus facilement que le plâtre ordinaire.

Qualités. — Ce plâtre a la propriété de se conserver, soit en tonneaux, soit à l'air, sans s'altérer. Nous avons eu pendant une année au moins de ces plâtres, et la partie la plus exposée à l'air et dans un endroit humide, a présenté des grumeaux qui avaient acquis assez de consistance pour qu'il fallût les écraser; l'emploi en a été très-satisfaisant et n'a rien laissé à désirer. Gâché, il devient en séchant d'une dureté extrême. Sa prise est lente, et ce n'est guère qu'au bout de quelques heures que le durcissement commence à s'opérer; jusque là, il peut être remanié sans inconvénient, et s'emploie en conséquence sans aucune perte. Sa dilatation et son retrait sont presque insensibles, si bien qu'il faudrait des observations extrêmement précises pour les constater. Il adhère avec une extrême énergie sur le bois, la pierre, le fer et le plâtre, et les applications diverses qui en ont été faites prouvent que le temps n'avait pas diminué leur adhérence.

Application. — On l'utilise dans les constructions pour les enduits, pour les décors, imitations de marbres et autres, pour les scellements, les rejointements, le rebouchage et le repiquage des pierres, enfin au badigeon des bâtiments, et ces badigeons doivent avoir une grande durée. Comme le plâtre ordinaire, il est propre au moulage des objets d'art, et il a l'avantage d'offrir une grande solidité. Mêlé à une quantité égale de sable, on obtient des produits très-remarquables et très-satisfaisants. C'est dans cette condition qu'il s'emploie presque uniquement en Angleterre, là où le décor, le goût et l'art sont généralement peu répandus; mais en France, où la mode, le goût et le luxe sauront trouver des applications nombreuses à ce produit nouveau, il sera facile, comme en Angleterre, de le mélanger, afin de le mettre à la portée des classes les plus pauvres : leurs habitations seraient à la fois plus propres, plus saines et d'une plus grande durée. Le riche trouverait, en outre, dans les qualités supérieures, les moyens de décorer ses maisons.

Nous avons apporté divers perfectionnements dans la fabrication de ce produit, applicables principalement au moulage des objets d'art; nous avons donné à la pâte plus de finesse et de transparence, et nous sommes sur la voie de perfectionnements plus grands encore par leur généralité, et nous ne doutons pas de leur succès.

§ 6. Durcissement du platre; procédé Sorel.

On a fait connaître dans l'article précédent un procédé importé d'Angleterre pour le durcissement du plâtre. Nous croyons être utile à l'industrie en indiquant un autre procédé plus simple, et qui donne plus de dureté aux plâtres que le procédé à l'alun de M. Keene, de Londres.

Ce procédé consiste tout simplement à gâcher le

plâtre avec une solution de sulfate de zinc neutre, à 8 ou 10 degrés aréométriques, dans laquelle solution il est bon de faire dissoudre un peu de gomme arabique ou de colle de gélatine. La gomme ou la colle empêchent le plâtre de sécher aussi vite, mais elles en augmentent considérablement la durée.

Le procédé que nous venons d'indiquer donne au plâtre, outre la dureté, une propriété très-remarquable : c'est de préserver le fer de la rouille par un effet galvanique, contrairement au plâtre ordinaire qui le fait considérablement rouiller, ce qui permet de l'employer au pinceau sur les objets en fer, comme de la peinture à la détrempe. On peut encore, en lui donnant plus de consistance, l'employer au scellement de pièces en fer dans les ouvrages de bâtiments et autres.

Il est probable que le sulfate de zinc, mélangé avec toute autre substance que le plâtre, par exemple avec de la chaux ou de la craie, produirait le même effet sur le fer.

L'effet préservateur de la rouille que possède le sulfate de zinc provient probablement de ce que ce sel se décompose en partie, et qu'une petite quantité de zinc à l'état métallique se précipite sur le fer, et forme avec ce métal un couple galvanique qui constitue le fer à l'état électro-négatif.

Disons encore, à propos du durcissement du plâtre, que la plupart des sulfates métalliques et autres donnent au plâtre de la dureté ; tels sont, par exemple, le sulfate de fer, de cuivre, de soude. Ce dernier sel durcit beaucoup le plâtre; mais celui-ci, en se séchant, se couvre d'efflorescences.

CHAPITRE II.

Outillage.

Les outils du mouleur en plâtre sont très-simples.

Les premiers dont il a besoin sont ceux qui lui servent à préparer le plâtre et à le rendre propre à son travail. L'achetant tout cuit et tout broyé chez le fabricant, il n'a plus qu'à le tamiser. Il emploie pour cela le tamis de crin ou de soie (fig. 1), tissé très-finement ou bien encore le *tamis à tambour*, double tamis fermé à sa partie supérieure par un couvercle et garni à sa partie inférieure d'une boîte dont le fond est en peau. C'est ce fond qui reçoit le plâtre fin qui a passé à travers le tamis.

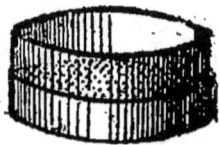

Fig. 1.

Pour conserver le plâtre, on emploie des sacs, des caisses ou des tonneaux. Pour le garantir de toute humidité et pour éviter qu'il ne s'évente, on l'enferme dans de grands vases cylindriques en terre, à large ouverture et d'une contenance de 20 litres environ, que l'on bouche hermétiquement avec de forts bouchons de liége.

Pour gâcher le plâtre, on se sert de sébilles en bois de différentes grandeurs (fig. 2), que l'on râcle après s'en être servi avec des spatules ou de simples cuillers en bois pour enlever le plâtre resté sur les parois. Les vases en terre vernissée

Fig. 2.

ou en faïence, bien qu'ils n'aient pas cet inconvénient, sont rejetés dans la pratique, à cause de leur peu de solidité et de leur prix relativement bien supérieur.

Le mouleur se sert également de baquets, pourvu qu'il ait la précaution de les frotter d'huile ou de cire, surtout quand ils sont neufs. Les sébilles, vases et baquets doivent toujours être tenus bien propres et à l'abri de la poussière.

On doit éviter de faire usage de cuillers ou de spatules en métal, afin de ne pas colorer le plâtre, en vert, si l'instrument est en cuivre, ou en jaune, s'il est en fer.

Lorsque le mouleur doit employer de suite une assez grande quantité de plâtre, il se sert d'augettes (fig. 3) de diverses grandeurs, qu'il emploie suivant

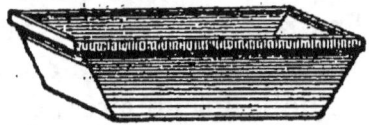

Fig. 3.

la force des ouvrages qu'il est appelé à confectionner.

Nous venons de voir quels sont les instruments propres à préparer le plâtre, à le gâcher; occupons-nous maintenant de ceux qui servent à l'appliquer : ce sont des pinceaux et des brosses. Parmi les premiers, il y en a de petits, de ronds, d'allongés; ceux-ci se trouvent en plus grand nombre que les premiers. Il y en

Fig. 4.

a que l'on nomme *blaireaux* (fig. 4), parce qu'ils sont

formés du poil de l'animal de ce nom. Les pinceaux en *queue de morue* (fig. 5), c'est-à-dire larges et plats,

Fig. 5.

ne servent que pour les surfaces planes des grandes pièces, tandis que les pinceaux allongés s'emploient presque à tout instant. Il est nécessaire d'avoir des pinceaux très-fins pour les ouvrages délicats.

Les brosses (fig. 6) sont des pinceaux faits avec des soies de sanglier ou de porc. Ils n'ont souvent pas de manches en bois comme les pinceaux ordinaires. Le mouleur achète des soies et les met en paquets qu'il lie fortement avec de la ficelle cirée, de manière à leur donner à l'extrémité supérieure la forme d'une sorte de poignée; il

Fig. 6.

confectionne ainsi toutes les brosses dont il a besoin.

Pour faire tremper les plus petites pièces d'un moule dans l'huile, afin de le durcir, on se sert d'un gril de fil-de-fer suspendu avec d'autres fils semblables, comme le bassin d'une balance.

Comme le plâtre se gonfle naturellement, et que ce gonflement, nommé *poussée du plâtre*, est très-nuisible, le mouleur doit maintenir le plâtre coulé. Pour y parvenir, il met entre le moule et un corps solide, un morceau de bois ou une planche carrée qu'il appelle *étrésillon*.

Pour maintenir les petites parties du moule, les

Mouleur. 2

pièces et les *chapettes*, le mouleur a des ficelles, des chevilles de bois, ainsi que des garrots.

Pour entourer les *pièces* et les *chapettes*, il fait des *chapes*, et, à cet effet, il lui faut des *fantons* ou tringles de fer doux, qui soient contournées suivant les formes de l'ouvrage. Les meilleurs fantons sont ceux du Berry; ils se vendent par bottes. Pour empêcher qu'ils se rouillent, ce qui colorerait désagréablement le plâtre et pourrait même le faire éclater, il est bon, avant de les employer, de les faire chauffer et de les frotter de cire ou de poix-résine. Les fantons réunis pour le soutien d'une chape ou d'une figure en plâtre, forment une *armature*.

Pour mouler une statue équestre, une figure colossale, un cheval, ou pour faire tout autre moule de cette nature, il faut un châssis en charpente, établi sur un massif de pierre, et soutenu par de puissantes barres de fer. Comme ce châssis, nommé aussi *plate-forme*, varie nécessairement d'après le moule, je n'en parlerai pas plus longuement ici.

Lorsqu'il s'agit de poser d'aplomb ces charpentes ou de les établir solidement sur une pièce quelconque, on emploie le niveau (fig. 7) et l'équerre (fig. 8).

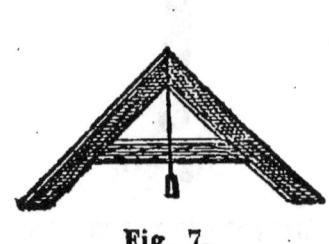

Fig. 7.   Fig. 8.

Ces instruments bien connus servent à tous les

états du bâtiment; le mouleur en a besoin pour éviter de monter en porte-en-faux des pièces d'un poids quelquefois considérable, dont la chute pourrait causer des accidents graves et anéantir en un seul instant le travail de plusieurs mois. Le mouleur emploie aussi couramment le *fil-à-plomb*, lorsqu'il n'a pas à sa disposition le niveau et l'équerre. Cet instrument est trop connu pour qu'il soit nécessaire de le décrire ici; chaque ouvrier peut le confectionner lui-même avec une ficelle et un poids quelconque.

Pour ouvrir les parties des moules, on se sert d'une espèce de ciseau de fer ou d'acier, nommé *fermoir* (fig. 9), muni d'un manche en bois sur lequel on frappe avec plus ou moins de force et de précaution au moyen du maillet en bois (fig. 10). Ces

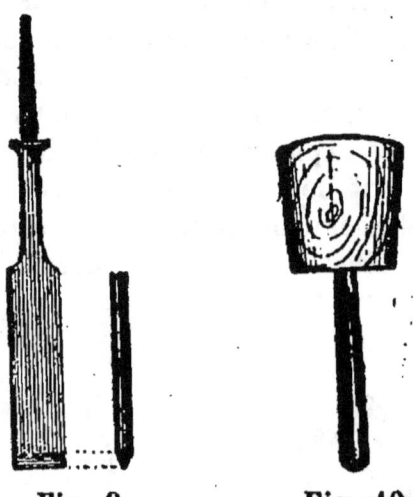

Fig. 9.   Fig. 10.

instruments demandent à être manœuvrés avec précaution, pour ne pas endommager les moules et les rendre impropres à un bon travail.

Pour retirer les petites pièces moulées, le mouleur

fait usage de pinces de fer ou tenailles aiguës, soit rondes (fig. 11), soit plates (fig. 12), suivant le besoin

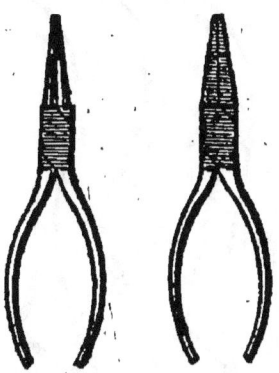

Fig. 11.   Fig. 12.

du travail. Il se sert aussi d'*annelets* (fig. 13). Ce sont

Fig. 13.

de petites boucles ou agrafes de fil-de-fer recuit, assez semblables à ce que l'on appelle la *porte d'une agrafe*. Les annelets servent à la fois à retirer les pièces et à les lier aux chapes.

Pour tailler ou *parer* le plâtre coulé et durci, il faut des couteaux de bonne trempe, fort aigus, et bien affilés (fig. 14).

Fig. 14.

Pour réparer les pièces moulées, on emploie le papier de verre, et surtout les ébauchoirs, instruments de bois, d'ivoire, quelquefois de bronze ou de fer, dont la figure 15 représente les formes les plus usitées.

Les ébauchoirs qu'emploient les sculpteurs pour modeler, soit avec l'argile, soit avec de la cire, sont plus communément en buis.

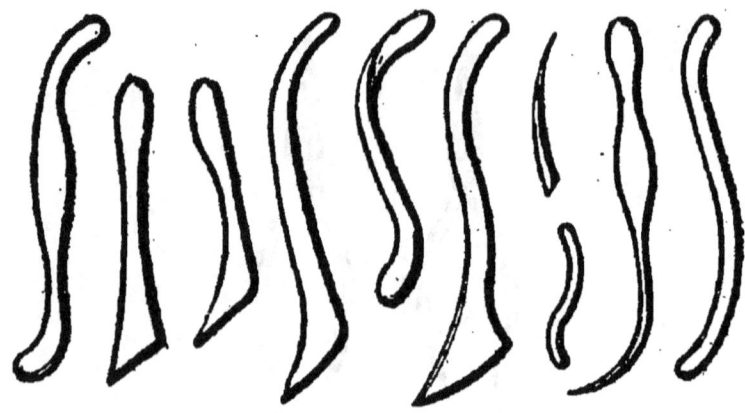

Fig. 15.

La lissoire est un instrument en fer; il a une forme creuse et en dos d'âne et présente à son milieu un angle à peine saillant. La figure 16 le représente vu de face et de côté. On s'en sert pour polir avec les parties arrondies et pour racler avec les champs qui sont tranchants. La lissoire remplace quelquefois la spatule, surtout celle en métal, et s'emploie pour le même usage que cet instrument dont il a déjà été question.

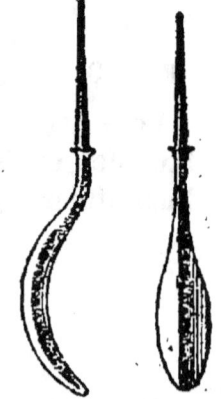

Fig. 16.

Pour rejoindre les parties moulées, le mouleur fait usage des *ripes*; c'est un instrument de fer ou d'acier dont les champs sont garnis de dents (fig. 17). Il en existe de toutes les formes les plus variées, suivant le besoin du travail; les figures désignées par les lettres *a*, *b*, *c*, *d*, *e*, *f*, représentent les principales. Un atelier bien outillé doit en renfermer un jeu complet.

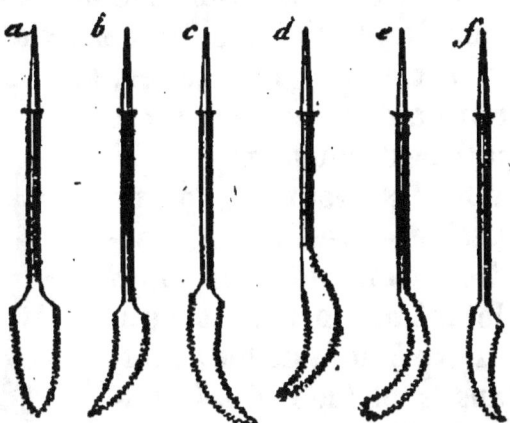

Fig. 17.

Le mouleur se sert aussi, pour le même usage, de *grattoirs* ou *râpes* (fig. 18). Ces outils en fer et en

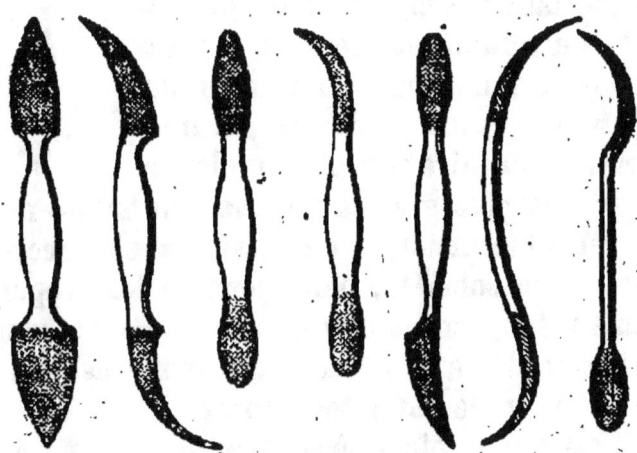

Fig. 18.

acier ont leurs extrémités munies, comme les râpes, de tailles entrecroisées, qui mordent sur le plâtre.

Les différentes formes qu'ils affectent, ainsi que le représente la figure 18, permettent à l'artiste de réparer les imperfections du moule; leurs extrémités sont presque toujours dissemblables, afin de réunir deux instruments en un, simplification et économie d'outillage.

Le ciseau à trancher (fig. 19) est le principal instrument tranchant du mouleur. C'est un petit outil, extrêmement fin, qui sert à fouiller les creux où l'on ne pourrait atteindre avec les outils ordinaires. De même que les râpes et pour le même motif, cet outil réunit deux extrémités de forme différente dans la même main. Le milieu de l'outil est garni de pans coupés, qui l'assurent entre les doigts. Le ciseau à trancher sert à finir le travail.

Fig. 19.

Il ne faut pas croire qu'on puisse se servir indifféremment et à tout propos des instruments tranchants que nous venons de décrire; il importe au contraire de ne les employer qu'avec la plus grande réserve. Un habile modeleur, un véritable artiste, s'en servira avec succès et toujours avec sobriété, pour réparer les imperfections d'une pièce, tandis qu'un mouleur sans goût tailladera son plâtre aux endroits les moins convenables et finira par le gâter tout à fait.

Il est quelquefois nécessaire de recourir aux outils creusants pour réparer le plâtre moulé, surtout pour les grands moulages et les parties larges. On emploie alors les *gouges* (fig. 20).

L'atelier du mouleur doit être garni d'un jeu assez complet de ces outils, dont les formes varient à l'infini, afin de pouvoir creuser le plâtre suivant toutes les formes et tous les besoins.

S'il ne faut employer qu'avec beaucoup de réserve

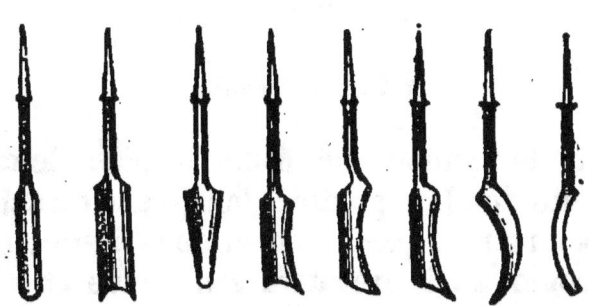

Fig. 20.

les instruments tranchants, il faut user des gouges encore avec plus de modération. Le mouleur qui se sert d'instruments tranchants et creusants, est un véritable artiste et son travail se rapproche beaucoup de celui du sculpteur.

Nous bornons à cette description le nombre des outils qui servent couramment aux travaux ordinaires du moulage des grandes et des petites pièces. Malgré leur petit nombre, nous croyons les avoir tous décrits. Il faudrait avoir à exécuter une pièce d'une grande difficulté, pour avoir besoin de faire confectionner un outil spécial à ce travail, cas qui ne peut se présenter que rarement.

CHAPITRE III.

Gâchage. — Confection des moules. — Estampage. — Moulage à creux perdu.

§ 1. GACHAGE.

Lorsque le mouleur doit couler en plâtre le modèle d'une figure, ou la reproduire lorsqu'elle est achevée, il doit commencer par l'examen de la figure, afin de savoir comment il exécutera son moule et à quelle manière d'opérer il donnera la préférence. Il ne s'occupera de la préparation des matériaux que lorsque ses idées seront arrêtées; car ces matériaux doivent être employés sans délai aussitôt leur préparation.

Néanmoins, comme le gâchage du plâtre est la première de toutes les manipulations, comme elle revient à chaque instant, c'est par elle que je commencerai.

Quelque simple que paraisse cette opération, elle demande des soins particuliers, car le plâtre mal gâché ne peut plus servir. Si l'on tâche d'y remédier, on compromet gravement le succès de l'ouvrage; si le plâtre est gâché trop *clair*, c'est-à-dire qu'il ait trop d'eau, il se coagule avec lenteur et n'acquiert pas assez de solidité. Si, au contraire, il est gâché *trop serré*, ce qui signifie qu'il n'a pas assez d'eau, il se durcit trop vite et devient très-difficile à employer. Pour obvier à ces deux inconvénients, le moyen le plus sûr, dans l'usage habituel, est de verser doucement le plâtre dans l'eau jusqu'à ce qu'il l'ait absorbée, et d'avoir bien soin de le remuer lentement et uniformément avec une spatule, de manière qu'il ne s'y forme point de grumeaux. En procédant ainsi, le plâtre ne se condense ni trop lentement, ni avec trop de rapidité, et produit une pâte bien égale qui ne formera point de soufflures. L'eau qu'on emploie doit être très-pure. Il faut, en gâchant, avoir égard à la nature du plâtre. S'il est trop cuit ou éventé, il est sujet à se *relâcher*, c'est-à-dire que se durcissant presque aussitôt qu'il est détrempé, il devient peu après d'une grande mollesse ; il ne faut pas craindre de le gâcher serré. Au contraire, le plâtre cuit à point et broyé récemment devient dur et reste dans cet état : il faut le gâcher un peu clair. Il importe aussi de faire attention à la nature de l'ouvrage. Pour les grandes pièces, on gâchera avec moins d'eau que pour les petites : la même pratique aura lieu si la figure doit être exposée à l'air et si l'on veut lui donner une grande dureté. On gâche plus clair pour couler les figures que pour faire les moules. Suivant aussi le genre de travail, il est avantageux que le plâtre se coagule plus ou moins vite. Pour le faire avancer, on délaie un peu de plâtre dans l'eau tiède et l'on ajoute au plâtre gâché, en remuant avec la spatule ; pour le faire retarder, on le noie. Dans ces diverses opérations, l'ouvrier agira lentement et avec précaution, de peur de former des grumeaux ou des soufflures. Quand il s'agit de faire simplement un moule, il est avantageux d'ajouter du rouge ou du noir en poudre au plâtre gâché.

Avant même d'avoir préparé le plâtre, le mouleur s'attache à bien examiner la figure dont il doit d'abord tirer le moule ; il doit s'assurer si elle est de *dépouille*. Mais avant de commencer à décrire les procédés de l'art du mouleur, je crois devoir donner quelques explications préalables.

Le moulage consiste à reproduire une figure, en prenant exactement et promptement toutes ses formes et ses contours. Pour y parvenir, il faut d'abord faire un moule ou un creux sur la figure à reproduire. Ce creux, véritable contre-partie de la figure-modèle, servira à couler le plâtre qui la reproduira exactement ; mais il ne sera qu'un instrument : on l'enlèvera de dessus le modèle ; on l'enlèvera également de dessus le plâtre coulé, et peut-être même on le cassera sur ce plâtre (voyez *creux perdu*) ; c'est ce qui s'appelle *dépouiller un creux*. Ce creux se dépouille en retirant toutes les pièces dont il est composé (ce que j'expliquerai plus tard) ; mais toutes ces pièces ne se retirent pas avec la même facilité, et l'on dit *qu'elles sont ou ne sont pas de dépouille*. Les parties rentrantes en dessous d'un objet sculpté en relief ou en creux ne sont pas de dépouille. Ces parties renfoncées, que les Italiens désignent par le nom de *sottosquadri*, sont appelés *noirs* par le mouleur. Les plis creusés ou joints en cloche dans une draperie, des ornements présentant des cavités dont le fond est plus large que l'ouverture, ne sont pas de dépouille et présentent des noirs. Il en est de même de toutes les saillies dont la largeur supérieure surplomberait la largeur inférieure et la dépasserait. Ainsi, dans une statue, les draperies sont moins de dépouille que le nu. Ainsi, dans un bas-relief qui représenterait un paysage, les troncs d'arbres et les parties saillantes du feuillage sont de dépouille, et les parties rentrantes ne le sont pas. Ainsi encore, une sphère, enveloppée de plâtre en commençant par le haut, sera de dépouille jusqu'à son horizon; plus bas, elle ne le sera plus. Deux pyramides tronquées, l'une posée sur sa base, l'autre sur sa partie, à peu de distance l'une de l'autre, donneront une idée parfaitement juste des plis fouillés en cloche, ou de toute autre partie rentrante dont l'ouverture est plus étroite que le fond. La première pyramide, placée sur sa base, sera de dépouille, rien ne retenant le plâtre; la seconde, au contraire, ne le sera pas, parce que le plâtre sera retenu. Pour la dégager du moule, on voit qu'il faudra le briser, et le briser en plusieurs pièces; c'est ce que l'on fait et que l'on ferait de même, quand bien même les parties seraient de dépouille, le gonflement du plâtre y contraignant dans tous les cas. Cette première explication nous mettra sur la voie des procédés du moulage, des obstacles qui peuvent entraver sa marche, et des remèdes qu'il faut apporter. Beaucoup d'objets, tels que certaines statues modernes, les camées antiques, etc., sont très-difficiles à mouler, à raison du manque de dépouille; on est obligé de creuser légèrement les contours en dessous pour les détacher, ou d'en mastiquer les dessous avant d'en tirer l'empreinte.

On conçoit maintenant pourquoi nous avons recommandé au mouleur d'examiner avec soin la figure dont il doit faire le creux. Cet examen lui indiquera le nombre, la forme et la nature des pièces dont il aura besoin pour composer son moule; on appelle cela *raisonner un moule* ou *un creux*.

§ 2. ESTAMPAGE.

Quoique cette opération ne se pratique que pour l'argile, elle doit commencer la description de l'art du mouleur en plâtre, parce que c'est par elle qu'il apprend à se familiariser avec le moulage, qu'elle est très-facile, et que, du reste, il en est constamment chargé. Tout est simple dans l'estampage : point d'autre instrument que les doigts, point d'autres matériaux que de la terre glaise ou argile un peu ferme, quoique liante, et un petit *sachet* rempli de cendre ; on appelle ce sachet *une ponce*; point d'autre travail que de recouvrir bien exactement de terre le modèle et *pousser cette terre dans les creux*. Ne laissons passer aucune expression technique sans l'expliquer : celle-ci veut dire *enfoncer la terre dans les parties rentrantes pour en prendre exactement l'empreinte*. Le moule qui produit l'estampage se fait d'une ou de plusieurs pièces, mais ces dernières sont toujours beaucoup moins nombreuses que celles qui composent un creux en plâtre, parce qu'une seule pièce en argile remplace plusieurs de celles que l'on serait obligé de faire si l'on employait du plâtre. L'argile s'emploie molle et ne peut être retirée qu'après un certain temps consacré à sa dessiccation ; il s'est opéré alors un retrait qui permet la dépouille plus facile de l'objet. Le plâtre, qui se gonfle au contraire, force le mouleur à faire un plus grand nombre de pièces. Tous ces motifs, qui rendent l'estampage beaucoup moins coûteux qu'un moule en plâtre, engagent les artistes à préférer le premier mode lorsqu'ils ont besoin des diverses parties qui composent les monuments publics, soit une main, un bras, une tête, etc. Le mouleur estampe sur toutes matières : marbre, bronze, bois, argent, etc., à l'exception de l'argile, parce que l'argile elle-même est employée à l'opération.

Supposons que le mouleur se dispose à estamper une tête en marbre : il commencera par prendre *la ponce* et en donnera de petits coups à différents endroits de cette tête : une poudre fine et légère couvrira le marbre et empêchera la terre d'y adhérer ; il fera en sorte que cette poudre pénètre jusque dans les noirs, c'est-à-dire dans les angles formés par les yeux et le nez, dans le creux situé entre les lèvres et les narines. Il prendra ensuite de l'argile et la poussera, en faisant pour ainsi dire un masque au modèle, en observant de commencer par les endroits les plus creux, car il est de principe, en moulage, de ne couvrir les parties saillantes qu'après les parties rentrantes ; mais ce masque ne se fait pas sans interruption : chaque pièce poussée dans les fonds se retire en la soulevant, soit avec l'ongle, soit avec la pointe d'un couteau. Chaque pièce soulevée se coupe un peu en biais sur les bords, que l'on huile ou saupoudre d'un peu de plâtre fin en poudre, pour empêcher que les pièces voisines ne puissent s'y attacher ; on la replace ensuite, et quand la tête est toute recouverte d'argile, on soulève doucement cette enveloppe, on en réunit les pièces, en retirant avec soin celles qui pourraient s'être attachées au marbre. On pose doucement cet estampage sur une table, et l'on verse du plâtre clair dans le creux ; lorsqu'il est pris, on enlève l'argile qui ne peut plus servir, et le plâtre est parfaitement semblable au modèle. Il serait à désirer que les mouleurs se servissent, pour appuyer leurs moules, d'une sorte de châssis ou pupitre à jour qui les maintiendrait en place dans la position convenable; ces moules alors ne courraient plus de risque d'être brisés dans leurs parties délicates et saillantes lorsqu'ils sont secs, ou d'être altérés dans leurs formes lorsqu'ils sont encore humides.

Quelques ouvriers revêtent d'une *chape* le creux obtenu par l'estampage. Cette opération presque superflue sera expliquée plus bas. L'estampage fini, on nettoie le marbre avec de l'eau et une éponge.

§ 3. MOULAGE A CREUX PERDU.

Le nom de cette sorte de moulage indique assez que les creux qu'il donne ne peuvent servir qu'une fois seulement à reproduire l'objet. En effet, on les détruit pour en tirer la copie unique qu'ils ont servi à faire. Aussi ces moules ne se composent-ils souvent que d'une seule pièce, et rarement de plus de deux; c'est en quelque façon l'estampage au plâtre.

Ce moulage s'emploie en diverses circonstances, tantôt sur l'argile encore fraîche ou sur la cire, tantôt sur la nature vivante, hommes ou petits animaux. Nous allons donner des exemples de chacun de ces cas, après avoir recommandé de mêler au plâtre que l'on gâche une poudre colorée, rouge ou noire. Cette méthode a deux avantages : l'un, de rendre le plâtre moins compacte, et par conséquent plus aisé à casser; l'autre, d'éviter que le plâtre de l'ouvrage se confonde avec celui du creux, au moment où ce dernier est brisé sur l'ouvrage. On ne doit gâcher d'abord que la quantité de plâtre que l'on croit nécessaire pour couvrir la surface du modèle; quand ce plâtre est appliqué, on en gâche d'autre plus clair.

§ 4. MANIÈRE DE FAIRE LES CREUX PERDUS A UNE SEULE PIÈCE.

Application. — Supposons qu'il soit question d'agir sur un vase d'argile récente ou de cire. On couvre ce vase d'une première couche de plâtre gâché, comme il a été dit ci-dessus, et étendu avec le pinceau; ensuite, au moyen d'une brosse douce à longs poils, on le recouvre de nouveau en appliquant du plâtre clair; dès qu'il commence à prendre, on promène la spatule dessus pour lui donner la forme du vase et déterminer l'épaisseur que doit avoir telle ou telle partie. Quand le modèle est de petite dimension, le mouleur se dispense ordinairement de mettre une seconde couche de plâtre; mais, dans tous les cas, il ne doit pas négliger de terminer par polir en quelque sorte avec la spatule. Au reste, comme le plâtre doit avoir de l'épaisseur, il vaut mieux qu'elle soit produite par deux couches que par une seule.

Le plâtre bien recouvert, le plâtre pris et durci, le mouleur s'occupe de la destruction du modèle. S'il est en cire, il place ce modèle enduit de plâtre sur un feu très-doux, pour le faire fondre petit à petit et ne pas endommager le moule; puis, lorsque la cire est fondue, il la fait sortir en la versant dans un autre vase quelconque, et le creux se trouve dégagé. Si le vase est en argile, il enfonce, par l'ouverture, un couteau bien affilé, et sans toucher en aucun point le plâtre; il enlève partiellement l'argile avec le couteau et des crochets jusqu'à ce qu'il n'en reste plus (1). On sent que si le vase porte des anses plus ou moins ornées, et surtout très-contournées, il sera nécessaire de les mouler en plusieurs morceaux, à moins qu'on ne puisse y introduire le doigt. Au surplus, nous ne pouvons prévoir toutes les difficultés d'exécution que le mouleur évitera facilement, pourvu qu'il ait l'habitude et le goût de son art. Les ornements ne produisent aucun embarras lorsqu'on travaille sur la cire.

L'ouverture qui a servi à extraire la matière du vase servira maintenant à introduire le plâtre dans le moule. Nous dirons comment on doit s'y prendre lorsqu'il s'agira de la manière de couler en plâtre (Voyez chap. VI). Ce plâtre qui remplace le vase détruit en reproduit la copie ou le *fac simile*. Alors l'opération devient l'inverse de la première. Le mouleur qui d'abord a détruit le vase modèle pour conserver le moule, casse à présent le moule pour dégager le vase-copie. Afin de le retirer, il brise très-doucement le moule avec un ciseau, en s'efforçant de faire les morceaux les plus grands possible et de les enlever légèrement, afin de ne point endommager le vase. Si, malgré ses soins, il se fait quelques éclats, il les met à part pour les recoller ensuite avec du plâtre fort clair.

Par le moyen des moules à creux perdus d'une seule pièce, on prend, avec une étonnante vérité, l'empreinte de petits animaux. Les lézards, les grenouilles, les oiseaux, les insectes et même les fleurs sont reproduits avec autant de facilité que d'exactitude.

(1) Cette manière de faire est peu praticable; le couteau attaquera certainement le plâtre, et détériorera les contours ; il vaudrait mieux, dans des cas semblables, faire un moule en deux parties. D. M.

On réussit également pour les écrevisses, les poissons, les coquilles et les fruits; bien entendu que les animaux sur lesquels on opère sont morts; mais il ne faut pas qu'ils le soient depuis longtemps; leurs parties, manquant alors de fermeté, se déformeraient lors de la confection du moule. On dispose ces divers objets sur le fond d'un plat ou d'un vase uni, même sur une tablette; puis on les enveloppe d'une couche de plâtre auquel on a mêlé une certaine quantité de terre de pipe ou d'argile. On a soin de ménager dans le moule, à l'endroit le plus convenable ou le moins apparent, un petit canal nommé *masselotte*, et un conduit pour le dégagement de l'air. Quand le moule est bien sec, on le fait cuire. Si cette opération ne suffit pas pour détruire l'objet que l'on a moulé, on le brise et le retire de la même manière qu'on extrait l'argile du creux perdu. On coule ensuite du plâtre par l'ouverture ou masselotte; on le laisse prendre, on casse délicatement le moule et on en retire l'objet moulé avec une exactitude et une finesse d'exécution parfaites.

Les creux perdus à deux et quelquefois à plusieurs pièces, ne diffèrent pas beaucoup dans l'exécution des autres creux, toute la différence consiste dans le but. Le creux perdu est celui dont on ne peut extraire le modèle, et qu'il faut briser par conséquent; le *bon creux* est celui dont on peut extraire le modèle, ou que l'on enlève par morceaux sur celui-ci. Quand le mouleur aura quelque ouvrage à faire, c'est à lui d'examiner s'il peut mouler à creux perdu ou à bon creux; un crucifix, par exemple, ne peut guère se mouler que de la première manière, à raison de la position horizontale des bras de la croix et des angles des bras du Christ, qui s'opposent à ce que le modèle puisse sortir du moule. Pour le mouler à bon creux, il faudrait tellement multiplier les pièces que cela ne saurait avoir lieu que pour un crucifix de très-grande dimension, ou dont on voudrait avoir plusieurs plâtres. D'ailleurs, la nature de l'ouvrage est moins ce qui détermine le choix du moulage à creux perdu que le désir d'éviter la dépense; c'est ce motif qui le fait préférer par le sculpteur qui vient de terminer, en argile, le modèle de la statue qu'il doit reproduire en marbre. Il lui faut nécessairement faire mouler en plâtre le modèle d'argile, pour travailler ensuite le marbre, et par économie, il le commande à creux perdu, parce qu'il lui importe peu que le modèle de terre soit détruit. Alors le mouleur, qui opère ainsi sur un objet d'une certaine grandeur, doit user de beaucoup de précautions; s'il n'apporte pas assez de soin et se hâte trop en cassant le moule, l'un et l'autre sont également perdus.

Le creux perdu, formé de deux parties égales, s'appelle *creux à coques*, et mieux *creux à coquilles*. Prenons pour exemple d'abord un buste grand comme nature, puis un crucifix. Après avoir gâché et coloré convenablement le plâtre, vous commencez par mettre sur le sommet de la tête un fil ciré et fort que vous prendrez assez long pour suivre et dépasser tout le buste; ce fil, plié en deux, aura un bout derrière la tête et l'autre devant; celui-ci, partant du haut de la tête, divisera longitudinalement le buste en deux parties égales, et pour cela, vous le ferez passer au milieu du front, du nez, de la bouche, etc., à moins que vous ne préfériez le faire aller sur le milieu de chaque épaule, ce qui dépend des formes du buste et du plus ou moins de commodité. Tandis que le premier bout du fil suit le milieu du visage, de la poitrine, l'autre bout suit le milieu du derrière de la tête, de la nuque, du dos. Il sera bon de coller le fil avec très-peu de colle légère, d'amidon, de blanc d'œuf, de gomme, de plâtre clair, de cire, enfin avec la substance qui paraîtra la plus propre à maintenir momentanément le fil sur les sinuosités du modèle, car on doit pouvoir le soulever ensuite aisément. Il n'est là qu'afin de servir à couper, en le retirant, la couche de plâtre dont on le couvrira. Quelques mouleurs commencent par couvrir le modèle d'une très-légère couche de plâtre, avant de mettre le fil, puis ils appliquent une seconde couche bien plus épaisse quand le fil est en place; mais cela n'est point absolument nécessaire, et l'on peut ne commencer à poser le plâtre qu'après le fil, et ne mettre qu'une seule couche, pourvu qu'elle soit épaisse. Cela fait, on laisse le plâtre prendre à demi, c'est-à-dire acquérir une consistance telle qu'il ait assez de fermeté pour se maintenir, mais qu'il soit encore assez mou pour qu'on puisse le couper en relevant le fil. Vous prenez ensuite les deux bouts du fil, après avoir placé le buste perpendiculairement, et vous les relevez d'une main ferme. De cette manière, vous tranchez le moule du buste en deux coquilles, et vous passez sur la tranche, entre les deux morceaux, le bout d'une plume imbibée d'huile d'olive, afin de les empêcher de se rejoindre. Quand le plâtre est parfaitement sec, vous soutenez d'un côté le buste avec la main gauche et le faites appuyer de l'autre sur le premier objet venu; puis prenant un couteau bien affilé, vous partagez en deux le modèle, dont l'argile doit être molle. Si le buste est de forte dimension, il sera nécessaire de soutenir le moule par une *chape* (Voyez plus bas).

Il s'agit maintenant de retirer du creux la terre glaise, ce qui n'est pas difficile, puisque vous pouvez agir sur une assez grande surface. Pour cela, vous posez une des coquilles sur la table, de manière à ce qu'elle vous présente l'argile que vous enlevez avec un crochet, après l'avoir incisée en divers endroits. Vos deux coquilles nettes, vous veillerez surtout à ce que les *coupes* ou *joints* puissent exactement s'appliquer l'une sur l'autre : vous rejoindrez parfaitement les deux parties et les lierez très-fortement avec des cordes de grosseur convenable, pour empêcher qu'elles ne s'ouvrent lorsque vous y coulerez du plâtre et qu'il produira son gonflement accoutumé. Pour plus de précautions, vous boucherez les joints avec de la terre molle, ou du plâtre gâché clair, que vous appliquerez avec la brosse; il ne s'agira plus alors que de couler le plâtre par l'ouverture que le buste doit présenter à sa base. Vous terminerez par casser le moule comme il a été dit précédemment.

Le second exemple que nous nous sommes engagé à donner du moulage à creux perdu, à coquilles, nous fournira l'occasion de parler d'une autre méthode. Nous nous étendrons nécessairement moins sur cet article, le premier ayant dû familiariser le lecteur avec l'opération. Plusieurs mouleurs n'emploient le fil ciré que pour mouler sur nature et dans la crainte de blesser la personne, en se servant d'un couteau pour faire les joints des coquilles; et même quelques-uns d'eux préfèrent pratiquer une entaille avec un ébauchoir de buis ou de cuivre bien mince, sans toucher à la chair. Le motif de cette préférence est le désagrément de voir, disent-ils, le fil se déranger ou se rompre, et nuire ainsi à la netteté des joints. Or, si l'on remplace le fil par l'ébauchoir, sur nature, à bien plus forte raison le fera-t-on sur un modèle d'argile qui sera détruit.

S'il s'agit, comme nous venons de le dire, de mouler un crucifix, vous commencerez par le recouvrir de plâtre gâché convenablement ; ensuite, dès qu'il sera un peu pris, vous tracerez longitudinalement une ligne avec une règle et un fil appliqué le long de cette règle. Cette ligne devra marquer la juste moitié de la croix, devant et derrière, et dans toute la longueur. Vous ferez entrer un peu de ce fil dans le plâtre, afin qu'il forme un léger sillon, vous mettrez à part, puis, avec la pointe d'un couteau, vous taillerez le plâtre tout le long du sillon, et vous passerez ensuite entre les coupes une plume imbibée d'huile pour les empêcher de se rejoindre.

Le plâtre bien sec, vous séparez les deux coquilles et vous enlevez l'argile. Dans la partie inférieure, et à l'extrémié supérieure de la croix, vous n'éprouvez aucun embarras ; mais à l'endroit où porte le Christ, le travail est minutieux et difficile, principalement pour enlever la terre dans les bras ; toutefois au moyen d'un fil-de-fer fort, sans être trop gros, et plié suivant la forme du bras, vous fouillez partout et nettoyez les parties les plus délicates. Si vous agissez avec précaution, vous n'endommagerez point le creux, ou du moins assez peu pour pouvoir à l'instant même réparer le mal. Vous terminerez comme il a été dit précédemment.

§ 5. MOULAGE DES PLANTES, DES FLEURS, ETC.

M. Doeble, graveur à Isington, indique le procédé suivant pour mouler en plâtre les fleurs, feuilles et autres parties des plantes, au moyen duquel on obtient des modèles parfaits en ce genre.

La feuille ou la fleur étant parvenue au degré convenable de développement, est détachée de la plante et mise sur le sable fin humecté, dans la position naturelle, c'est-à-dire de manière à présenter en dessus la surface qui doit être moulée, et à ce que le dessous porte en tous les points sur le sable. Alors, avec un pinceau fin, on couvre cette surface d'une légère couche de cire et de poix de Bourgogne fondues ensemble; on relève aussitôt la fleur et on trempe dans l'eau froide, ce qui, en raffermissant la cire, permet d'en détacher la fleur sans altérer la forme. Cela étant fait, on place ce moule de cire dans le sable mouillé, de la même manière que la feuille y était précédemment elle-même, et on le couvre de plâtre fin très-clair, qu'on a soin de faire entrer dans tous ses plis et interstices, en le pressant délicatement avec le pinceau. La chaleur produite par le plâtre en prenant ramollit la cire, qui, à cause de la moiteur du plâtre, ne peut s'y attacher, en sorte qu'avec un peu d'adresse, on la sépare entièrement de ce moule sans endommager aucune de ses parties.

Les reliefs ainsi obtenus sont d'une perfection admirable, et sont d'excellents modèles pour les dessinateurs, et en général pour tous les artistes qui exécutent des ornements d'architecture et autres.

Voici une autre manière de mouler à creux perdu;

elle ne sert que pour les petits objets, tels que bas-reliefs, ornements en fleurs, et autres objets de peu d'épaisseur qu'on ne voit que d'un côté.

On commence par poser horizontalement le modèle sur une planche ou sur une table, on gâche clair et on colore du plâtre fin que l'on verse sur le modèle, de telle sorte qu'il soit partout d'une égale épaisseur, de 2 à 4 millimètres environ, suivant la grandeur de la pièce. Le plâtre étant un peu pris, on y passe au pinceau une légère couche d'huile, on gâche ensuite du gros plâtre dont on recouvre le tout. Si l'on craint que le creux ne puisse se maintenir, on l'entoure de fil-de-fer. Quand la dernière couche de plâtre est bien sèche, on renverse le modèle, c'est-à-dire qu'on applique alors sur la table le moule au lieu du modèle, et l'on enlève l'argile.

Si l'objet est de très-petite dimension, et si la terre est bien molle (ce qui est très-important), on peut d'un seul coup de crochet débarrasser le creux et le rendre parfaitement net; mais, ce cas excepté, il faut entailler l'argile et opérer bien soigneusement, de peur que la couche de plâtre fin ne se lève en même temps. Le creux complétement libre, on le place encore horizontalement sur la table, comme il était lorsqu'il a fallu enlever la terre; on l'enduit d'huile, on y coule du plâtre, on l'agite pour qu'il pénètre dans toutes les sinuosités. On laisse alors sécher, puis on renverse le creux et on le casse avec précaution.

CHAPITRE IV.

Moulage à bon creux.

L'estampage et le moulage à creux perdu offrent beaucoup moins d'intérêt que cette troisième méthode ; car c'est la partie principale de l'art du mouleur : c'est celle qui demande le plus de temps, le plus d'habileté, de pratique et de soins. Elle est complétement différente des deux premiers modes de moulage, puisque les creux qu'elle produit subsistent et servent à couler une certaine quantité de plâtres. Quand ces creux sont bien faits, ils peuvent en fournir plus d'une centaine ; aussi, lorsqu'il s'agit de mouler des antiques, des statues dont, quelle que soit la dimension, le débit est assuré, il y a réellement de l'économie à faire de bons creux, quoiqu'ils soient plus chers. Les Vénus de Médicis et Callipige, les Apollon du Belvédère, les Laocoon, que recherchent toujours les amateurs, ne doivent pas être moulés autrement. Un des caractères distinctifs du moulage à bon creux est la réunion d'un grand nombre de morceaux qui se peuvent détacher l'un de l'autre. Il y a en effet peu de creux qui ne soient composés d'une certaine quantité de pièces, et telle statue drapée en compte plus de douze cents. Toutes ces pièces sont réunies par une première enveloppe, formée de plusieurs parties qui se nomment *chapettes*. Ces chapettes, à leur tour, sont contenues par une seconde et très-forte enveloppe, appelée *chape*. Quelquefois la première enveloppe manque, surtout lorsqu'on moule des objets de moyenne grandeur; souvent l'enveloppe n'est double que dans quelques parties. Voici donc les caractères du moulage à bon creux : moule subsistant, composé de plusieurs morceaux, dont l'ensemble est contenu par une ou deux enveloppes.

On moule de cette façon sur la terre molle, cuite ou sèche, sur le plâtre, le marbre, le bois, le bronze. J'indiquerai les légères différences d'agir selon chacune de ces matières. Je commence par l'argile fraîche.

La première chose que doit faire le mouleur est de *raisonner son moule*, c'est-à-dire d'examiner avec soin quels seront la forme, la dimension et le nombre des pièces dont il doit le former ; à quels endroits elles formeront des *coutures*, c'est-à-dire se rejoindront. Il doit aussi remarquer les endroits qui sont ou ne sont pas de dépouille. (On se rappelle le sens de cette expression.) Après avoir bien étudié la figure qu'il va reproduire, il devra se figurer les pièces, et marquer au crayon leur forme et leur grandeur. S'il manque d'habitude ou désire agir à coup sûr, qu'il applique sur la figure, à la place des pièces, des morceaux de papier blanc qu'il collera légèrement par les bords, ce sera en quelque sorte, le patron des pièces de son moule (1). Sans cette étude préparatoire, les morceaux mis au hasard s'entraînent mutuellement, se joignent mal, et lorsqu'arrive le moment de couler le plâtre, tout se dérange, s'écarte ; les coutures saillantes et grossières se croisent en tous sens, et le travail est pitoyable ou perdu.

(1) Cette méthode peu sûre n'est plus en usage : on emploie les bandelettes d'argile.   D. M.

§ 1. MOULAGE SUR TERRE MOLLE.

Composition des mastics. — Ce moulage est le plus facile, parce qu'on a l'avantage de pouvoir faire des *coupes*, c'est-à-dire de séparer les bras, et, si l'on veut, la tête du corps de la statue. Si la figure est drapée, et par conséquent beaucoup plus difficile à mouler, on fera plus de coupes, surtout si elle est chargée de fleurs et d'ornements. C'est alors surtout que je recommande l'étude préparatoire dont je viens de parler; car elle évite non-seulement les coupes maladroites qui se rejoignent difficilement, mais elle les rend fort rares. Or, rien ne témoigne plus de l'habileté d'un mouleur que de faire peu ou point de coupes. Les artistes les recherchent et les louent, parce que rien ne leur fait plus de peine que de voir leurs modèles taillés en morceaux par un mouleur peu adroit.

Une simple réflexion fera comprendre combien il est important qu'il travaille avec soin, avec intelligence. Le sculpteur fait en terre molle le modèle qu'il doit ensuite répéter en marbre : dès lors, il en anime les formes; il leur imprime la grâce, la pureté que l'on admirera plus tard sur une matière plus durable. Mais il ne peut de suite travailler le marbre d'après ce modèle, car l'argile, en séchant, amaigrirait, altérerait ces formes gracieuses. Il confie son œuvre au mouleur, pour que celui-ci fixe exactement la pureté, le moelleux de son ouvrage. Si le mouleur opère à la hâte, sans attention et sans goût, il est évident que sa coopération sera très-nuisible au sculpteur, auquel son impéritie peut faire perdre un chef-d'œuvre.

Aussi les artistes sont-ils très-difficiles dans le choix d'un mouleur. Faisons en sorte que nos lecteurs puissent mériter leur approbation.

Après avoir bien calculé les pièces et les coupes, le mouleur préparera les matériaux qui lui seront nécessaires. Indépendamment du plâtre, pour mouler à bon creux, il devra d'abord avoir de l'argile fraîche pour faire des marques ou *portées* aux endroits où les pièces devront se terminer. Du mastic lui sera ensuite très-utile pour remplir les noirs, d'où le plâtre ne pourrait s'extraire. A moitié pris, il manquerait de consistance, et ne conserverait pas la forme de la cavité dans laquelle on l'aurait introduit : durci, comme il ne prête pas, il casserait. Le mastic est donc indispensable pour remplacer le plâtre dans toutes les parties qui ne sont pas de dépouille. Il y a plusieurs manières de le composer.

§ 2. COMPOSITION DES MASTICS.

Mastic à l'arcanson. — Faites fondre sur un feu doux, dans un vase de terre vernissée, 1/2 kilogramme de cire jaune et autant d'arcanson, espèce de colophane ou de résine cuite. Le mélange étant bien liquide, vous y mêlez peu à peu, et en tournant, 2 kilogrammes de plâtre fin et tamisé : vous obtenez ainsi 3 kilogrammes d'un mastic qui prend toutes les formes et les conserve. Lorsqu'ils sont légèrement mouillés, les morceaux ne tiennent pas ensemble, et se détachent facilement.

Mastic au soufre. — Dans un vase de cuivre ou de terre vernissée, mettez 1/2 kilog. de poix-résine, autant de cire, et 125 grammes de soufre en poudre. Ce mélange doit fondre sur un feu médiocrement ardent, sans jamais bouillir. La fonte achevée, ajoutez au mélange cinq ou six poignées de poudre de marbre ou de brique passée au tamis de soie, en remuant avec une spatule de bois. On peut se servir aussi de la poudre à ciment ordinaire. Le mélange achevé, vous retirez du feu, et quand le mastic est froid, vous examinez son état : s'il est trop mou, vous y ajoutez un peu de poudre de brique; s'il est trop dur, vous y mettez un peu de cire fondue à part. On peut substituer du plâtre très-fin à la poudre de marbre ou de brique. Quand vous devrez vous servir de ce mastic, vous le ferez fondre au bain-marie, afin qu'il ne s'attache pas au fond du vase en brûlant.

Mastic gras. — Ce mastic n'a pas la même destination que les précédents; il sert à réunir les pièces d'argile qu'on a séparées par le moulage. C'est un mélange de cire et de résine à égales parties que l'on fait fondre ensemble sur un feu très-doux.

§ 3. TRAVAIL DU MOULAGE.

Lorsque tout est disposé, le mouleur commence son ouvrage. Supposons qu'il ait à mouler une figure nue, grande comme nature; il la pose sur un large bloc en pierre ou en bois d'une hauteur convenable pour travailler commodément. Il prend ensuite un fil-de-fer ou de laiton fort mince, formant demi-cercle, et terminé à ses deux extrémités par une petite poignée de bois arrondie. Cet instrument est exactement semblable à celui dont se servent les marchands de beurre et de fromage pour diviser leur marchandise. Ce fil métallique doit être placé sur une table ou planche voisine de la figure qui recevra les coupes à mesure que ce fil les divisera. Le mouleur y posera en plusieurs endroits de petits tas d'argile molle huilée; puis appliquant le fil-de-fer sous l'aisselle de la statue, et tirant d'une main ferme, il séparera le bras du corps : s'il manque d'habitude, il fera sagement de tracer, avec un fil ciré, une ligne autour de l'extrémité supérieure du bras avant de faire usage du fil-de-fer. La première *coupe* faite, il dépose le bras séparé de l'épaule sur les tas de terre huilée, afin que l'argile de ce membre ne s'attache ni à la planche ni à aucun autre corps. S'il n'avait eu la précaution d'huiler ces tas ou supports en terre molle, cette terre aurait adhéré à celle du bras, qui est également molle. Il agit de même pour l'autre bras; mais préalablement, avec un ébauchoir ou bien un couteau, il a dû tracer deux *repères* sur la coupe, afin de pouvoir, après le moulage, rapporter exactement les parties, et recoller les bras qu'il a séparés.

Les marques nommées *repères* sont tellement usuelles, que je pourrais me dispenser d'en donner l'explication; mais elles peuvent n'être pas connues de quelques lecteurs, et cette possibilité me fait une loi de ne rien omettre. Des *repères* sont des marques arbitraires et correspondantes que l'on fait sur chaque bord d'un objet divisé, qui doit être ensuite réuni avec précision. J'ai dit *arbitraires*, parce qu'il importe peu quelle figure on donne à ces marques, pourvu qu'elles soient parfaitement pareilles, et placées exactement vis-à-vis l'une de l'autre au même point, de manière, par exemple, qu'en remettant le repère du bras vis-à-vis de l'épaule, on replace la partie au point où elle était avant d'être séparée du corps. Pour être assuré qu'on opère avec exactitude, on fait toujours les repères avant la coupe; et lorsqu'on manque d'habitude, lorsqu'on agit sur des objets de forte dimension, on doit multiplier ces signes, véritables points de jonction.

Le mouleur s'occupe ensuite de mouler les bras. On sait que pour le moulage à creux perdu, on y parviendrait en faisant deux coques ou deux coquilles : pour le moule à bon creux, il faut que chaque coque soit assez divisée pour que d'abord on puisse aisément retirer le modèle et plus tard le plâtre.

Dès qu'il a gâché le plâtre, qui doit être très-fin pour les premières couches, il prend de très-petits morceaux de terre molle en forme de dés aplatis, et les place aux endroits où seront terminées les pièces : ces dés d'argile se nomment *portées*, et leur but est de recevoir et de soutenir le plâtre. Il va sans dire que les portées sont huilées, car autrement elles s'attacheraient à l'argile du modèle. On peut donner aux pièces telle forme qu'il convient, soit transversale, soit longitudinale. Dans le premier cas, une des pièces comprend depuis l'épaule jusqu'au coude; l'autre comprend depuis cette partie jusqu'à la main. Dans le second cas, la coquille est partagée dans toute sa longueur d'une extrémité à l'autre du bras; ce dernier mode est le plus usité. On fait deux petites coquilles pour chaque doigt, ainsi qu'une pièce pour la paume, et une autre pour le dessus de la main. Très-souvent les pièces sont beaucoup plus multipliées, mais toutes ne se font que les unes après les autres et de la manière qui suit :

Après avoir légèrement huilé la partie que l'on doit immédiatement mouler, on la couvre, au moyen d'un pinceau, d'une certaine épaisseur de plâtre bien gâché. Quoique ce plâtre soit seulement destiné à faire le creux, il ne faut point y mélanger de poudre colorée, l'addition n'en étant pas nécessaire comme pour les moules à creux perdu. Le plâtre convenablement étendu, on le laisse *travailler* et prendre. Cette expression technique indique l'inévitable gonflement qu'éprouve cette substance. Lors donc que la matière est gonflée et refroidie, on la taille avant qu'elle soit tout à fait durcie. Il faut que l'on puisse encore couper facilement les bords ou tranches du morceau de plâtre. Un peu d'expérience indique ce point au mouleur; alors il détache ce morceau, en passant légèrement entre ses bords et le modèle la pointe du couteau ou de l'ébauchoir, qu'il applique sur les portées, afin d'enlever la pièce avec plus de facilité; ce morceau détaché, il le *pare* ou le taille sur toutes les tranches et un peu en biais ou en biseau; cela fait, il le replace exactement à l'endroit d'où il a été enlevé. Les tranches sont huilées et disposées de manière que le morceau suivant puisse être bien contigu à celui-ci, et s'en séparer aisément. L'ouvrier procède ensuite, et de la même façon, à l'application du second morceau; mais lorsqu'il le pare, il taille le biseau en sens inverse de celui qui précède, afin qu'ils puissent tous deux s'emboîter à recouvrement. Les autres morceaux se font de même. Comme tous les côtés reçoivent des pièces voisines, toutes les tranches sont parées, mais en d'autres cas, quand une tranche doit rester seule, on se dispense de la parer en biseau. Après avoir moulé le bras, l'ouvrier s'occupe de la main; il agit comme précédemment : mais lorsqu'il a fait toutes les petites pièces nécessaires, il y pratique des repères, puis les huile légèrement sur toute leur surface; il prend ensuite du plâtre gâché un peu plus serré, et recouvre toutes ces petites pièces d'une enveloppe, une pour le dessus, une autre pour le dessous de la main. Cette enveloppe ou plaque, plus épaisse que le creux, s'appelle *chapette*, les tranches en sont parées et emboîtées comme celle du creux : son usage est de soutenir celui-ci. Souvent le mouleur, commençant par les doigts, prolonge ensuite les grandes pièces du bras sur celles de la main, de telle sorte que leur extrémité inférieure sert de chapette. C'est à lui de choisir le procédé qui lui semblera le plus commode et le plus expéditif. Je me déciderais assez pour le dernier. Les pièces faites et séchées, on y trace des repères, on les retire de dessus la terre en les soulevant avec les mains par l'un et l'autre bout, puis on les rassemble et on les lie pour que le creux ne se tourmente pas; d'étroites sangles suffisent et remplacent la chape qui devrait soutenir le creux du bras. L'autre bras se moule de la même manière.

C'est le corps de la statue qui doit maintenant fixer notre attention. Il se moule en deux *assises* ou parties. La première assise, celle par laquelle on commence toujours, se fait depuis la plinthe, ou base de la figure, jusqu'à la moitié des cuisses; la seconde s'étend depuis ce point jusqu'aux épaules, car on moule, si on le juge à propos, la tête séparément, sans toutefois en former une coupe. Cette pratique permet de remuer le creux plus commodément.

Dans les figures nues, les pièces doivent être plus grandes que pour les figures drapées : on doit aussi avoir beaucoup plus égard aux rejoints, c'est-à-dire les endroits où les pièces du creux s'emboîtent à l'aide des précautions que nous avons recommandées plus haut, et en mettant une grande exactitude dans cet emboîtement.

On pourrait rendre ces rejoints invisibles ; mais malheureusement il n'en est pas toujours ainsi, et d'ailleurs, nous devons le dire, quelles que soient l'habileté, l'attention de l'artiste, la force des chapes, leur épaisseur et les bandes de fer qui les lient, le plâtre qui se gonfle en s'échauffant, écarte toujours plus ou moins les parties du moule. Il est donc presque impossible d'éviter ce relâchement : l'art ne peut que le diminuer et le réparer. Or, pour le faire avec succès, il est important que toutes les coutures se trouvent sur la même ligne et sur les endroits les plus saillants, les plus faciles à râcler. Ainsi, en moulant le visage, on placera le rejoint ou couture sur le milieu du nez, et les autres suivant ce précepte : celui de la mâchoire inférieure sur les endroits les plus saillants de l'os. Il en est de même pour le bras, la jambe, etc. D'ailleurs, la position d'une figure indique assez la ligne des coutures qui passera sur l'épaule saillante d'un gladiateur, sur le dos tendu d'un fils de Niobé, etc., etc.

D'après ces principes, et l'application du moulage des bras, le lecteur, je l'espère, suivra sans difficulté les détails que je vais donner. Il sait que le moulage doit commencer par le bas de la figure et par les parties les plus renfoncées. Le point de jonction de la jambe au pied, le jarret, sont les endroits *noirs*. Pour remplir ces cavités, le mouleur prend du mastic à l'arcanson, en amollit les morceaux dans l'eau chaude, puis les ajuste les uns à côté des autres, de manière qu'ils enfoncent convenablement : l'eau dont ils sont humectés les empêche d'adhérer les uns aux autres, et lorsque le moule est fini, et qu'on enlève toutes les pièces (ce qui s'appelle dépouiller la figure), les morceaux de mastic sont rassemblés après avoir été extraits de la cavité qu'ils remplissaient. Un creux de plâtre est fait sur leur ensemble et se rejoint exactement aux parties voisines. Le cas dont il s'agit offre peu de difficultés : un ou deux morceaux de mastic peuvent suffire; mais lorsqu'il s'agit de draperies, de plis renfoncés et refouillés en cloche, l'opération est longue et minutieuse; quarante à cinquante morceaux de mastic deviennent souvent nécessaires. Un creux de plâtre couvre le tout, comme je viens de l'expliquer; puis en outre, dans ce creux on en coule un de cire, qui, dans le grand moule, tiendra lieu de cet amas de petites pièces de mastic.

Plusieurs mouleurs peu au fait, et appréciant mal la nature de leurs pièces avant d'appliquer le plâtre, ne s'aperçoivent qu'un morceau n'est pas de dépouille qu'après l'avoir placé, ou seulement par la résistance qu'il offre lorsqu'ils le veulent enlever. Si vous avez comme eux manqué de prévoyance, n'hésitez pas : dès que vous apercevrez quelque obstacle à la dépouille, coupez autour du noir, en évitant bien d'endommager les formes. Enlevez ensuite le plâtre retranché, mettez-le au rebut, et employez le mastic; mais tâchez de n'avoir jamais recours à ce moyen, car non-seulement on perd du temps et du plâtre, mais communément son usage rend la figure moulée très-différente du modèle.

D'autres mouleurs ont l'habitude de parer les pièces sur place, et c'est à tort : la meilleure méthode, surtout pour les petites, est de les parer à la main, après les avoir enlevées au fur et à mesure de leur application. Au reste, pour appliquer, parer, emboîter les pièces, je ne veux que rappeler les indications déjà données relativement au moulage du bras. Il n'en est pas de même à l'égard de la disposition et de la forme des pièces, mais il faudrait pour chaque objet une quantité de planches que quelque peu de pratique rendrait complétement inutiles. On sent, en effet, l'impossibilité de représenter toutes les figures que l'on peut avoir à mouler, et la représentation d'une seule ne servirait à rien. Nous nous bornerons donc à dire qu'il faut éviter, autant que possible, de faire les pièces à angles trop aigus, parce que la poussée ou travail du plâtre les casserait, et empêcherait ainsi qu'on ne tirât beaucoup de copies en creux. Le moyen à préférer est de les faire à angles droits, autant que la forme du creux le permet.

Les pièces des jambes étant, comme celles du bras, de peu d'étendue et de dépouille, on peut y faire *pièces-chapes*, c'est-à-dire se dispenser de les envelopper par une chape ou même par une chapette. En ce cas, les pièces doivent avoir autant de force et d'épaisseur qu'en eût donné l'addition de l'enveloppe extérieure. Chaque fois que le mouleur pourra sans inconvénient faire *pièces-chapes*, je le lui conseille, puisque ce sera abréger le temps; mais les très-grandes figures, celles surtout qui sont ornées de draperies, ne permettent guère l'emploi de cette méthode.

Dès que les pièces ont quelque grandeur, elles exigent un soin particulier, soit pour être retirées de dessus le modèle, soit pour être fixées après les morceaux de la chapette : ces considérations nous conduisent à parler de l'usage des *annelets*. Les annelets sont en ficelle ou en fil-de-fer, ou bien encore en laiton. Les uns sont des boucles en ficelle, les autres des boucles métalliques, qui ressemblent beaucoup aux boucles ou portes d'agrafe. Voici la manière de poser les premières : Après avoir appliqué la première couche de plâtre, lorsqu'on commence à faire une pièce, on prend un morceau de ficelle dont le bout retourné sur lui-même, forme une boucle d'une grandeur relative à l'épaisseur que doit avoir la pièce et la chapette. En général, il vaut mieux que cette boucle soit trop longue que trop courte ; elle sera perpendiculaire, et pour la maintenir dans cette position, on la presse quelques instants à la base avec le pouce. On répète cette manœuvre à peu de distance. Si l'on ne veut pas couper la ficelle à chaque boucle, ce qui augmente le travail et nuit à la solidité de l'ensemble, on la passe d'une boucle à l'autre ; mais en ce cas, il faut que la couche de plâtre sur laquelle pose la ficelle soit assez épaisse pour que celle-ci ne puisse faire saillie sur la pièce, et donner son empreinte au plâtre que l'on coulera. A mesure que l'on applique le plâtre de la pièce, les boucles se trouvent entourées à la base et prennent de plus en plus la position perpendiculaire. A mesure aussi que le plâtre sèche, elles se fixent solidement : on sent combien ensuite il est facile de saisir les pièces par ces boucles pour les ôter et les remettre à volonté. Je décrirai bientôt leur second usage.

On place de la même manière du fil-de-fer recuit, et les boucles qu'il forme peuvent se prendre à la main, mais les annelets préparés étant beaucoup plus courts, ne peuvent être saisis que par la pince seulement ;

ils donnent moins de peine à placer; il suffit de les ficher dans le plâtre lorsqu'il est encore mou. On les emploie de préférence pour les petites pièces qui se dépouillent difficilement, et pour tous les endroits délicats.

Quand le mouleur a recouvert ainsi de pièces sa première assise, il n'a encore rempli qu'une partie de sa tâche, il doit songer alors à consolider le creux. Son premier soin doit être de faire des hoches ou marques arbitraires en creux sur les morceaux pour reconnaître leur place, lorsque plus tard il s'agira de les monter. Si les pièces sont nombreuses, il fera bien de les numéroter ou de les marquer chacune par une lettre de l'alphabet. Des repères placés aux principaux points de jonction seront aussi fort utiles, quoique dans la pratique on s'en serve peu. D'autres soins sont nécessaires si le mouleur doit faire une *chapette :* dans ce cas, et tandis que le plâtre est encore mou, il entaille un enfoncement peu profond et demi-sphérique sur le dessus de chaque pièce. Ces enfoncements produisent des saillies dans les plaques de la chapette qui les recouvre, et les pièces ne peuvent se déranger. Le mouleur ayant ainsi tout préparé pour la chapette, s'occupe de la faire; il procède comme pour les pièces. Les plaques qui la composent doivent être moins nombreuses que les pièces du creux, par conséquent plusieurs rejoints de celle-ci se trouvent sous une seule chapette; mais, grâce aux annelets, il n'est pas plus embarrassant de les fixer les unes aux autres.

Pour faire les chapettes, on prend du plâtre de mouchettes, qu'on gâche un peu serré, puis on en étend, sur plusieurs pièces du moule, une couche peu épaisse, après avoir huilé celles-ci. On conserve bien la position perpendiculaire des annelets, ayant soin de les tenir élevés à mesure que l'on épaissit la couche du plâtre. En outre, au moyen d'un poinçon, ou de tout autre petit instrument analogue, on enlève circulairement un peu de plâtre autour de chaque annelet, de manière à former un trou rond dans la chapette. Quand celle-ci est parfaitement sèche, la boucle de ficelle, qui se maintient librement dans le trou et le dépasse, reçoit une cheville de bois, qui, placée transversalement, arrête la boucle en servant de tourniquet. Quand l'annelet est métallique, on agit de même, mais au lieu d'une cheville, on passe dans la boucle une forte ficelle que l'on conduit dans les boucles opposées.

Les bords de la chapette doivent se rencontrer avec ceux des pièces du moule qui forment un des rejoints continus ou la ligne des coutures; la raison en est simple : pour couler le plâtre dans le creux, il faut que les pièces du moule et celles de la chapette soient parallèles sur les bords, autrement le moulage produirait d'interminables saillies. Les bords de la chapette sont taillés avec soin, en biseau, et s'emboîtent comme les pièces du creux. Si la statue est de petite dimension, et que la chapette suffise, on la *garrotte*, c'est-à-dire qu'on l'entoure de sangles, de cordages solidement attachés; puis, pour la serrer davantage, on passe, en divers endroits, dans les cordes, un morceau de bois nommé *garrot*, qu'on tourne fortement et qu'on attache ensuite avec une ficelle.

On procède ensuite au moulage de l'autre assise, et lorsque la statue est tout entière recouverte par le creux et par la chapette, on s'occupe de la *chape*. Cette dernière et forte enveloppe est à la chapette ce que celle-ci est au creux. Ses pièces sont moins nombreuses que celle de la chapette, plus épaisses et plus grossières. Pour la faire, on commence par huiler toutes les surfaces de la chapette, on gâche également du gros plâtre, et l'on en fait une masse épaisse que l'on élève en commençant par le bas. Les parties de cette espèce de muraille sont taillées sur les tranches et s'emboîtent à recouvrement. Elles maintiennent à la fois la chapette et le moule. Pour remplir ce but, il leur faut une grande solidité; aussi une chape est-elle renforcée d'une *armature*.

On nomme ainsi l'ensemble des bandes et liens de fer dont la chape est entourée. Ces bandes en fer doux, appelées *fentons* ou *côtes de vaches*, sont contournées selon la forme du moule. Ces fentons forment ainsi de grands cercles dont on rejoint et croise les deux extrémités attachées ensuite avec de fortes cordes. Si ces bandes de fer tachaient la chape de rouille, le mal ne serait pas grand; néanmoins, comme cela pourrait avoir de l'inconvénient, on prévient la rouille en faisant chauffer les fentons et en les frottant de cire ou de résine, ainsi que nous l'avons dit plus haut.

Telle est la méthode employée pour faire les bons creux : nous dirons plus tard quelle est la manière de s'en servir. Les substances sur lesquelles le mouleur exerce son art, ne changent rien aux dispositions principales; elles exigent seulement diverses précautions accessoires dont nous allons entretenir le lecteur.

§ 4. SURMOULAGE SUR PLATRE. PRÉPARATION DE L'HUILE GRASSE.

Soit que les artistes fassent leurs modèles en plâtre à la main (opération désavantageuse pour eux et peu en usage), soit que le mouleur doive reproduire une figure coulée en plâtre dont il n'a pas de creux, il aura besoin d'agir avec précaution. Si le modèle doit être conservé blanc, il passera dessus une eau savonneuse très-forte. Dans le cas contraire, cette eau sera remplacée par de l'*huile grasse*. Voici la manière de préparer cette huile.

Préparation de l'huile grasse ou siccative. — Mettez sur un feu doux, dans un vase de terre vernissé, 500 grammes d'huile de lin; joignez-y 65 grammes de cire; prenez 125 grammes de litharge, enveloppée dans un linge, de manière qu'il forme un sachet; suspendez ce sachet dans l'huile, et laissez cuire pendant cinq ou six heures. L'huile grasse s'emploie toujours chaude.

Lorsqu'avec l'huile grasse ou l'eau de savon, le mouleur a bouché convenablement les pores du plâtre, il fabrique le creux comme à l'ordinaire. Si quelque partie vient à se casser, on humecte d'eau une éponge fine, et l'on mouille avec précaution les endroits à réparer. On prépare ensuite du *plâtre noyé*, c'est-à-dire gâché bien liquide, et l'on s'en sert pour recoller les morceaux. Si les plâtres cassés sont forts et très-secs, on emploie la colle-forte et mieux encore la colle de poisson.

§ 5. MOULAGE SUR TERRE CUITE.

Comme, en cet état, l'argile est cassante, il faut un soin particulier; le gonflement du plâtre est en outre plus gênant; cette substance se resserre alors et donne beaucoup de peine pour son dégagement de dessus la terre qui ne se prête nullement. Il convient donc d'être difficile sur le choix des matières, et d'employer pour faire le creux, le plâtre cuit au four, qui ne sert ordinairement qu'au collage des figures. Non-seulement les noirs, mais une grande partie des pièces, se font en mastic; on ne fait en plâtre que les plus faciles, et qui peuvent être *pièces-chapes*. On met une chapette un peu épaisse sur les pièces de mastic, mais généralement on s'abstient de faire une chape, de peur que son poids ne puisse être supporté par le modèle.

On prend indifféremment du mastic à l'arcanson ou au soufre : on le met fondre au bain-marie; dès qu'il est maniable, on le presse d'abord dans les noirs, puis dans les autres parties, après les avoir bien lavées d'une eau savonneuse très-chargée. Ce mastic, qui prend plus vite que le plâtre, se traite de même. Sitôt qu'il est pris, on l'enlève, on le pare à la main, puis on le remet en place.

On sent qu'il est impossible de donner des règles générales; telle figure exige l'emploi du mastic pour les pièces, telle autre le rejette. En certains cas, on peut faire des coupes au modèle, et quelquefois cette opération est impossible; c'est au mouleur qu'il appartient d'apprécier ces cas dans la pratique. Ordinairement on ne se permet pas de coupe sur les objets de petite dimension; on forme le creux de telle sorte, que les moules des parties voisines et isolées du bras, par exemple, y tiennent au moyen de la chapette qui maintient le tout; mais en même temps, il faut que les creux du bras, ou autres coupes marquées, puissent se détacher quand on veut les couler séparément.

Si le modèle est fort et que les coupes soient praticables, le mouleur se servira, à cet effet, d'une scie d'horloger, la meilleure et la plus mince qu'il pourra trouver. Pour rejoindre les coupes, on emploie le *mastic gras*.

§ 6. MOULAGE SUR TERRE SÈCHE.

L'argile sèche, sans être cuite, ne souffre aucune coupe, à raison de la facilité avec laquelle elle se casse et se fend. Il arrive même souvent que le modèle est crevassé, avant que le mouleur l'ait touché; la terre en se séchant, surtout dans les bas-reliefs, produit ces crevasses que l'on bouche avec le mélange suivant, appelé *cire à modeler*.

Cire neuve.	500 gram.
Poix de Bourgogne blanche.	250
Suif.	125

Fondre le tout sur un feu très-doux, sans ébullition. Non-seulement cette préparation sert à réparer le modèle, mais elle peut être employée à faire des pièces dans les noirs et autres morceaux difficiles.

Il faut commencer par passer sur la terre sèche une légère couche d'huile et de suif; on la moule ensuite, mais elle ne sert plus lorsque le creux est fait. N'ayant pas assez de force pour résister à l'effort du plâtre, elle se retire presque toujours en morceaux. Si l'on tient à conserver le modèle, il faut employer beaucoup de mastic au soufre, en faire des pièces de moyenne grandeur, et les couvrir de *fausses pièces*, soit en mastic, soit en plâtre léger. On nomme fausses pièces ou chemises celles qui en renferment d'autres, et qui ne portent aucune empreinte de l'ouvrage que l'on a moulé. Sur ces fausses pièces, on fait une chapette, et l'on enlève le tout bien délicatement.

§ 7. MOULAGE SUR MARBRE.

C'est l'opération qui exige le plus de soin et d'intelligence; car s'il arrive quelque accident, il est irréparable, et il ne faut qu'une seule pièce mal entendue pour faire casser la figure en quelque partie. Le travail du plâtre produirait inévitablement ce résultat, si l'on n'opposait à sa force d'expansion du mastic, dont l'effet est ordinairement contraire; car le mastic se resserre, tandis que le plâtre tend à se gonfler. Tous les endroits fragiles d'une figure doivent être couverts de mastic, et souvent telle statue de petite dimension, tel buste, tel bas-relief, ne supporterait pas de pièces d'une autre matière.

Le mouleur commence son travail par laver le marbre avec de l'eau bien chargée de savon. C'est une habitude extrêmement vicieuse que d'employer l'huile à cet effet, car elle produit sur le marbre une tache qui ne peut s'effacer et pénètre toujours de plus en plus. On fait ensuite toutes les pièces de mastic à la poudre de marbre ou à l'arcanson, et l'on ne place les pièces, pour lesquelles on ne doit employer que de très-bon plâtre, qu'après celles-ci. Il importe de laisser travailler le plâtre de chaque pièce avant d'en former d'autres à côté, et de réserver toujours les plus faciles pour les dernières. C'est surtout lorsqu'on opère sur le marbre qu'il est essentiel de parer les pièces à la main, de peur de le gâter avec la pointe du couteau.

Quand la figure est moulée, selon les procédés ordinaires, on la dépouille avec attention, puis on la lave au moyen d'une éponge imbibée d'eau pure et chaude pour emporter le savon qui, en séchant, jaunirait le marbre. Si les parties les plus exposées, comme les doigts des pieds, des mains, l'extrémité des draperies, etc., viennent à se casser, il faut les réunir avec du mastic au fromage. Pour bien réussir, on chauffe un peu les morceaux à rejoindre, en évitant avec soin de les brûler, car alors le marbre changerait de couleur et la jonction paraîtrait; après cela, on enduit les parties de mastic froid; on rejoint bien exactement, et l'on ne s'inquiète pas si le résultat tarde à s'obtenir, car le mastic au fromage est très-lent à prendre. Ce mastic, dont la solidité est très-grande, se compose de fromage blanc nommé vulgairement *à la pie*, et d'une égale quantité de chaux vive; on broie bien le tout ensemble.

§ 8. MOULAGE SUR BOIS.

Point d'autre obstacle pour ce genre de moulage que l'absolue nécessité de s'abstenir de faire des coupes. Le gonflement du plâtre, la fragilité du modèle, ne sont point à redouter; mais l'obligation de mouler des figures entières exige beaucoup de temps et de patience. Le mouleur éprouve de grandes difficultés pour les pièces qui sont multipliées à l'infini, et deviennent très-petites. L'emploi des *fausses pièces* est alors indispensable, et malgré la solidité du bois, il faut souvent avoir recours aux pièces de mastic et de cire. Avant de mouler, il est bon de passer sur le modèle une très-légère couche de résine, que l'on enlève ensuite en lavant avec un peu d'essence de térébenthine.

§ 9. MOULAGE SUR BRONZE.

Le travail du plâtre n'agissant point sur cette matière, cette sorte de moulage n'offre point de difficulté. On enduit le modèle d'huile avant de faire les pièces pour lesquelles on emploie du plâtre commun, mais néanmoins très-fin pour la première couche. Lorsque le moule est terminé, l'ouvrier doit frotter soigneusement le bronze, pour éviter qu'il ne s'oxyde. Un linge fin et sec, saupoudré d'un peu de tripoli, le nettoiera très-bien.

§ 10. MOULAGE DES STATUES ÉQUESTRES.

Jusqu'ici nous avons vu le mouleur s'associer à l'art du sculpteur et parfois du peintre. Nous allons le voir maintenant préparant les travaux du mouleur en bronze en moulant une de ces figures colossales destinées à faire un monument, comme par exemple une statue équestre. Néanmoins, sauf quelques accessoires qui concernent spécialement les figures en bronze, les creux de ces statues peuvent également servir au sculpteur qui doit les reproduire en marbre;

l'appareil préparatoire, les procédés, les soins sont absolument les mêmes à l'exception du moulage en cire.

Nous prendrons pour exemple une statue équestre comme la pièce la plus importante et la plus difficile. Il est vrai que le mouleur peut être souvent appelé à faire le creux d'un colosse pédestre destiné à être moulé en bronze, mais s'il est bien familiarisé avec les précautions que nécessite la première opération, il peut être assuré de réussir dans la seconde, car elle offre beaucoup moins de difficultés.

L'appareil nécessaire pour établir le modèle est un *châssis de charpente*, c'est une plate-forme posée sur un massif de pierre proportionné à la grandeur de la charpente qui doit excéder de 33 centimètres les plus fortes saillies du modèle. De grosses poutres en chêne, assujetties par des tirants et de boulons de fer, composent ce châssis. Sa solidité doit être telle que l'on puisse remplir de maçonnerie les vides qu'il laisse entre les poutres et l'aire de l'atelier. Les pieds du modèle du cheval sont au-dessus de cette charpente; ils n'y posent pas immédiatement, parce que dans le ventre passent de puissantes barres de fer qui soutiennent le cheval à quelques pieds du sol de l'atelier : ces barres se nomment *pointats*. Le bâti de la charpente est en ligne droite sur les côtés, et les deux extrémités, à la tête et à la queue, forment des avancements ou circulaires ou à pans coupés. Près des bords supérieurs latéraux du châssis, on cloue de distance en distance des morceaux de bois de 8 centimètres à peu près d'épaisseur dans le haut, et en pyramide tronquée, qu'on laisse sortir de 27 millimètres par leur saillie : ces morceaux de bois se logeront dans la surface inférieure de la première assise du moule, la maintiendront et serviront de points de repère pour remettre les pièces en place. Cet appareil particulier empêche ainsi les premières assises du moule de se déplacer, et sert en quelque sorte de chapette. Ainsi se font le dessous et les côtés du châssis; quant au-dessus, il est couvert d'une grille formée de plusieurs barres de fer, fixées à leurs extrémités par de fortes vis sur la charpente. Au moyen des boulons et des vis qui la maintiennent, cette charpente peut être démontée après le moulage du creux, pour être placée dans la fosse où l'on doit fondre la figure.

Ce plancher, comme nous l'avons vu, n'est point destiné à porter le modèle, soutenu par un appareil spécial; il doit seulement servir de base au moule. Ses bords, qui dépassent le modèle en largeur et en longueur, déterminent par leur avancement en dehors de l'aplomb des parties les plus saillantes du cheval, quelle sera l'épaisseur du moule.

D'après les principes admis jusqu'ici, on commence par raisonner le moule et par régler les assises; elles sont ordinairement de 48 à 65 centimètres de hauteur, et celle du bas est dite *la première*. Les pièces qui composent chaque assise doivent être taillées le plus carrément qu'il se peut, mais on ne saurait les faire égales. Les parties qui sont larges et de dépouille, comme les épaules, le ventre, la croupe, seront faites de grands morceaux; celles des jambes, du col, de la tête, seront nécessairement beaucoup plus petites, et plusieurs d'entre elles se trouveront enclavées dans les grandes pièces. Le mouleur veillera à ce que grandes ou petites, toutes les pièces soient conformées et parées sur les bords, de manière à ne pas se gêner mutuellement, lorsqu'on veut les déplacer. Il agira aussi de telle sorte que les rejoints se trouvent dans les endroits les moins délicats de la figure, afin que les coutures soient plus faciles à réparer. Les pièces seront pourvues d'annelets très-forts, et numérotées pour éviter la confusion en démontant ou remontant le creux.

Le modèle que l'on moule ainsi est en plâtre durci, c'est-à-dire qu'il a reçu une ou deux couches d'huile grasse; néanmoins, dans le cours de l'opération, il deviendra probablement nécessaire d'imbiber encore d'une légère couche d'huile d'olive les parties recouvertes en dernier lieu. A mesure que l'on a terminé une ou deux assises (cela dépend des endroits), on pratique les chapettes, mais celles-ci ne devront pas être recouvertes et soutenues par des chapes ordinaires.

De gros blocs de plâtre carrés à l'extérieur et pareils par leur coupe, comme par leurs joints ou refends, à de grosses pierres de taille, font le service des chapes. Ils ont de 27 à 35 centimètres d'épaisseur, 70 centimètres à 1 mètre de longueur et 34 à 70 centimètres de largeur. Celle de leurs parties qui embrasse immédiatement la chapette, en suit les contours et s'unit étroitement avec elle. On a soin de mettre entre les blocs des languettes d'argile fraîche; pendant la poussée du plâtre, elles cèdent à son effort, et s'opposent ainsi à ce qu'il nuise aux pièces du creux en les écartant. Grâce à ces languettes, le gonflement du plâtre n'empêche pas ces blocs de rester en place. Afin de mouvoir commodément les plus gros, on y scelle des anneaux de fer : quand on les démonte, on

Mouleur. 5

les numérote et l'on prend des précautions pour les replacer avec exactitude. Si l'on voit que les blocs soient insuffisants, ou selon les circonstances, on renforce le tout par de puissantes armatures en fer, qu'il est bien essentiel de proportionner aux masses qu'elles doivent contenir et soutenir. La statue placée sur le cheval se moule d'après les procédés ordinaires. On attache ses chapes et ses armatures avec de forts cordages à la grille de fer qui recouvre le châssis. Les parties légères du modèle, telles que les mèches détachées de la crinière et de la queue, des portions de draperies, divers accessoires, doivent être moulées séparément, soit en mastic, en cire à modeler ou en plâtre. Il faut avoir vu de ses yeux la quantité de petits moules partiels et complets qu'exige le creux d'une statue équestre, pour pouvoir se faire une juste idée de la complication d'un pareil travail.

On pourrait, à la rigueur, ne faire qu'un seul moule pour une statue équestre colossale, mais il est fort rare que l'on en agisse ainsi, car ce ne serait entreprendre qu'un travail plus considérable et multiplier les chances de non-succès; et si l'on parvenait à réussir, on n'obtiendrait pas un meilleur résultat. On fait ordinairement cinq moules : un pour le torse de la figure, deux autres pour les bras et deux autres pour les jambes. On ne fait qu'un seul moule principal pour le cheval, mais il n'est pas destiné à jeter la statue en bronze; il sert seulement à la mouler en cire, comme nous le verrons bientôt.

Récapitulons les pièces de l'appareil qu'a exigées le moule en plâtre de la statue équestre.

1º Massif de pierre pour le soutien de l'établissement du moule.

2° Ancres (ou boulons) et tirants de fer pour lier toutes les parties du massif et s'opposer à leur écartement.

3° Châssis de charpente.

4° Trois pointats garnis d'équerre et leurs supports.

5° Barres de fer pour soutenir le moule en plâtre.

6° Armature.

7° Grande traverse de l'armature. A partir de cette traverse, la partie inférieure sert pour le modèle en plâtre, à l'exception de l'armature des jambes. Celle-ci et l'armature de la partie supérieure du corps seront ajoutées plus tard pour le modèle en cire et le noyau, deux objets qui concernent le mouleur en plâtre.

8° Traverses qui soutiennent le moule dans toute sa surface et qui ne font pas partie de l'armature.

9° Chapettes.

10° Blocs de plâtre servant de chapes et qui maintiennent la masse du moule. La plupart sont garnis d'anneaux de fer.

Nous avons supposé que le modèle de la statue équestre avait été fait en plâtre à la main, ce qui, en effet, a lieu quelquefois; mais souvent il est en terre, et le mouleur doit s'occuper d'une opération préalable avant de mouler le creux; il doit faire le modèle en plâtre sur lequel il opérera ensuite. Au reste, toutes les parties de l'art du moulage reçoivent successivement ici leur application.

Le statuaire fait en terre molle un petit modèle que le mouleur estampe ou moule en plâtre.

Le statuaire le répare et l'exécute en grand, toujours en argile; il le confie au mouleur qui le moule à creux perdu.

On coule dans ce creux un plâtre que l'on répare avec soin, et c'est celui qui sert à faire le bon creux dont nous venons de détailler l'opération.

D'après les instructions données sur tous les genres de moulage, nous sommes dispensés d'apporter sur cette suite de travaux des éclaircissements qui ne seraient que d'inutiles répétitions. Aussi garderons-nous le silence jusqu'à ce qu'il s'agisse du creux perdu de la statue équestre. Les mesures particulières qu'exige ce creux vont justifier l'exception faite en sa faveur.

Afin de pouvoir soutenir le modèle colossal qu'il est obligé de faire en terre, le statuaire l'a muni, à l'intérieur, de fortes armatures en fer et en bois, dont la puissance et la disposition dépendent de celles de la figure. Malgré ces précautions, le modèle est incapable de soutenir, sans se rompre, le poids d'un moule entier; puis, en outre, il est important d'agir de la manière la plus expéditive, afin de ne pas laisser à l'argile le temps de se gercer et de se sécher. Pour y réussir le mouleur commence par tracer, sur la terre du modèle, la partie du corps qu'il veut mouler. Il en forme la coupe, la moule à creux perdu, enlève l'argile du creux, y coule le plâtre, casse le creux et met cette partie nouvellement coulée à la place de la partie enlevée du modèle. Il continue ainsi à couper, mouler et réformer toute la statue. Afin de contenir le plâtre et de lui procurer du soutien, il retient les pièces au moyen des armatures extérieures du modèle. C'est ce plâtre, séparé avec soin, que l'on place sur le châssis de charpente pour le mouler à bon creux. On sent combien cette série de travaux, ces essais successifs du statuaire et du mouleur, offrent de garantie pour le succès du moule. Dans un ouvrage aussi important, aussi difficile que la fonte d'une statue équestre, on ne saurait trop multiplier les précautions.

Lorsque le moule en plâtre à bon creux est entièrement achevé, on le démonte et on range toutes les pièces de chaque assise selon l'ordre des numéros. Ensuite on prend l'une après l'autre toutes les pièces du moule, on enduit les grandes d'huile grasse, on fait tremper les petites dans cette huile et on les laisse toutes sécher pendant quelques jours. Le châssis de charpente se trouve alors entièrement débarrassé; on le démonte, et de l'atelier de moulage on le transporte dans la fosse où l'on doit fondre la figure.

CHAPITRE V.

Moules sur nature.

En traitant des moules à creux perdu, nous avons dû forcément commencer par parler des procédés qui feront le sujet de ce chapitre. En effet, les moules pris sur nature ne pouvant être à plusieurs pièces, à chapette, à chape, sont toujours des moules à creux perdu, car on est ensuite obligé de les casser avec un ciseau, après y avoir coulé le plâtre, qui reproduit l'objet moulé.

Le moulage qui nous occupe maintenant se divise forcément en deux parties : 1° le moulage sur la nature vivante; 2° sur la nature morte. Les précautions nécessaires pour ne pas indisposer la personne qui sert de modèle produisent la principale, et presque l'unique différence entre ces deux sortes de moulage.

§ 1. NATURE VIVANTE.

Pour peu que l'on ne soit pas tout à fait étranger aux arts, on sait que les sculpteurs et les peintres sont presque toujours obligés d'avoir de bons modèles sous les yeux. Ils louent des modèles vivants; mais cette location est onéreuse, et les artistes n'ont souvent besoin que de parties séparées, comme une tête, des bras, des jambes, un torse, etc. Alors ils font mouler ces parties. Si le mouleur chargé de l'opération veut, à son tour, se procurer l'image de ces parties de choix et en avoir plusieurs épreuves, il ne tient qu'à lui de *faire un surmoule* ou de *surmouler*, c'est-à-dire, comme nous l'avons vu dans le chapitre précédent, de mouler à bon creux sur le premier plâtre. Car, je le répète, la nécessité de couvrir tout l'objet d'une seule fois, de n'avoir que deux pièces au plus, fait qu'on ne peut mouler qu'à creux perdu sur nature.

Le mouleur qui doit agir sur une personne vivante commencera par lui donner quelques avertissements préalables. Par exemple, il l'engagera à demeurer complétement immobile tant que le plâtre ne sera pas pris; il l'engagera aussi à ne pas s'effrayer de la chaleur que le plâtre acquiert et qui va toujours en croissant. Il aura soin de lui affirmer, ce qui est vrai, que cette chaleur ne parvient jamais à un degré qui puisse entraîner ni danger ni souffrance. Si le visage doit fournir l'empreinte, l'artiste fera bien sentir au modèle la nécessité de tenir scrupuleusement la bouche et les yeux fermés. Il l'avertira encore que le plâtre affaisse la chair, afin que certains modèles ne puissent rien avoir à lui reprocher. Quant aux gens qui se font mouler le visage dans l'intention d'avoir leur portrait très-exact, il leur apprendra que la contrainte qu'ils éprouveront, les yeux fermés, la bouche souvent de travers, sont autant d'obstacles à la fidélité, à l'agrément de cette empreinte. Enfin, à moins que le mouleur ne soit bien assuré de son adresse et de sa dextérité, il n'entreprendra jamais de mouler une tête, ou bien moins encore une personne vivante en entier, car il courrait risque de voir périr son modèle entre ses mains. On sent que, dans ce cas, le gonflement du plâtre exige la plus grande promptitude, la plus grande habileté.

Nous ne nous occuperons maintenant que du torse et de la figure, qui sont les deux seules parties exigeant des précautions spéciales. Nous réservons le moulage des membres pour l'article suivant, parce qu'ils se moulent exactement sur la nature morte comme sur la nature vivante.

En thèse générale, la position du modèle doit être déterminée par la situation qu'on veut représenter. Mais quelle que soit cette position, le mouleur doit songer à donner à la personne qui pose des points d'appui et de suspension disposés de manière à lui épargner la fatigue, suite de l'immobilité forcée qui, d'ailleurs, en nécessitant des efforts extraordinaires, nuirait à la pureté des formes. S'il s'agit de représenter des situations fortes et la contraction des muscles produite par les grandes commotions de l'âme, l'artiste devra placer le modèle de manière à ce que les organes extérieurs, mis en mouvement par la passion, soient très-apparents dans la pose. Tantôt il lui fera serrer fortement un bâton, tantôt porter un fardeau, d'autres fois serrer les dents, etc. Le *bras d'Hercule en repos* n'est point semblable à celui d'Hercule soulevant sa pesante massue pour frapper l'hydre, et sans aller chercher pour exemple des contrastes aussi prononcés, les formes de la jambe qui supporte le corps pendant la marche de l'homme diffèrent essentiellement des formes de la jambe qui se meut en avant. Le génie du mouleur doit le guider dans l'appréciation de ces nuances délicates, dont l'observation exacte constitue les beaux ouvrages; il doit le guider dans le choix des poses et dans l'emploi des moyens propres à lui faire saisir la nature sur le fait, et à lui permettre de fixer, sur une matière solide, un mouvement fugitif et passager, mais caractéristique.

Pour réussir à mouler le torse, on fait asseoir le modèle sur un siége sans dossier, et on lui appuie les bras sur l'extrémité supérieure d'un dossier de fauteuil placé devant lui afin de les lui soutenir. Ensuite, au moyen d'un pinceau, on enduit la peau d'un peu d'huile d'olive. Avant d'huiler, on doit garantir, par un linge, les vêtements qui couvrent les parties inférieures du modèle, et ce linge doit former une espèce de bourrelet au bas du torse.

Ces préparatifs achevés, on prend du plâtre très-fin et très-prompt, on le gâche avec de l'eau tiède, et dès qu'il commence à prendre, on l'applique sur tout le devant du corps; on promène le plus promptement possible le pinceau à longs poils dont on se sert et l'on met sur la première couche de plâtre plusieurs brins de filasse. Cette matière lie le plâtre et empêche la respiration de faire gercer le moule, et pour peu que l'on agisse avec célérité, le mouvement produit par la respiration ne causera nul inconvénient; mais il est indispensable d'appliquer le plâtre avec précision et rapidité. Par ce motif, et dans la crainte d'exercer une trop forte pression sur l'estomac, on donne au moule le moins d'épaisseur possible.

Dès que le plâtre est posé, on comprime légèrement sur les côtés les tranches avec la pointe de l'ébauchoir ou de la spatule, à moins, toutefois, qu'on ne préfère l'emploi du fil ciré. Lorsque le plâtre est pris et sec, ce qui doit être l'affaire de quelques instants, on prie la personne de se lever doucement et de se rejeter en arrière, tandis qu'on soutient le moule avec une forte serviette, et qu'on le soulève doucement sur les côtés avec le bout des doigts. En prenant ces précautions, le moule est intact et semblable au devant d'une cuirasse (1).

On s'occupe ensuite de mouler le derrière du torse, partie qui demande beaucoup moins de soins et de vitesse, parce qu'on n'a point à craindre l'influence de la respiration. Lorsqu'elle est moulée, on taille ou l'on comprime les tranches en biseau, de manière

(1) Il est des cas où le moulage ne peut être ainsi pratiqué. Ce qui vient d'être dit est parfaitement exact, lorsqu'il s'agit de mouler un homme robuste; mais si, pour consulter quelque médecin orthopédiste éloigné, pour constater l'état d'une partie avant le traitement, ou pour toute autre raison, on veut faire mouler la poitrine d'une jeune personne délicate et quelquefois mal conformée, on courra les plus grands risques si l'on recouvre de plâtre tout l'appareil respiratoire. La chaleur intense, l'humidité, la forte pression, qui sont causées par cette opération, produiront une suffocation très-dangereuse et peut-être mortelle. Dans cette circonstance délicate, un mouleur prudent sépare, par une bandelette, la poitrine en deux parties; il en moule une, tandis que l'autre reste libre dans ses mouvements. Cette première partie prise, il la découvre et moule la seconde. S'il résultait d'observations antérieures que l'un des côtés fût hépatisé, il devrait mouler seulement ce côté, et s'abstenir absolument de mouler l'autre.

à ce qu'elles puissent s'emboîter avec celles de devant, comme nous l'avons expliqué plus haut. Pour détacher ensuite le moule, on fait encore lever le modèle, on l'engage à se rejeter en avant, et les résultats sont les mêmes que dans la première opération. Pour prévenir les mauvais effets du plâtre sur la peau, il est à propos de la laver avec de l'eau-de-vie pure, ou mêlée de très-peu d'eau.

C'est surtout en moulant le visage que l'artiste a besoin de toute sa dextérité. Il commence par graisser la naissance des cheveux, les sourcils, les cils, avec de la pommade ou du beurre frais. Si le modèle est un homme, il doit être parfaitement et fraîchement rasé; le mouleur huile légèrement ensuite la figure et l'entoure d'une ou deux serviettes pour empêcher que le plâtre ne coule dans les cheveux et dans les oreilles. La personne est couchée horizontalement, les yeux et la bouche fermés. Pour que la respiration demeure libre, on place dans la bouche et dans les narines un tuyau de plume fort petit. A la rigueur, on peut se borner à prendre cette précaution pour les narines; on peut même la négliger tout à fait, mais alors il faut bien prendre garde que les narines ne soient bouchées, et poser le plâtre tout autour avec infiniment d'adresse et de rapidité. Au reste, comme on termine l'opération par ouvrir le nez, une minute au plus suffit; mais il est toujours plus prudent de placer dans les narines des petits tubes qui facilitent la respiration du modèle.

Quand tout est préparé, on gâche de très-bon plâtre avec de l'eau tiède, on le laisse un peu prendre pour diminuer d'autant son action sur le visage; ensuite, avec un pinceau fin, on applique le plâtre, en commençant par le front, par les joues, et l'on termine par la bouche et le nez. Le plâtre prend sur-le-champ. Alors on relève promptement le modèle, et le masque se détache de lui-même.

Peu de personnes gâchent convenablement le plâtre dans cette occasion délicate, et dans tous les autres cas où il doit être très-serré. La quantité d'eau, le temps à laisser écouler, ne sont appréciés d'une manière sûre et constante qu'après de nombreuses manipulations et l'usage qu'on n'acquiert que par une longue pratique. Il est cependant une façon d'agir qu'il est bon de faire connaître, parce qu'en la suivant, on est presque sûr d'arriver à un résultat satisfaisant.

On commence par mettre l'eau tiède dans le vase où l'on doit gâcher, puis on prend le plâtre qu'on verse en tournant, d'abord autour des parois du vase, puis en se rapprochant du centre en décrivant une spirale. On a soin que ce plâtre ainsi versé, fasse au milieu une élévation conique hors de l'eau qui doit le recouvrir tout autour vers les parois du vase. On examine attentivement la pointe du cône, et lorsqu'on s'aperçoit que l'humidité l'a gagnée, on doit de suite gâcher et employer. C'est le moment qu'il faut saisir; avant ou après, le nombre des chances de succès diminue en raison de l'éloignement de ce moment décisif.

Il y a deux et même trois manières de mouler les membres sur la nature vivante et sur la nature morte. La première, que nous avons déjà expliquée en parlant des moules à creux perdu, faits à coquilles: l'emploi du fil ciré, qui partage le moule et marque ses tranches, est le caractère spécial de cette sorte de moulage. J'aurai peu de chose à ajouter aux précédents détails. La pose du fil est le point le plus important.

Que l'on ait à mouler la jambe ou le bras d'un cadavre ou d'une personne vivante, il faut que ce membre soit étendu librement ou placé dans la position convenable; le bord d'une chaise ou d'une table, ou bien encore un simple morceau d'argile huilé (voyez *a, a, a*, fig. 21) soutenant le pied ou la main, devra le maintenir en place, sans qu'aucun objet posé sous la partie puisse gêner le mouleur. Celui-ci, comme à l'ordinaire, huilera la peau légèrement, car si l'huile était en trop grande quantité, elle produirait des soufflures; il suffit d'en mettre assez pour empêcher le plâtre d'adhérer. Préalablement, il commence par raser le poil, s'il y a lieu, en se contentant néanmoins de graisser les aisselles avec de la pommade ou du beurre; il s'occupe ensuite de placer le fil de manière que la partie moulée soit de dépouille. Les jambes et les bras n'offrent aucune difficulté pour peu que l'on ait d'attention. On applique le fil sur les côtés, ou sur le devant et le derrière de la jambe, par exemple, en le faisant passer sous le pied. Il est nécessaire de le fixer avec un peu de plâtre noyé, de cire ou de gomme en divers points de sa longueur, et surtout à ses deux extrémités, qui reviennent nécessairement vers le genou.

Il est un peu plus difficile de mouler les pieds et surtout les mains. Plusieurs positions exigent que le fil, disposé avec un soin minutieux, suive le long des doigts les sinuosités et les intervalles qu'ils laissent entre eux : il importe aussi de se ménager le moyen de dégager ces parties sans briser les petites cloisons qui se forment dans le moule.

Pour rendre cette démonstration plus claire, nous avons représenté, figure 21, un bras posé pour recevoir le plâtre, déjà en partie recouvert et en regard d'un moule confectionné.

Fig. 21.

Commençons par l'explication de la figure 21. On y remarque en $a\,a\,a$ les parties en terre sur lesquelles le bras est posé; en b, une première pièce déjà faite et coupée de dépouille, ainsi qu'il a été dit plus haut: on y voit enfin en c un bassin déterminé par la bandelette de terre d; cette bandelette doit être intérieurement huilée, ainsi que la place qu'elle circonscrit. C'est dans ce bassin que l'on met le plâtre, en l'étendant d'abord avec une brosse ou pinceau, puis en le versant lorsque la première couche commence à prendre.

Quant aux figures 22 et 23 représentant un moule, pièces et chape, on y distingue les principales divisions indiquées par des lignes : les trous pratiqués dans les pièces et dans la chape de la figure 22 doivent correspondre aux saillies de la figure 23, afin que le moule soit consolidé par leur assemblage lorsque les deux parties en sont réunies.

La seconde méthode n'est à proprement parler, que le perfectionnement de la première. On la doit à M. Jacquet, habile mouleur du Musée du Louvre.

Fig. 22.

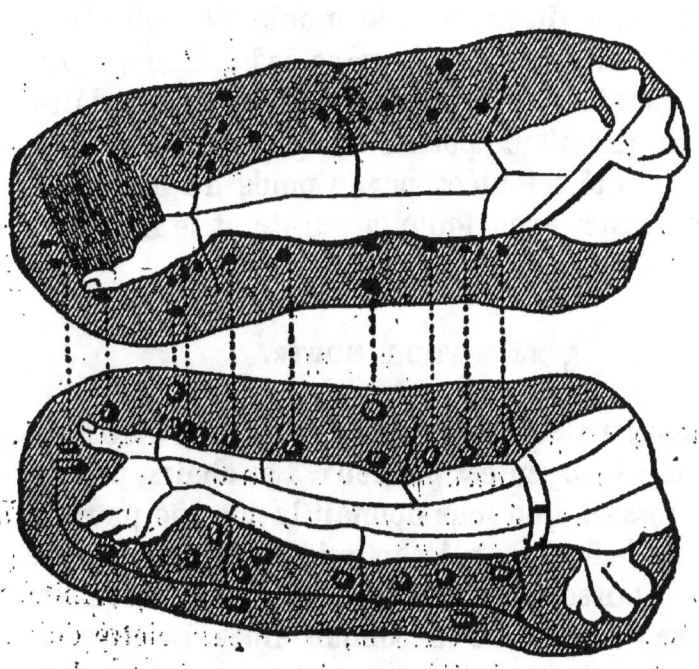

Fig. 23.

Cet artiste, après avoir frotté le moule avec de l'huile, met avec le pinceau une très-légère couche de plâtre, puis il dispose son fil; il prend ensuite un morceau de mousseline fine et claire, ou de mousseline-gaze, dont l'effet est semblable et le prix moins élevé. Cette mousseline, qu'il a préalablement taillée sur la partie qu'elle doit recouvrir, est appliquée sur l'intervalle de la ligne, d'un fil à l'autre. M. Jacquet laisse un peu prendre la première impression du plâtre auquel la mousseline s'attache peu à peu.

Quand il a acquis assez de consistance, il donne une seconde couche plus épaisse. La mousseline conserve une humidité qui favorise l'adhésion du nouveau plâtre : dès qu'il est pris, le fil s'enlève, et les deux parties du moule sont coupées. Enfin, quand il est durci et détaché du modèle, le moule n'a nullement fatigué les chairs, comme il arrive ordinairement. La solidité qu'avait acquise la première couche de plâtre a préservé jusqu'aux parties les plus flexibles, qui n'ayant pas été refoulées par le poids du moule, se sont reproduites avec toute la pureté et le moelleux de leurs formes.

§ 2. NATURE MORTE.

C'est principalement lorsqu'on moule sur la nature morte que ce moyen est précieux. Les chairs, privées alors du ressort que leur donnait la vie, ne peuvent résister à l'effort du plâtre, qui les affaisse de son poids, les boursoufle par sa chaleur, et rend souvent les formes et les traits méconnaissables. La mousseline s'oppose à cette fâcheuse pression ; et si l'on agit vite et que l'on ne fasse pas le moule trop épais, on obtient un creux parfaitement net et fidèle ; mais on rencontre souvent un autre obstacle dont il est bien difficile de triompher.

Au moment de la mort, les yeux se ferment ou s'enfoncent, le nez et la bouche se dépriment dans leurs contours, les joues se tirent, se contournent, enfin une foule de circonstances altèrent la figure, lui enlèvent son caractère et sa physionomie. Tout l'art possible ne peut réparer ces accidents et rendre l'exacte ressemblance de la personne regrettée. La froideur, l'empreinte de la mort, s'y retrouvent malgré tous les soins. Cependant, si l'on appelle le mouleur quand le visage conserve encore sa chaleur, et que par conséquent les chairs ne sont point contractées ; s'il est aidé par quelque portrait, si du moins une personne familiarisée avec les traits du défunt aide l'artiste à leur rendre en partie leurs formes ; enfin, si l'on agit vite et avec intelligence, on peut encore parvenir à la ressemblance. Si l'artiste moule quelqu'un qui vient d'expirer, l'humanité lui fait une loi d'observer les précautions pareilles à celles qu'il emploierait pour mouler la nature vivante. Qu'il n'oublie point que la mort ne saurait être bien constatée que par la putréfaction, et qu'en bouchant avec du plâtre les voies de la respiration, il peut donner une mort véritable à l'individu chez lequel le flambeau de la vie n'est point tout à fait éteint. Si le malade a succombé à une affection putride ou contagieuse, s'il exhale quelque odeur, le mouleur devra lui laver le visage avec du chlorure de soude ou de chaux, mélangé d'un sixième d'eau, et se frotter les mains dans ce mélange avant et après l'opération. Dans tous les cas, si la mort est certaine et si les chairs sont déjà devenues molles, le mouleur fera bien, pour les soutenir autant que possible, de tamponner les cavités, telles que la bouche et les narines, avec de l'étoupe ou du coton.

L'usage de la mousseline est d'une grande utilité pour mouler la poitrine et le torse, parce qu'elle s'oppose avec beaucoup d'avantage à la gerçure que la respiration fait au moule de ces parties ; elle est infiniment préférable à la filasse, dont se servaient anciennement les mouleurs.

La troisième variété du moulage sur nature est appelée *moulage à caisse*, parce qu'en effet on bâtit, avec des planches minces de bois et de la terre molle, une sorte de petite caisse pour loger le membre que l'on veut mouler. Supposons que ce soit un bras : la personne s'assied commodément près d'une table solide, sur laquelle est posée la caisse, à laquelle on a donné approximativement la forme du bras. On gâche le plâtre avec l'eau chaude, et l'on fait en sorte d'en préparer une quantité suffisante pour remplir la caisse et recouvrir le bras. Quand il commence à prendre, on le verse également dans la caisse, où il achève de prendre, et saisit tout le bras; on enlève alors les petites planches qui composent la caisse, sans attendre que le plâtre soit complétement dur. Avec le tranchant du couteau, on trace, sur la superficie de ce moule épais, une ligne sous le bras, en commençant vers le coude, et une autre correspondante à partir de la saignée : elles servent de guide pour l'entaille que l'on pratique avec un ébauchoir de buis ou de cuivre très-mince, sans toucher à la chair, mais de manière qu'il ne reste que très-peu de plâtre au fond de l'entaille. Le plâtre bien sec, on prend une petite planchette taillée en forme de coin, on en introduit l'extrémité dans l'entaille à divers endroits, on frappe légèrement sur l'extrémité opposée, et la couche de plâtre restée au fond de l'entaille s'éclate. Cette manière d'ouvrir l'entaille me semble devoir être adoptée à raison de sa simplicité et du manque absolu d'inconvénients. Cependant, quelques mouleurs sont dans l'usage de remplacer la planchette par un fermoir dont le taillant a été émoussé sur un grès. Avec cet instrument, ils font, de place en place, dans l'entaille, une petite *pesée* qui fait ouvrir le creux. Le fermoir, et surtout les planchettes, doivent être bien graissés de suif ou de saindoux. Souvent on les enfonce dans le plâtre encore mou, et, lorsqu'il a durci, la division par leur moyen est une chose très-utile. Il est inutile de dire qu'à l'instant de l'ouverture du creux, le mouleur doit être prêt à le soutenir pour éviter qu'il ne tombe et se brise. Ce genre de moule exige une assez grande quantité de plâtre, mais on peut le prendre commun, la première couche seulement devant être faite avec du plâtre choisi ; toutes les autres parties du corps exigent une caisse préparée d'une manière relative à l'objet ou à la pose du modèle. Le torse et la tête pourraient à la rigueur se mouler ainsi, mais seulement sur la nature morte.

Le moulage à la caisse n'exclut point l'emploi du fil ciré, ni même de la mousseline. Après avoir huilé, on met une très-légère couche de plâtre, puis on pose l'un ou l'autre, ou bien l'un et l'autre comme je l'ai dit plus haut. On poursuit l'opération en remplissant la caisse : le plâtre étant encore mou, on lève le fil, et sans employer ni fermoir, ni planchette, on ouvre ensuite le creux au moyen d'un effort léger. Ce moulage massif affaisse beaucoup la chair.

Nous terminerons ce chapitre par quelques mots sur la manière de mouler la tête entière. Cette opération, qui diffère peu des précédentes, exige cependant quelques soins qui lui sont particuliers. Celui qui, pour avoir son fidèle portrait, se fait seulement couvrir le masque de plâtre, calcule mal son affaire ; car il souffre ce que le moulage a de plus pénible, et il perd cet ensemble qui constitue, autant que quelques traits isolés, la parfaite ressemblance. Le mouleur doit d'ailleurs s'exercer à prendre facilement les empreintes du crâne, puisqu'une science nouvelle a fait connaître quelles conséquences importantes peuvent être tirées de la forme de cette partie de la tête.

Pour mouler la tête entière, on fait asseoir la personne; et comme la tête doit être recouverte d'une seule fois, il faut l'isoler entièrement. On met, autour du col, une serviette repliée sur elle-même, afin d'empêcher le plâtre de couler; on graisse ensuite les cheveux, les sourcils, la barbe, si l'on doit la conserver, avec du beurre frais, et on les empâte de manière à les masser le plus convenablement. On s'occupe alors de la pose des fils. L'un *a* (fig. 24) prend au milieu du derrière de la tête, monte en ligne directe sur son sommet, descend par-devant en partageant le front, le nez, la bouche et le menton en deux parties égales; le second *b* croise ce premier en séparant la tête en deux portions égales, une devant, l'autre derrière. On prend, pour les noirs des oreilles, les précautions que nous avons indiquées plus haut pour les endroits qui ne sont pas de dépouille. On arrête ces fils comme nous l'avons également dit, et l'on a soin de remarquer celui qui croise par-dessus l'autre, afin de l'enlever le premier lorsqu'il s'agira de le tirer.

Ces préparatifs terminés, on gâche le plâtre serré en suivant les indications données plus haut, et l'on couvre avec promptitude toute la tête d'une couche étendue avec un large pinceau, puis, lorsqu'il s'épaissit, on renforce cette première couche en jetant doucement, mais toujours avec diligence, le plâtre avec les mains. Quand tout est mis, on observe attentivement le moment de tirer les fils, et on reconnaît que ce moment est arrivé dès que le plâtre, encore mou, ne happe plus après les doigts : on prend alors des deux mains le fil qui croise par-dessus l'autre (la

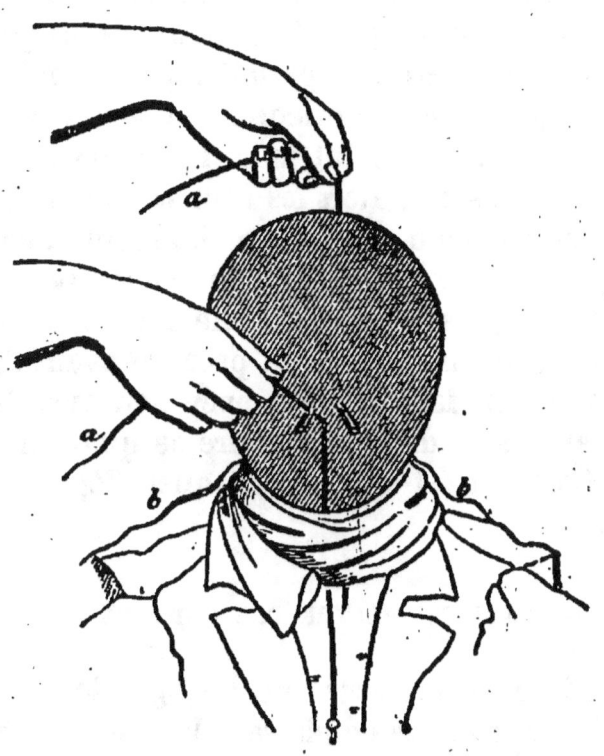

Fig. 24.

figure 24 fera connaître la position des mains dans ce cas), et l'on tire ce fil plus d'un côté que de l'autre, suivant la résistance qu'on éprouve, c'est-à-dire qu'on cessera de tirer avec la main gauche s'il se rencontre une petite pierre ou un filament quelconque qui arrête le fil, et qu'on coupera alors le plâtre en tirant avec la droite. Cette opération doit se faire hardiment et avec continuité, mais sans précipitation ni brusquerie.

Lorsque les fils sont tirés, on attend encore quelque temps, jusqu'à ce que le plâtre soit bien pris, puis on retire les pièces, qui doivent sortir très-facilement. Pour coller l'épreuve, on prend les deux pièces qui forment la paire, on les ajuste parfaitement et on les soude avec du plâtre mis extérieurement sur la réunion de la coupure. On en fait autant pour les deux autres pièces, et on soude alors les deux coquilles. Le creux étant ainsi obtenu, on le lave intérieurement avec une eau de savon forte, qu'on laisse ensuite bien égoutter, on passe un peu d'huile d'olive, et on coule le plâtre, qu'on laisse bien prendre avant de casser le moule. En faisant cette opération avec le fermoir, on aura soin d'éviter de faire ce qu'on appelle des *pistoles*, c'est-à-dire d'attaquer l'épreuve avec l'outil.

§ 3. MOULAGE EN PLATRE DES CADAVRES.

Hérodote (livre III) rapporte que les Egyptiens recouvraient leurs cadavres de plâtre. Aldrovande (*lib. 6, de insectis*) s'exprime, à ce sujet, en ces termes : « Après avoir retiré les entrailles et les chairs inutiles, les Ethyopiens recouvraient soigneusement de plâtre les cadavres de leurs amis, et quand ils étaient recouverts de cette enveloppe, ils les peignaient et tâchaient d'imiter leurs traits, comme s'ils étaient vivants. Ces opérations étant terminées, ils les mettaient sous de vastes globes de verre, à travers lesquels on les voyait très-distinctement. On les conservait ainsi sans qu'ils répandissent aucune mauvaise odeur. » D'après Werserus, le corps de saint Thomas l'apôtre fut ainsi préparé.

Ce moyen me paraît excellent; en mettant la couche du plâtre liquide très-soigneusement, et couvrant auparavant tout le corps d'huile ou de graisse, on le moule parfaitement. Il est donc bien évident qu'en le sciant longitudinalement quatre ou cinq ans après, on obtient le moule parfait de ce même corps. Nous avons essayé ce moyen sur un bras et une jambe; il nous a parfaitement réussi. (Nous avons déjà parlé de ce sujet dans le chapitre III, page 43.)

§ 4. EMPLOI DU CHLORURE DE ZINC POUR ÉVITER LE FARINAGE DANS LE MOULAGE DE PARTIES ANATOMIQUES.

M. Gourlier a fait, à la Société d'encouragement, au nom du comité des arts économiques, un rapport sur l'usage proposé par M. Stahl, mouleur du Muséum d'histoire naturelle, de l'emploi du chlorure de zinc dans le moulage des pièces anatomiques et des objets d'art. Les termes de ce rapport, que nous transcrirons ci-après, feront assez connaître l'objet du procédé de M. Stahl pour qu'il nous soit inutile d'y rien ajouter. Voici textuellement le rapport de M. Gourlier :

« Le moulage en plâtre, soit des pièces anatomiques, soit des objets d'art, présente souvent des difficultés et des inconvénients connus sous le nom de *farinage*, consistant en ce que des parties du plâtre employé au moulage adhèrent à la surface des pièces à mouler ou des moules à bon creux, et nuisent à la fidélité et à la finesse des empreintes.

« Ces inconvénients ont lieu principalement dans les différents cas ci-après :

« Soit lorsqu'on veut obtenir l'empreinte des parties anatomiques molles encore fraîches, cas auquel on les recouvre d'une couche d'huile;

« Soit lorsque ces pièces ont été préalablement immergées pour leur conservation dans l'alcool;

« Soit lorsqu'il s'agit de mouler une pièce établie en cire;

« Soit enfin lorsqu'on se sert de moules à bon creux, surtout lorsqu'ils sont un peu anciens et restés sans usage pendant un peu de temps;

« Habitué à apporter les plus grands soins dans les moulages dont il est chargé pour le Muséum d'histoire naturelle, M. Stahl a recherché la cause de ce farinage et les moyens d'y remédier. Il a été amené à remarquer que cet inconvénient n'avait jamais lieu dans le moulage des pièces molles conservées dans une solution de chlorure de zinc au lieu d'alcool; il a pensé dès lors que ce liquide, en affermissant davantage les différentes surfaces avec lesquelles il est en contact, s'opposait à l'adhérence du plâtre, soit aux pièces à mouler, soit aux moules mêmes; enfin, après des essais multipliés, il a déterminé le mode de procéder et le degré du dosage de la solution qu'il convient d'employer dans les différents cas.

« S'il s'agit de pièces anatomiques molles et de peu de valeur, ou fraîches ou conservées pendant plus ou moins de temps dans l'alcool, il les immerge pendant quelques heures dans une solution de chlorure de zinc à 20 ou 25 degrés environ, et le moulage peut avoir lieu sans aucune autre préparation.

« Si, au contraire, ces pièces sont d'une valeur trop considérable pour pouvoir être immergées, il suffit d'imbiber suffisamment de la même solution, ou la totalité de chaque pièce à la fois, ou successivement les différentes parties.

« Ce dernier procédé est également applicable à des figures en cire plus ou moins considérables.

« S'agit-il enfin de se servir de moules à bon creux, après les avoir savonnées quelques heures avant le moulage, on les imbibe également d'une solution de chlorure de zinc, qui doit, dans ce cas, être portée à 50 degrés, puis d'une couche d'huile, ainsi qu'on le fait ordinairement.

« On voit, par un extrait du compte-rendu des séances de l'Académie des sciences, du 8 mars 1847, que cet objet avait été accueilli par l'Académie et renvoyé par elle à l'examen d'une commission composée de MM. Brongniart, Flourens et Serres, et l'on ne peut que regretter que les procédés de M. Stahl n'aient pas encore été appréciés par des savants aussi compétents.

« L'Académie des beaux-arts, sur un rapport de sa section de sculpture, a donné son approbation aux procédés de M. Stahl.

« Les épreuves qu'il a soumises à la Société, et qui sont sous les yeux du conseil, font voir l'extrême finesse de détails que ces procédés permettent de reproduire.

« Le comité des arts économiques, auquel l'examen de ces épreuves a été renvoyé, a, en outre, pris connaissance d'autres résultats plus remarquables encore. Telle est particulièrement une collection de diverses pièces anatomiques et d'animaux tout entiers, en partie de très-grandes dimensions, moulés sur nature après la mort et l'enlèvement de la peau, collection déposée dans le musée de l'Ecole de médecine.

« Tel est également, dans un autre genre, le moulage fait par M. Stahl, d'une belle figure d'étude établie en cire, il y a longues années, par feu M. Giraud, statuaire distingué, actuellement en la possession de M. Vantinelle, graveur en médailles et ancien pensionnaire de l'Académie de France à Rome, qui, d'après le refus de plusieurs mouleurs, désespérait de pouvoir reproduire cette étude, soit en plâtre, soit en bronze; ce à quoi il est parvenu, grâce au moulage que M. Stahl en a fait de la manière la plus fidèle.

« Enfin M. Stahl a opéré, en différentes fois, en présence des membres du comité, soit sur des pièces molles, fraîches ou conservées dans l'alcool, soit sur des moules plus ou moins anciens, et ce comparativement avec l'emploi ordinaire du savon et de l'huile; et dans ces différents cas, tandis que ces derniers procédés donnaient toujours plus ou moins lieu au farinage et ne permettaient dès lors que la reproduction plus ou moins incomplète, quelquefois presque entièrement nulle, des détails anatomiques ou des finesses de l'objet à mouler; l'emploi de la solution de chlorure de zinc a toujours eu lieu sans aucun farinage et avec la reproduction la plus fidèle et la plus complète des détails les plus minutieux, tels que les écailles des plus petits poissons, les légères stries qui y existent, etc.

« D'après tout ce qui précède, votre comité a acquis la conviction que M. Stahl a rendu un véritable service non-seulement aux études anatomiques, mais aussi à l'art de mouleur en général. »

Nous croyons prudent de faire remarquer que l'emploi de la solution de chlorure ne serait aucunement applicable au moulage sur nature vivante, en raison de l'effet nuisible qu'il aurait.

Mouleur.   6

CHAPITRE VI.

Coulage du plâtre.

Nous venons de voir de quelle manière le mouleur se procure les moules nécessaires pour reproduire une ou plusieurs fois les figures. Ces moules ne sont, à proprement parler, que ses instruments; néanmoins le *moulage* exige beaucoup plus de temps, de peines et de soins que le *coulage*. Il faut près de quatre mois de travail à trois ouvriers laborieux pour faire le moule à bon creux du Laocoon, et celui de la Polymnie du Musée a demandé six semaines.

Le coulage du plâtre se compose de quatre parties. Il faut : 1° sécher et durcir les creux; 2° les monter ou les lier; 3° les remplir; 4° les casser ou démonter. Il y a deux manières de coulage : le *coulage en deux parties*, le *coulage à la volée*.

§ 1. MANIÈRE DE SÉCHER ET DE DURCIR LES CREUX.

Tous les creux subissent une préparation quelconque avant de recevoir le plâtre, mais ceux que l'on doit casser nécessitent beaucoup moins de soin. Lorsqu'on a arraché l'argile du modèle qui a produit un creux perdu, on nettoie et lave celui-ci avec de l'eau légèrement savonneuse; on agit promptement, afin que le plâtre ne s'humecte pas trop. Cela fait, on enduit le creux ou avec de l'huile d'olive pure ou mélangée de suif fondu en petite quantité, ou bien enfin avec de l'*huile de Rome*. La première convient quand le creux est durci; le second mélange quand il est frais.

Quant à l'*huile de Rome*, c'est tout simplement de l'argile détrempée dans l'eau et battue avec la spatule, de façon à produire un liquide terreux; il ne s'emploie jamais que pour les creux de peu d'importance.

Lorsqu'un creux perdu a très-peu d'épaisseur, comme les moules pris sur nature, et spécialement les *moules-masques*, on le fait bien sécher au soleil ou sur un poêle, puis on le recouvre intérieurement d'une couche d'huile grasse, ou même seulement d'huile d'œillette. Tous les creux légers se préparent de même; mais, au contraire, les creux massifs que donne le moulage à caisse sont humectés au lieu d'être durcis. On en sent aisément la raison; le moule de cette espèce, étant bien dur, ne pourrait se casser sur l'ouvrage. Aussi, dès qu'il a quitté la partie moulée, on le met tremper dans l'eau, jusqu'à ce qu'il ne boive plus; on le laisse ensuite égoutter sur une claie, et on le frotte avec de l'huile d'olive mélangée de suif ou de saindoux.

Si le mouleur qui vient de faire un bon creux ne veut et ne peut attendre qu'il soit durci, il en monte toutes les pièces, puis il y passe de l'eau de savon claire, afin d'imbiber les pores du plâtre. Il met fondre un peu de suif dans de l'huile d'œillette, et de ce mélange forme ensuite une couche bien égale sur toute la surface intérieure du creux. Aucune partie ne doit rester recouverte d'huile, parce qu'alors le plâtre y deviendrait *flou*. Les mouleurs expriment, par cette expression, l'état de mollesse et d'onctuosité qu'acquerrait le plâtre, état qui l'altérerait inévitablement en cet endroit et dénaturerait les formes.

Soit que l'artiste ait déjà coulé un plâtre dans un

creux préparé de la sorte, soit que le creux n'ait pas encore servi, voici comment il devra préparer ses moules. Ses chapes achevées, et le plâtre qui les forme convenablement pris, le mouleur, après avoir enlevé les fentons, pose ses chapes dans un endroit sec. La manière dont il les met sur des planches n'est pas indifférente, car elles ne doivent pas porter à faux; elles se voileraient, c'est-à-dire qu'elles changeraient de forme par suite de leur propre pesanteur, et se couvriraient de petites fentes imperceptibles. Viennent ensuite les pièces de la chapette, dont le mouleur détache les liens; il les enlève une à une, en commençant par celles qui ont été faites les dernières, et à mesure qu'il les retire, il les dépose sur des claies ou rayons, dans l'ordre de leurs lettres ou numéros, arrangement qui, par parenthèse, l'aidera beaucoup lorsqu'il devra monter le creux. Il agira de même pour les pièces du creux. Je lui conseille fort de ne point mettre sur la même ligne les pièces de la chapette et celles du moule, mais de séparer les unes des autres par des compartiments. Il devrait même assigner une place à chaque creux dans une portion de son atelier. Sur une large et forte tablette inférieure seraient les chapes portant, par exemple, en grosses lettres : Creux de la diane a la biche, *Chapes*; sur un second rayon, *Chapettes*; sur un troisième, *Pièces du creux*. Tous ces rayons seraient situés les uns au-dessus des autres. Cet ordre économiserait à la fois l'espace et le temps. Les armatures, et généralement tous les accessoires du moule, devraient en être rapprochés.

Le mouleur ne négligera point de durcir les creux; cette opération ne le dispensera point, il est vrai, d'y appliquer une couche d'huile d'olive pure à l'instant de couler le plâtre; mais elle leur donnera beaucoup de solidité. Ainsi donc, il fera d'abord sécher toutes les pièces grandes ou petites, au soleil, si c'est en été, et sur un four de boulanger, s'il opère en hiver. Une étuve ou tout autre endroit de même température, conviendront également. Il est essentiel que le plâtre ne puisse brûler. On fera ensuite chauffer, sans néanmoins la laisser bouillir, de l'huile grasse préparée comme je l'ai déjà dit; puis, avec une brosse, on imbibera les grosses pièces sur toutes les faces de l'empreinte du modèle, ainsi que sur les tranches, afin que le plâtre n'y adhère pas. Quant aux plus petites pièces, comme il serait trop long de les enduire avec la brosse, et que d'ailleurs il s'en rencontre de si délicates qu'elles pourraient se casser, on les met sur une grille de fil-de-fer suspendue avec des fils pareils, et on les fait tremper dans l'huile. Au bout de quelques moments, on les retire, et on les remet sécher dans l'ordre indiqué ci-dessus.

Les creux se durcissent aussi à la cire. Pour cela, on commence par faire bien sécher les pièces, et on les enduit lorsqu'elles ont un certain degré de chaleur. Le point important est que cette chaleur ne puisse recuire et encore moins brûler le plâtre. On fait fondre ensuite de la cire pure ou mélangée avec deux parties de résine; la cire bien chaude, on en verse un peu dans l'intérieur des pièces, et on l'étend avec un chiffon de laine, de telle sorte que les pièces soient bien recouvertes de cire. Elles sont ensuite placées devant le feu, mais à la distance nécessaire pour que le plâtre ne se trouve pas recuit. Les creux cirés deviennent très-durs; la cire leur donne plus d'épaisseur, et n'exige pas qu'on passe de l'huile lorsqu'il s'agit du coulage.

Il est probable que l'enduit hydrofuge de Thénard et d'Arcet, dont je parlerai bientôt, serait excellent pour durcir les creux; mais ce n'est encore qu'une supposition qui demande la sanction de l'expérience.

Quant aux pièces de mastic ou de cire qui servent momentanément à prendre l'empreinte des noirs et des parties fragiles, comme elles sont ensuite reproduites en plâtre, le mouleur les fait fondre, afin de s'en servir de nouveau.

§ 2. MANIÈRE DE MOULER LES CREUX.

On pourrait plus justement employer le mot *rejoindre*, et il aurait l'avantage de s'appliquer aux deux sortes de moules; en effet, on ne moule pas le creux perdu, on le rejoint, on le lie.

Cette jonction est très-souvent le premier soin du mouleur, car ordinairement, avant toute autre chose, il rassemble les coquilles d'un creux perdu, les parties d'un bras d'un moule persistant, et s'empresse de les lier, afin d'éviter le *tourment* ou la *voilée* du moule. En traitant de la confection des moules, nous avons déjà dit quelques mots de la manière de les emboîter, de les lier; nous n'aurons donc que quelques observations à ajouter.

On se rappelle la nécessité de bien réunir les repères, d'appliquer les joints l'un sur l'autre, de lier les deux coquilles avec des sangles et des cordages, le plus fortement qu'il se peut. Les joints doivent être recouverts de terre molle, de plâtre noyé ou de cire, enfin de toute substance qui puisse parfaitement boucher les intervalles des joints et s'opposer à ce que le travail du plâtre les fasse ouvrir. La plupart des creux perdus, n'ayant ni chapette ni chape pour les soutenir, exigent d'autant plus de soins.

Les bons creux se montent ordinairement en deux parties ou *deux chapes,* la chape de devant et celle de derrière. Il y en a cependant dans lesquels toutes les pièces attachées ensemble ne formeront qu'un corps, comme un moule à coquilles lorsqu'elles sont réunies. Ce cas est rare et n'a lieu seulement que pour le coulage à la volée. Les moules persistants, surtout ceux d'une certaine dimension, se montent communément de la manière suivante :

On commence par la chape de derrière et par la pose de quelques fentons, dans lesquels on place l'enveloppe extérieure. Dans cette enveloppe, on place les chapettes, et dans celle-ci les pièces du creux, en attachant bien les unes aux autres. La chape de derrière exige que les pièces soient solidement fixées à chaque chapette et à la chape par des ficelles passées dans les annelets, comme il a été expliqué plus haut. Pour y parvenir, on ne monte chaque chapette dans la chape que lorsque chacune de ses parties a reçu les pièces du creux qu'elle doit recevoir. En agissant autrement, le contact de la chape empêcherait de lier les annelets les uns aux autres, après qu'ils auraient pénétré dans les trous de la chapette. Pour opérer promptement et sans risque, il est à propos de monter le creux avec la chapette sur une sorte de pupître ou de châssis qui en soutient les morceaux.

La chape de devant demande moins de précaution, aussi beaucoup de mouleurs se contentent-ils d'attacher seulement la chapette après la chape ; quant aux pièces du creux, ils les enduisent de saindoux à l'extérieur, pour les empêcher de quitter la place qu'elles doivent occuper dans la chapette. D'autres se fient aux saillies du creux qui forment des tenons dans cette enveloppe, et aux annelets passés dans les trous correspondants sans être attachés. Je pense qu'il est préférable de bien consolider tout le creux, et que lorsqu'il s'agit d'une forte statue, il y aurait de l'imprudence à ne le point faire. On peut dire même que cette précaution est indispensable quand il s'agit de mouler à la volée.

Les creux liés ou montés, l'artiste doit y couler le plâtre. Dans presque tous les creux perdus, surtout ceux des jambes et des bras, dans tous ceux à bon creux qui peuvent aisément se tourner, et toutes les fois que l'on veut vendre à bon marché, le mouleur *coule à la volée*. Il importe que le creux soit durci, d'un poids léger, et qu'à son extrémité soit pratiquée une petite ouverture destinée à donner passage à l'air. Sans cette précaution, le plâtre produirait des soufflures. Ainsi, par exemple, si vous devez mouler un bras, vous percerez, avec une grosse épingle ou un petit poinçon l'extrémité des doigts ; c'est ce qui s'appelle *faire un évent*. Vous préparez ensuite du bon plâtre, gâché clair, dans une jatte légère et portative. En soulevant ce vase, vous versez le plâtre dans le creux, que vous roulez bien dans tous les sens, pour que le plâtre pénètre partout. Quand il commence à prendre, vous le versez dans la jatte, et la première couche est imprimée. Pour faire la seconde, vous versez de nouveau le plâtre dans le moule : vous roulez encore, et quelques moments après, vous le reversez comme la première fois dans le vase : en répétant plus ou moins cette opération, on donne à la figure le degré d'épaisseur que l'on juge convenable. Le coulage à la volée est fort en usage chez les mouleurs italiens. A-t-on à mouler de très-petits objets, comme de petits poissons, des coquilles et autres petites figures, on se dispense de reverser le plâtre dans la jatte. On épargne ainsi le temps, et le peu de volume de ces objets ne permet pas à la surabondance du plâtre de nuire par son gonflement. Ce sont les seules choses que l'on puisse ainsi mouler massives.

L'autre manière de mouler est plus usuelle et beaucoup plus solide. Quand les deux chapes d'un bon creux sont montées, on huile un peu, on gâche du plâtre fin et fort clair, on en imbibe une brosse douce à longs poils, que l'on passe sur tout le creux, en commençant par les cavités. Cette précaution est surtout importante lorsqu'on coule dans un creux frais, afin d'éviter les boursoufflures, mais en toute occasion il est bon de l'observer. Si le creux a beaucoup de parties renfoncées, comme plis de draperies, ornements divers, il faut bien l'examiner au jour, afin de s'assurer que rien n'est omis. Cette première couche de plâtre mise également partout, on gâche du plâtre plus gros et un peu plus serré, et on en applique une couche qui renforce la première. L'artiste peut commencer par l'une ou l'autre chape, à volonté. Le plâtre coulé, on a soin de bien remplir de plâtre les bords des joints, et en même temps, de nettoyer parfaitement les coupes; puis on rassemble les deux chapes l'une sur l'autre, on les lie fortement avec des cordages et les armatures, afin que le tout ne fasse qu'un seul corps. Lorsque l'ensemble est ainsi réuni, si les joints ne se touchent pas partout, on coule du plâtre dans les interstices. On peut aussi n'opérer cette jonction qu'après avoir sorti les plâtres des moules; alors on n'a pas l'embarras de remuer les chapes.

On coule de la même manière les coupes qui peuvent avoir été faites à la figure, puis on les rustique et on les rapporte, tandis que le plâtre de la coupe et celui de la statue sont encore mous. On est guidé par les repères dans cette opération, qui s'appelle *remonter une figure*.

Si l'on veut être certain de la solidité de ce rapport, ce qui est indispensable, on mouille les coupes avec du plâtre noyé; on emploie de même le mastic gras, en soutenant les bras dans la position convenable, et en disposant au-dessous une table ou des rayons placés de manière à les supporter en divers endroits. Si, au lieu de mastic, on emploie du plâtre noyé, on évite avec soin qu'il ne coule le long de la statue.

Le plâtre travaille, comme nous le savons, et son gonflement inégal écarte les joints des chapes, pour peu qu'il y ait la moindre différence de niveau entre eux, ou que l'armature ne les réunisse pas avec la dernière exactitude, ce qui ne se peut guère. Pour prévenir, dans tous les cas, cet inconvénient, et arrêter la poussée du plâtre, on place un ou plusieurs *étrésillons*. On nomme ainsi un morceau de bois plat et fort qui se pose entre le creux et un point d'appui quelconque. En soutenant le creux, l'étrésillon s'oppose à la poussée du plâtre.

On laisse bien prendre le plâtre, car on conçoit que si on enlevait le moule avant qu'il fût complètement sec, il en résulterait de graves inconvénients. S'il s'agit d'un bon creux, on ôte les armatures, on détache les cordages, et on enlève les pièces avec précaution, en les posant sur les rayons dans l'ordre accoutumé. Ensuite on s'occupe de la réparation de l'objet moulé, après l'avoir encore laissé sécher.

Les pièces ne pouvant s'affleurer dans leurs joints avec une précision mathématique, il se trouve nécessairement des lignes saillantes ou *coutures* sur la figure moulée. Pour les faire disparaître, le mouleur râcle doucement les saillies, afin de les affaiblir et de les effacer par gradation. Il se sert, à cet effet, d'une râpe douce ou de la peau de chien de mer. Mais quelle que soit son habileté, il ne peut empêcher qu'il n'y ait une différence entre les contours; aussi beaucoup d'artistes ne permettent pas qu'on enlève les coutures aux plâtres et aux bosses sur lesquelles ils étudient; ils préfèrent ces traces à l'altération des formes. Le mouleur ne réparera donc pas sans les consulter, mais il nuirait à sa vente s'il offrait aux simples amateurs des figures non réparées. S'il se trouve des vents ou soufflures dans la figure, on les bouche avec du plâtre noyé.

Après avoir démonté le moule, il arrive quelquefois que le plâtre de la figure est *farineux*, c'est-à-dire terne et comme couvert d'une poussière blanche. Cela vient de la trop grande sécheresse du creux, qui a bu trop promptement l'huile. Pour couler d'autre plâtre, il faut donc laver toutes les pièces à l'eau savonneuse et les enduire d'huile d'œillette très-chaude, comme je l'ai dit relativement aux creux tout frais. Il est à propos de les laisser reposer pendant vingt-quatre heures. Nous indiquerons plus tard le moyen de réparer la figure farineuse.

Le coulage à creux perdu n'exige pas de râclement, ou du moins assez peu. Tout ce que l'on doit craindre, c'est de faire quelques éclats à la figure en cassant le moule. Pour éviter cet accident, on casse légèrement, en faisant d'abord des fentes de place en place, et en levant délicatement les morceaux que l'on tâche de conserver aussi grands que possible. Si malgré ces soins l'objet moulé s'écaille en quelque partie, on ramasse soigneusement les morceaux et on les met à part pour les recoller avec du plâtre noyé, après que le moule sera entièrement brisé.

Pour donner de la solidité aux figures, surtout à celles de grande dimension, on est obligé de mettre du fer dans les bras et dans les jambes; il faut même mettre dans les doigts qui sont isolés des brins de fil d'archal, ainsi que dans le nez, les plis flottants des draperies, et généralement toute partie saillante exposée à se casser. Ces fils-de-fer, de quelque grosseur qu'ils soient, se placent sous la couche de plâtre fin, puis sont entourés de gros plâtre. Quand les figures sont petites, on emploie du laiton au lieu de fer. Si, lorsque l'on a placé ce métal, on n'a pris aucune précaution contre l'oxydation, on voit bientôt le plâtre se lever en éclats et se tacher en jaune en plusieurs endroits; il finit même par s'écailler et tomber tout à fait. Ces accidents sont faciles à prévenir.

On enduit le fer de chaux détrempée, ou mieux encore de cire jaune, de résine, de mastic à l'arcanson; on l'enveloppe d'une forte bande de papier collé en spirale ou de toile empesée; l'on entoure le fil d'archal de laiton très-fin, ou de gros fil de lin, chanvre ou coton. On se sert, si l'on veut, de filasse ou de coton en bourre, enfin de toute matière propre à empêcher l'humidité du plâtre de pénétrer jusqu'au fer et de le rouiller. Mais, de tous ces procédés, l'emploi de la cire est le plus expéditif et le plus sûr.

Les figures en plâtre peuvent aussi avoir leur contrefaçon, c'est-à-dire être *surmoulées*. Mais il est un moyen assuré de rendre cette fraude impossible. Comme les surmouleurs sont obligés de faire des coupes, le mouleur, en coulant sa figure, introduit aux points des coupes, et assez avant autour de ces points, un paquet de fil d'archal très-fin dont il fait un rouleau. Ainsi, par exemple, en rapportant un bras, il met du fil d'archal en paquet dans la partie supérieure, et le fait tenir au fer qui soutient le membre entier. Il en insère également dans l'épaule, joint ces deux rouleaux, rustique ensuite la coupe et la soude comme à l'ordinaire avec du plâtre clair ou du mastic; dès lors il devient impossible de séparer la coupe du tronc sans endommager toute la figure. Il y a même des mouleurs qui emploient dans ce but des tubes de verre, des goulots de bouteille, des baguettes, des baleines, le tout entouré de fil d'archal ou de laiton. Les surmouleurs sont forcés alors de mouler tout d'une pièce, et le temps, les soins minutieux, les difficultés qu'entraîne une telle opération, les découragent entièrement. Ces divers moyens n'offrent point des garanties certaines contre le surmoulage, auquel on pourra encore parvenir en faisant des fausses coupes, seulement indiquées sur les endroits où se feraient les coupes véritables, ou en déterminant ces endroits par des bandelettes, et en moulant séparément chaque partie, comme si la coupe avait eu lieu. Il y a une autre manière de prévenir la contrefaçon. On commence par enduire l'intérieur du creux d'une couche très-mince, de 2 millimètres environ; on passe sur cette couche une eau de savon assez forte, et immédiatement on donne les couches successives jusqu'à ce que le modèle ait atteint l'épaisseur voulue. Il est impossible de surmouler une figure ainsi construite. Si l'on s'y hasarde, l'humidité du plâtre, sa chaleur, son poids, occasionnent des gerces, et lorsqu'il s'agira d'enlever les pièces, le modèle viendra avec elles brisé et réduit en parcelles tellement divisées, qu'il sera de toute impossibilité de les rassembler. Ces gerces, brisures et arrachées s'étendant en outre au-delà de la pièce, on sera contraint d'abandonner la suite de l'opération, les parties circonvoisines se trouvant altérées, et même parfois entièrement détruites.

Convenons, toutefois, que les bosses ainsi coulées doivent être, plus que les autres, sujettes à se détériorer à la suite des moindres chocs ou pressions auxquelles elles sont exposées, et que l'action destructive du temps et de l'air doit se faire sentir plus promptement sur des plâtres aussi minces, quelle que soit d'ailleurs l'épaisseur des couches intérieures qui les supportent, mais auxquelles ils ne sont pas adhérents.

§ 3. Procédé de M. F. Abate, pour donner au plâtre la dureté et l'inaltérabilité du marbre.

« Tout le monde, dit M. Abate, dans un mémoire lu à l'Académie des sciences, connaît le rôle que joue le plâtre dans les constructions architecturales, dans la décoration, et dans la fabrication et la multiplication d'ouvrages d'art. Pour tous ces usages, cette substance présente des qualités précieuses et de graves défauts : le bas prix de revient du plâtre, qui s'obtient d'un sulfate dans la nature, la facilité qu'on a à le travailler et à le mouler, la perfection et la finesse des objets qu'on peut en obtenir par le moulage, voilà les bonnes qualités du plâtre; mais, d'un autre côté, on lui reproche sa fragilité et son peu de résistance aux influences atmosphériques, ce qui ne permet guère de l'employer pour les ouvrages qui doivent rester à découvert. Une foule d'inventions ont été faites en différents temps pour le durcir et l'améliorer; mais ces inventions, résultant de combinaisons différentes du plâtre avec des autres substances, telles que la colle forte, l'alun, etc., ont donné des résultats insuffisants au point de vue pratique. Tous ces produits d'ailleurs avaient le grand inconvénient de coûter beaucoup plus cher que le plâtre simple.

« Poursuivant le même but que les auteurs de ces inventions, j'ai ouvert une route nouvelle : par une série de recherches sur différentes espèces de gypse, et par l'observation des phénomènes qui se produisent dans la cuisson de cette pierre pour sa transformation en plâtre, et dans le gâchage de cette substance avec de l'eau, j'ai constaté les faits suivants :

« 1° Que, dans le grand nombre de variétés de gypse qui se trouvent dans la nature, il y en a de différents degrés de dureté, et que quelques-unes de ces variétés sont aussi dures que le marbre;

« 2° Que la différence de dureté du gypse tient bien moins à sa constitution chimique qu'à des circonstances naturelles et accidentelles qui ont présidé à l'agglomération de ses molécules, car il y a des variétés de cette pierre qui, ayant presque la même composition chimique, sont cependant bien différentes sous le rapport de la dureté;

« 3° Que, dans la cuisson des sulfates de chaux pour en faire du plâtre, il n'y a pas un changement de la constitution chimique de la pierre, mais seulement un passage de l'état hydraté à l'état anhydre. Pour les variétés de pierres soumises à la cuisson, j'ai trouvé les pertes d'eau équivalant à 27 ou 28 pour 100.

« J'ai déduit de ces faits la conséquence qu'un procédé rationnel de traitement du plâtre, pour en fabriquer une pierre artificielle solide et durable, doit se réduire à une synthèse de l'opération de la nature dans la production de la pierre originaire; que, par conséquent, il faut éviter de donner au plâtre, dans le gâchage, plus d'eau que la nature n'en avait donné à la pierre, et qu'il faut, outre cela, produire, par une puissante pression mécanique, le plus grand rapprochement possible des molécules de la matière; car la force de cohésion de ces molécules est toujours en raison inverse de la distance qui les sépare l'une de l'autre.

« J'ai encore remarqué que les procédés de traitement du plâtre actuellement en usage sont extrêmement fautifs, ce qui explique l'imperfection des produits qu'on en obtient. La grande affinité de cette substance pour l'eau est cause qu'on lui en donne dans le gâchage autant qu'elle en prend pour être réduite en pâte, et dans les travaux de moulage encore davantage, jusqu'à en faire comme une bouillie : cette quantité d'eau s'élève jusqu'à 200 pour 100, c'est-à-dire qu'elle est presque huit fois plus considérable que celle qui se trouvait dans la pierre. Une prise se produit immédiatement, et l'eau s'évaporant par le desséchement, il ne reste qu'un corps poreux, absorbant de l'humidité, qui, par l'action alternative de la chaleur et des gelées, amène en très-peu de temps la désaggrégation des molécules.

« J'ai essayé différents procédés pour pouvoir gâcher le plâtre avec une quantité minime d'eau, mais celui qui m'a donné les meilleurs résultats, et qui est le plus simple de tous, consiste à employer l'eau à l'état de vapeur. A cet effet, je place le plâtre dans un tambour cylindrique tournant horizontalement sur son axe, et je mets ce tambour en communication avec un générateur de vapeur ; par ce moyen, le plâtre absorbe, en très-peu de temps, la quantité voulue d'eau, qu'on peut régler, par le poids, avec la plus grande précision. Avec du plâtre ainsi préparé, qui conserve toujours son état pulvérulent, de manière à masquer entièrement la présence de l'eau, je remplis des moules convenablement arrangés, et je soumets le tout à l'action d'une puissante presse hydraulique. Après quelques instants, l'opération est finie, et en démontant les moules, on en retire les articles prêts pour l'usage. »

Pour un industriel qui possède un agencement préparé en vue de grandes constructions ou qui a près de lui une machine à vapeur dont il peut louer la vapeur ou la force motrice, ce procédé de fabrication est très-facile et extrêmement économique : le prix de fabrication ne surpasse pas celui de la matière, qui est elle-même très-peu coûteuse. Mais, pour un mouleur qui n'a pas ces ressources à sa disposition, il deviendrait très-dispendieux, d'une installation très-difficile et il serait presque impraticable.

Le plâtre préparé par ce procédé, dont quelques

échantillons ont été mis sous les yeux de l'Académie des sciences, est d'une parfaite compacité et dureté, et prend le poli du marbre. Les bas-reliefs les plus délicats, ceux des médailles, se reproduisent avec toute la perfection qu'ils ont dans l'original. L'expérience de plusieurs années a prouvé l'inaltérabilité de ce produit sous l'action des influences atmosphériques : il pourra donc servir pour les ouvrages à découvert aussi bien que pour les travaux d'intérieur.

Par l'application des procédés bien connus de marbrure à la cuve, on peut imiter toutes les espèces de marbres, pour lesquels on aura ainsi un substitut parfait et à très-bon marché.

Les avantages que l'industrie, les beaux-arts, la décoration et l'architecture peuvent tirer de cette invention sont évidents et de la plus grande importance. Ces procédés pourraient encore servir à fabriquer une pierre à bâtir factice, qui serait substituée à la pierre de taille. Cette pierre factice serait bien plus solide, plus durable, plus propre et plus belle que la pierre de taille; elle donnerait aux édifices un aspect insolite de richesse; elle ne coûterait que le cinquième ou le sixième de la pierre de taille; enfin les pièces de cette pierre artificielle étant moulées avec tous les ornements que la décoration exige, la construction des édifices en serait infiniment facilitée et accélérée, en même temps que le prix de cette construction en serait considérablement réduit.

§ 4. MOULAGE DU PLATRE A L'EAU SULFURIQUE.

La plupart des ouvrages sur la chimie indiquent que, pour préparer des plâtres prenant lentement à l'eau, il faut cuire la pierre à plâtre une première fois, puis la plonger dans une solution contenant 10 à 12 pour 100 d'alun pendant quelques minutes. M. Landrin remplace l'eau alunée par de l'eau contenant 5 à 10 pour 100 d'acide sulfurique. Il plonge dans cette solution, pendant environ un quart-d'heure, le plâtre cru, puis il le calcine. Non-seulement, dit-il, les plâtres ainsi travaillés donnent des stucs de première qualité au point de vue de la prise et de la dureté, mais, grâce à un petit excès d'acide sulfurique, les matières organiques qui se trouvent toujours en petites quantités dans le plâtre sont brûlées, et les plâtres obtenus sont d'une blancheur exceptionnelle.

§ 5. Système de moulage, dit moulage hydraulique, de M. Meeûs.

Le moulage et l'estampage des corps solides s'opèrent par l'introduction forcée de ces corps dans une matrice représentant l'objet dont on veut reproduire la forme.

Ces matrices ou moules doivent avoir pour surface d'appui un corps solide; c'est le revers ou contre-moule.

L'invention consiste à prendre pour surface d'appui un corps liquide ou gazeux.

Cette surface d'appui, de résistance ou de pression, ainsi que sa puissance d'action, se modifient, suivant les besoins de diverses applications :

1° Si la matrice est simple, on opère en la fixant sur une surface plane, après avoir interposé entre elle et cette surface les matières à mouler ou à estamper.

Sous la cavité même de la matrice, un orifice donne

passage au liquide ou au gaz qui doit former contre-moule, en opérant la pression et refoulant d'une manière uniforme le corps à mouler ou à estamper dans tous les interstices de la paroi supérieure de la matrice;

2° Si la matrice ou moule est bivalve, le corps à mouler, préalablement disposé à cet effet, devra être placé entre les deux valves, et l'introduction du liquide ou du corps gazeux aura lieu de façon à pénétrer dans l'intérieur de la matrice à mouler, qui se trouve refoulée de toute part contre les parois de la matrice;

3° Si la matrice est composée de plusieurs pièces, comme le sont en général les objets de ronde-bosse, il faut opérer comme il a été dit ci-dessus, en ayant soin de réunir les diverses pièces assez solidement pour qu'elles puissent supporter la pression exercée sans se disjoindre.

La pression des liquides ou des gaz dans les modes d'opérer peut s'obtenir par tous les moyens connus : toute pompe foulante, la vapeur, l'air comprimé ou dilaté par la chaleur, la pesanteur d'une colonne de liquide, etc.

La pompe de la presse hydraulique, ou pompe de Brahma, se prête plus que toute autre à ce genre de travail, par sa grande énergie et la facilité que l'on a de la placer où l'on veut.

La matrice étant posée au-dessus de l'orifice, de manière à ce que cet orifice corresponde à la cavité de la matrice, ayant eu soin, au préalable, d'interposer le corps à mouler entre le moule et l'orifice, on descend le plateau mobile de la presse, et on le serre de manière à faire équilibre à la pression que l'on veut exercer.

Le récipient ayant été préalablement vidé par le robinet de purge, on le remplit d'eau à la température convenable, pour aider à l'élasticité du corps à mouler, au moyen du tube communiquant à la chaudière.

On ferme le robinet de ce tube, on ouvre celui communiquant à la pompe d'injection ; il ne reste plus qu'à mettre en jeu cette pompe, jusqu'à ce que l'on ait atteint le degré de pression nécessairement variable selon la matière que l'on emploie.

On sent aisément que le liquide pénétrant sous le corps à mouler, à la pression de plusieurs atmosphères s'il est besoin, refoule la matière et la distribue également dans tous les interstices du moule. Il faut avoir soin seulement de laisser à la partie supérieure de la matrice un petit passage à l'air, qui, sans cela, se comprimerait dans le haut et deviendrait un obstacle à la parfaite réussite.

Si l'on voulait employer un gaz au lieu d'un liquide, il faudrait remplacer l'eau par ce gaz dans le récipient et l'y refouler.

Voilà donc un système nouveau de moulage ou estampage, opérant en relief ou en ronde-bosse, à chaud ou à froid, par contre-moules liquides ou gazeux, une pression directe et sans intermédiaire, immédiate, continue, et, suivant le besoin, élastique ou par chocs.

Ce système est applicable au moulage, à l'estampage et au repoussage, principalement des corps élastiques, métalliques et malléables. Il est pratiqué en Angleterre pour estamper des aiguières ou d'autres vases en argent mou, avec dessins et sujets en relief.

Ce système est destiné :

1º A la confection, par le gutta-percha, de dessins imitant la broderie et tous autres décors;

2º A la production de tout objet en relief ou ronde-bosse, figures, figurines, statues, statuettes, jouets, vases, ornements, etc.

3º A aider ou à remplacer tout travail de ciselage ou de refoulage en orfévrerie, bijouterie, etc., et généralement tous les produits de l'art et de l'industrie.

Il est utile de constater que cette invention est indépendante des moyens accessoires employés pour obtenir le résultat désiré.

On conçoit, en effet, que l'on peut varier à l'infini les moyens de pression, supprimer ou modifier le récipient, la chaudière, etc., changer la nature du liquide ou du gaz, car si nous nous sommes arrêté à l'air atmosphérique et à l'eau, c'est à cause de la facilité qu'ils offrent l'un et l'autre, nous réservant, du reste, de pouvoir y substituer tout autre gaz, tout autre liquide, au besoin même le mercure ou un métal en fusion.

Ce changement, pas plus que celui des moyens de compression, n'apporte aucune modification au principe de cette invention.

Il est encore utile de constater que, pour la pression continue, on opère comme il est dit ci-dessus;

Que pour la pression élastique, on commande l'abaissement du liquide par ressort, contre-poids ou air comprimé;

Que pour la pression par choc, on opère en donnant

le coup de marteau ou de mouton sur le piston même et, dans ce dernier cas, l'opération se trouve réduite à la simplicité la plus grande.

On fera remarquer que ce nouveau système se prête mieux que tout autre à l'estampage des métaux à opérer en bosse, au lieu d'opérer en creux, à volonté, et à la possibilité de reproduire des pièces d'une grande dimension.

On a vu dans la description précédente que, dans l'opération du moulage, le liquide pénètre sous le corps à mouler et refoule la matière dans le moule.

On ajoutera que, si cette matière est perméable, on interpose une feuille de matière imperméable, métallique ou autre, douée cependant d'une élasticité suffisante, et, de préférence à tout, le caoutchouc vulcanisé, dans tous les cas où il peut être employé sans inconvénient.

On a vu encore que l'invention consistait surtout à prendre pour surface d'appui dans le moulage un corps liquide ou gazeux; cette surface d'appui, de résistance ou de pression, ainsi que la puissance d'action, se modifiant suivant les besoins des diverses applications.

Développant cette idée, on peut appliquer la puissance d'action des surfaces d'appui liquides ou gazeuses aussi bien à toute pression en général qu'à la pression voulue pour un moulage.

Ainsi, on construit une presse en renfermant la surface d'appui liquide ou gazeuse, c'est-à-dire une certaine quantité d'air ou d'eau dans une boîte souple, formée de caoutchouc vulcanisé ou de toute autre matière analogue.

L'injection du liquide ou de l'air dans cette boîte

élastique, en agrandissant les parois, élève nécessairement tout corps superposé, et opère, en conséquence, une pression relative à la force d'injection.

Ce procédé permet la construction de presses de forme indéterminée et de grandeur variable, mais dont les plateaux, quelles que soient leurs dimensions, reçoivent directement et sur toute leur surface inférieure l'effort ascensionnel auquel on les soumet.

Par ce système, il devient aussi possible de construire des presses à double effet, c'est-à-dire pressant en même temps du haut en bas (1).

L'invention première consiste, comme on l'a dit, à prendre dans les opérations diverses du moulage et de l'estampage, pour surface d'appui, au lieu d'un corps solide, revers ou contre-moule, une surface d'appui liquide ou gazeuse. Mais on peut la modifier de plusieurs manières, entre autres les suivantes, qui consistent :

1º A employer non-seulement un contre-moule liquide ou gazeux, mais à donner au moule lui-même un appui liquide ou gazeux.

2º A appliquer cette idée à un maillet mouleur et à un marteau propre à enfoncer tout objet moulé ou ciselé à sa surface supérieure.

3º A produire l'effet du contre-moule liquide ou gazeux en renversant le mode d'opérer, c'est-à-dire en formant un vide entre la matrice et le corps à mouler, dont la conséquence sera d'amener celui-ci sur celle-là, de toute la puissance de la pression de l'air atmosphérique ou bien d'une colonne d'eau interposée.

(1) C'est d'après ce système que M. Simonet fabriquait ses chapeaux imitant la paille d'Italie.

Pour opérer, on dispose une caisse dont la grandeur est en rapport avec les objets à mouler, frapper ou estamper, capable de résister à la puissance de pression voulue, et disposée de manière à se fermer hermétiquement et le plus promptement possible, par coins, vis, écrous, etc.

A cette caisse aboutit un tuyau conducteur d'un corps gazeux ou liquide.

On place dans cette caisse, les uns à côté des autres, séparés par des intervalles, autant de moules ou de matrices, sur lesquels on a préalablement fixé l'objet à mouler ou à estamper, que la caisse en peut contenir.

Si le corps à mouler n'est pas imperméable par lui-même, on le recouvre d'une pellicule de gutta-percha, de caoutchouc ou de corps analogue.

S'il n'est pas agglutinant par lui-même, on le juxtapose au moule, de façon à ne permettre aucune introduction de liquide ou de gaz entre le moule et l'objet à mouler, par vis, écrous, pinces, etc.

Dans cette opération, les moules ou matrices peuvent avoir peu d'épaisseur, tels que le sont en général les dépôts de métaux par les procédés galvanoplastiques; ils peuvent être de matière fragile, de bois rendu imperméable.

La caisse ayant reçu ces moules préparés et se trouvant convenablement close, on fait agir sur l'extrémité extérieure du tuyau d'entrée des gaz ou de l'eau, une pression hydraulique ou gazeuse quelconque, continue, progressive, successive et par chocs, comme de besoin.

Il est facile de construire un outil à la main capable d'opérer directement et verticalement les effets décrits au commencement de ce paragraphe.

L'ouvrier tenant le contre-moule hydraulique d'une main, l'appuiera fortement contre la matrice à mouler ou l'objet à enfoncer, et au moyen des coups d'un marteau ordinaire, il agira de l'autre main sur le piston.

Pour opérer dans le sens inverse de la première description, prenant toujours sur une surface d'appui liquide ou gazeuse pour contre-moule, et demeurant ainsi dans le principe de l'invention, on peut disposer verticalement une matrice en matière solide et fortement maintenue, après l'avoir recouverte hermétiquement du corps qu'on veut y faire pénétrer pour l'estamper.

On introduit entre la matrice et ce corps, par le bas, un jet de vapeur, auquel on a réservé par le haut une sortie qu'on ferme au moyen d'un robinet, lorsque la vapeur a chassé l'air contenu entre la matrice et le corps à estamper.

Cela fait, une injection d'eau froide venant condenser la vapeur, forme le vide entre la matrice et le corps à mouler, qui, pénétrant dans ses creux, en reproduit exactement les reliefs.

§ 6. CONFECTION DES FIGURINES COMMUNES EN PLÂTRE.

Le mouleur en plâtre s'occupe quelquefois de fabriquer des figurines communes, telles que des animaux domestiques, des oiseaux, des madones, des statuettes de piété, qui ornent les cheminées des chaumières ou qui servent d'enseignes aux débitants des campagnes. Ce genre d'industrie est certainement bien peu important, mais il exerce au moulage les enfants et les apprentis. Ces figurines sont moulées par les procédés ordinaires; on n'y emploie que des matériaux perdus, du plâtre commun ou des restes de plâtre gâché. Le bénéfice qu'elles procurent au mouleur n'en est que plus certain.

Enluminure des figurines.

Ces objets reçoivent des couleurs très-vives, destinées à frapper les yeux des acheteurs; ces couleurs, les mêmes que les peintres en bâtiment emploient dans leurs travaux, s'appliquent par les mêmes procédés, à deux couches. On laisse sécher, puis on passe une légère couche de vernis à l'esprit-de-vin ou tout simplement de blanc d'œuf un peu ancien. Le point important, dans ce travail si simple, est de faire attention aux réserves; on doit éviter de tacher la partie qui doit rester blanche ou de poser une couleur à la place d'une autre.

Jaune d'or. — On se servira d'une décoction de racine d'épinette avec très-peu de safran.

Vert. — On fait bouillir de la morelle dans moitié eau et moitié vinaigre.

Bleu. — On fait bouillir des baies d'hyèble avec un peu d'alun.

Rouge. — On fait bouillir du bois de Fernambouc avec un peu d'alun.

Brun. — On fait bouillir du bois de Brésil dans une forte lessive.

Noir. — On emploie une décoction d'écorce verte d'aulne avec de l'eau alunée.

Toutes ces couleurs s'appliquent à la colle.

Quelquefois on donne aux figurines un aspect métallique. Quand on veut donner au plâtre une couleur *gris de plomb*, on le frotte avec de la plombagine porphyrisée. Quand on veut l'*argenter*, on le frotte avec un amalgame composé par parties égales de mercure, de bismuth et d'étain, puis on le recouvre d'une couche de vernis.

CHAPITRE VII.

Procédés pour rendre les Statues de plâtre inaltérables à l'air.

Tous les avantages que le plâtre offre au mouleur ont fait longtemps regretter qu'il manquât de solidité et ne pût résister à l'action destructive de l'eau et de l'air, mais maintenant, grâce aux enduits hydrofuges, cet inconvénient n'existe plus.

§ 1. ENDUIT HYDROFUGE DE D'ARCET ET THÉNARD.

Avant de faire connaître la méthode simple et facile par laquelle on prépare cet enduit, on croit devoir donner une idée des services qu'il a rendus à l'économie domestique et aux beaux-arts.

Lorsque le peintre Gros entreprit, en 1813, de peindre la coupole supérieure de l'église Sainte-Geneviève à Paris, il eut recours à D'Arcet et Thénard : ceux-ci substituèrent à la préparation employée à cet effet, leur enduit, qui depuis lors résiste sans la moindre altération. Cet éclatant service, en excitant toute la reconnaissance de Gros, a déterminé un peintre également célèbre, M. Gérard, à faire préparer, comme la première coupole, les quatre pendentifs de la coupole inférieure de la même église.

A la Sorbonne, deux salles consacrées à la Faculté des sciences étaient inhabitables, même pendant l'été. Le sol en était beaucoup au-dessous de celui des maisons voisines. Les murs très-salpêtrés, avaient été recouverts de plâtre, afin que les sels fussent rejetés au-dehors. Mais cette tentative ne produisit aucun résultat, puisque les sels traversèrent la couche de plâtre, lui enlevèrent toute consistance, et firent régner la plus grande, la plus malsaine humidité. L'emploi de l'enduit a complétement opéré l'assainissement de ces deux salles, dont le plâtre est parfaitement dur. Elles servent maintenant aux cours des facultés savantes.

Le fait suivant apportera une nouvelle preuve de la force de cet enduit : l'angle de la tablette d'une cheminée du laboratoire des essais de la Monnaie ayant été cassé, on le remplaça par du plâtre imprégné après coup de cet enduit. Ce morceau rapporté est si solide, que le frottement continuel auquel il est exposé, que la pression de la main fortement appuyée n'a pu l'ébranler. Il semble faire corps avec la tablette de pierre de liais à laquelle il est joint, et le *raccord* ne s'aperçoit qu'à grand'peine, et seulement quand, averti de son existence, on l'examine de près. Parmi les nombreuses expériences qu'ont faites Thenard et D'Arcet pour s'assurer de l'efficacité de leur procédé, nous citerons celle-ci : Un bas-relief et un portrait en plâtre furent tous deux imprégnés à moitié d'enduit et placés pendant très-longtemps sous des gouttières ; la partie de plâtre recouverte d'enduit n'a été altérée en aucune manière, tandis que celle qui n'en avait point reçu a été attaquée, rongée et totalement dissoute. Ces deux pièces ont été mises sous les yeux de l'Académie des sciences.

§ 2. EMPLOI DE LA CÉRUSE POUR ENDUIRE ET CONSERVER LES STATUES.

Lorsqu'une statue est réparée et mise en place dans un jardin ou tout autre lieu exposé à l'air, on attend qu'elle soit parfaitement sèche avant de lui appliquer la préparation suivante. Il est indispensable que la saison soit chaude; car c'est le soleil qui doit absorber le reste d'humidité de la figure. Après une belle journée, on met le soir, sur toute la statue, une couche d'huile grasse ou lithargirée, presque bouillante. Si le lendemain offre un beau jour, l'huile pénètre bien le plâtre, et le soir on remet une seconde couche parfaitement égale, qui, comme la première, doit n'avoir laissé aucune épaisseur. Le troisième jour, on délaie avec de l'huile de lin du blanc de céruse ou de plomb, et on y ajoute un peu de litharge en poudre pour rendre ce mélange bien siccatif. Il importe qu'il soit liquide, afin de ne pas empâter les traits de la statue et masquer la délicatesse des contours. Quelques mouleurs croient perfectionner cette composition en y mettant du vernis; et c'est à tort, car il produit à la fois l'écaillement de la couleur et un brillant très-désagréable. Un peu de bleu en poudre, ou quelques gouttes de *bleu en liqueur*, seront d'un bon usage et serviront à donner un ton de marbre au plâtre. Cette préparation légèrement chaude est appliquée au pinceau sur toute la surface de la statue.

Si l'on négligeait de faire complétement évaporer toute l'humidité du plâtre, il se formerait bientôt des crevasses qu'il faudrait boucher après avec du mastic à l'huile, sur lequel ensuite on remettrait de la couleur.

Une figure de plâtre ainsi préparée ne dure que deux années : au bout de ce temps, on est obligé de renouveler la dernière couche de préparation. Cette mesure est peu de chose ; la nécessité de recouvrir pendant l'hiver la statue d'une toile peinte ou cirée, est plus assujettissante et plus désagréable. En outre, si la figure est placée sous des arbres, où elle devient plus promptement noire qu'en plein air, l'intervalle des réparations n'ira vraisemblablement point à deux ans; mais cette méthode, quoique de beaucoup inférieure à celle de D'Arcet et Thénard, est d'une plus facile exécution.

Sans que je le fasse remarquer, on sent à combien de chances de non-succès on s'expose en confiant à la saison le desséchement de la statue. D'abord on ne peut opérer qu'en été, et pour peu que l'atmosphère varie, tout le travail peut être perdu. Il vaut infiniment mieux faire sécher la figure à l'étuve, et alors il n'y a que de l'avantage à employer l'enduit hydrofuge.

§ 3. BADIGEON DE BACHELIER POUR CONSERVER LE PLATRE.

L'histoire de ce procédé est intéressante et singulière. Frappé de la prompte altération de la pierre employée à la construction des plus beaux édifices de Paris, et des inconvénients du grattage, opération longue et coûteuse, Bachelier proposa l'essai d'un badigeon conservateur.

Cet essai fut fait au palais du Louvre; trois colonnes, dans la cour, furent enduites de ce badigeon à moitié de leur hauteur, deux à l'exposition du sud, et la troisième à l'ouest. Il ne formait pas une couche qui pût altérer le fini des sculptures, même les plus délicates, et le temps devait montrer qu'il possédait toutes les qualités désirables. Quatre ans et cinq mois après, la partie badigeonnée des colonnes était remarquable par un ton de couleur uniforme, et qui tranchait fortement avec le gris obscur et terreux des endroits privés du badigeon. Dans les parties exposées à l'action des vents, de la pluie et du soleil, il s'était également conservé intact, et le frottement réitéré de la main n'y produisait aucune impression.

On eut donc bien sujet de regretter que l'auteur de ce précieux enduit fût mort sans en avoir publié la composition, sans avoir laissé même une seule note à cet égard.

En 1808, l'Institut chargea une commission d'analyser ce badigeon, et d'en retrouver le secret. Berthollet, Chaptal, Vincent, Vauquelin et Guyton-Morveau, qui la composaient, firent gratter les colonnes enduites, et parvinrent, après une multitude d'essais et d'expériences, à retrouver la composition Bachelier. En voici la recette et la manipulation :

Prenez 17 parties de chaux vive, éteignez-la dans 30 p. 0/0 d'eau, au moyen d'un arrosoir, instrument excellent pour répartir l'eau d'une manière uniforme. Passez ensuite au tamis peu serré, afin de séparer les parties sur lesquelles n'aurait pas agi l'extinction; broyez alors cette chaux avec du fromage appelé vulgairement *à la pie*, frais encore et bien égoutté. La quantité en est variable et doit être telle, que sa réunion avec la chaux produise une pâte molle, égale et bien liée.

D'autre part, vous prenez 7 parties de plâtre cuit (ou sulfate de chaux), et 6 parties de céruse (ou carbonate de plomb); ces deux substances, réduites en poudre, s'incorporent avec la pâte précédente, et par un broiement plus exact sur un morceau de marbre, avec un peu d'eau, on réduit le tout en une bouillie plutôt épaisse que liquide. Un quart du poids des matières sèches semble être la mesure d'un fromage fraîchement égoutté.

Au moment de badigeonner, on délaie cette bouillie avec l'eau commune, et on applique l'enduit à la brosse ou au pinceau de vernisseur.

Ce badigeon, dont l'emploi est précieux pour les pierres tendres, qui produit le meilleur effet sur la pierre filtrante, qui enfin est susceptible de recevoir une légère teinte rapprochée de la couleur naturelle de la pierre polissable, convient parfaitement à la conservation du plâtre. Après la méthode de Thenard et D'Arcet, il offre, pour atteindre ce but, le procédé le plus sûr et le plus durable. Les substances dont il est composé se rencontrent partout à bas prix, et l'exécution en est des plus faciles.

D'après le conseil de D'Arcet, les mouleurs feraient sagement d'avoir ce badigeon en provision. Voici de quelle sorte : Dans les temps et dans les pays où le fromage est à bas prix, ils devraient faire incorporer la chaux avec cette matière, de manière à en avoir des trochisques, qui, soigneusement mis à l'abri du contact de l'air, seraient conservés pour l'usage.

Comme je l'ai dit plus haut, on terminerait l'enduit à l'instant de l'appliquer.

Pour bien réussir, il faudrait parfaitement sécher les plâtres et leur mettre une à trois couches d'enduit.

§ 4. EMBALLAGE DES FIGURES EN PLATRE.

Le mouleur en plâtre ne doit ignorer rien de ce qui est relatif à son état, et le transport de ses produits doit particulièrement l'intéresser. S'il s'agit d'objets de petites dimensions, on peut mettre dans le fond d'une caisse un lit de foin et de paille, et sur ce lit les figures séparées entre elles par de petites masses d'étoupes, de rognures de papier, d'herbes sèches, etc. Ces matières ou autres semblables les recouvrent exactement, puis d'étroites sangles passées par les trous de la caisse, croisées les unes sur les autres de manière à former des intervalles à carreaux rapprochés, maintiennent les figures. Il doit se trouver assez d'étoupes entre celles-ci et les sangles pour qu'aucune partie délicate ou saillante ne puisse être altérée par la pression de ces liens. Cette précaution prise, on étend sur les sangles un lit de paille ou de foin comme dans le fond de la caisse, et on continue de la même manière. Il va sans dire que les pièces les plus légères sont réservées pour les rangées supérieures.

Une figure de grandes dimensions exige encore plus de soins. On fait construire une caisse de grandeur proportionnée en fortes planches de sapin, nommées madriers, et emboîtées à queue d'aronde. On place dans le fond de la paille recouverte de papier coupé, et l'on colle intérieurement des bandes de papier sur les joints de la caisse. Cette précaution a pour but d'empêcher la sciure de bois ou préférablement de liége qui remplira les vides de s'échapper. On place la statue dans le fond de la caisse, puis on cloue des traverses de bois autour de la plinthe. On en contourne d'autres suivant les saillies de la figure, et on les assujettit avec des vis. On remplit avec des chiffons, du papier, des étoupes, tous les intervalles entre les tasseaux et la statue. Enfin, pour plus de sûreté, on achève de remplir les vides de la caisse avec de la sciure de bois ou de liége.

DEUXIÈME SECTION.

MOULAGE DES CIMENTS,
DE LA CHAUX, DES MORTIERS, DES MASTICS ET AUTRES COMPOSITIONS.

CHAPITRE Ier.
Moulage des Chaux hydrauliques.

On connaît, comme on sait, diverses espèces de chaux, à savoir : les *chaux communes* ou *aériennes*, et les *chaux hydrauliques*.

Les chaux communes, qui se partagent en *chaux grasses*, *maigres* et *moyennes*, sont peu utiles dans l'art du mouleur, mais il n'en est pas de même des chaux hydrauliques, naturelles ou artificielles, qui ont dans son industrie une importance spéciale. On comprend très-bien que la chaux hydraulique jouissant de la précieuse propriété de durcir sous l'eau avec une promptitude assez grande, elle peut servir au moulage de beaucoup d'objets. Pourquoi, par exemple, ne s'en servirait-t-on pas pour faire, à l'aide du moulage, des conduites d'eau, des auges, des vases de jardin ? Il serait facile de les exécuter dans des moules en bois, de les mettre à l'eau avec le moule pour leur faire acquérir d'abord un commencement de dureté, et lorsque cette dureté serait devenue suffisante, on pourrait les retirer du moule pour les déposer dans un bassin plein d'eau et tranquille, où ces ouvrages achèveraient de se consolider. On sent qu'alors les vases, les auges, les ornements d'architecture qu'on aurait exécutés de la sorte résisteraient parfaitement aux intempéries des saisons. La difficulté de se procurer des moules en bois en quantité suffisante ne devrait pas arrêter. On voit, en effet, que je propose d'employer ce procédé seulement pour les ouvrages de formes simples, de sorte qu'il serait très-aisé de travailler les moules. Il serait d'ailleurs assez facile encore d'employer le plâtre pour les ouvrages délicats, et surtout pour les ornements d'architecture. Seulement on aurait à prendre la précaution bien simple d'*hydrofuger* les moules sur toutes leurs surfaces, à l'aide de l'enduit de Thénard et D'Arcet. De cette manière, on les mettrait à l'abri de l'altération que, sans cela, pourrait leur faire éprouver un séjour dans l'eau. Enfin on pourrait y adapter des anses en fer, ou les fixer dans de petits baquets en bois, afin de prévenir les inconvénients qui pourraient résulter de leur fragilité, et les remuer plus aisément.

Le perfectionnement dans l'art du mouleur est d'autant plus désirable que la chaux hydraulique se trouve dans bien des localités, et qu'on peut en faire d'artificielle là où elle n'existe pas naturellement.

Il existe en France une foule de localités où l'on fabrique de la chaux hydraulique naturelle avec des calcaires du pays, tels sont les chaux hydrauliques de Chaulnay, près Mâcon, de Saint-Germain (Ain), de Bedoule (Bouches-du-Rhône), de Theil (Ardèche), de Montelimart (Drôme), d'Echoisy (Charente), de Morin (Gironde), de Mancelière (Eure-et-Loir), des environs de Paris, de Sénonches (Eure-et-Loir), de Lezoux (Puy-de-Dôme), de Rorbach (Moselle), de Seilley (Aube), de Try (Marne), etc.

Toutes ces chaux se distinguent entre elles par leur degré d'hydraulicité, leur prise plus ou moins rapide et des propriétés particulières à chacune d'elles.

Les chaux hydrauliques artificielles les plus employées à Paris sont celles de Montreuil, de Pantin, de Bougival, des Moulineaux, etc.

Nous ne pouvons pas entrer ici, sur la fabrication des chaux, dans des détails qu'on trouvera dans le *Manuel du Chaufournier* de l'*Encyclopédie-Roret*.

CHAPITRE II.

Moulage des Ciments artificiels.

Les heureux essais qui ont été faits pour obtenir des chaux hydrauliques ont stimulé les savants, les ingénieurs et les industriels, et les ont déterminés à rechercher des procédés pour obtenir des ciments artificiels.

On a réussi dans cette direction à préparer un assez grand nombre de matériaux auxquels on a appliqué les noms de *chaux-ciments* ou de *ciments-romains*, qui, par leur finesse, leur prise rapide, leur gâchage, et par d'autres propriétés utiles, les rendent très-recommandables dans l'art du mouleur. Nous allons donc lui signaler ici les principaux matériaux de ce genre dont il pourra faire usage.

Quand un calcaire argileux renferme de 20 à 35 pour 100 d'argile, la chaux qu'il fournit fait prise quand on la gâche en peu de minutes, et on donne à ce produit le nom de chaux-ciment.

Les ciments sont par conséquent des produits qui proviennent de la cuisson des calcaires marneux ou argileux renfermant naturellement et en proportions convenables tous les principes qui les rendent susceptibles de durcir rapidement à l'air ou dans l'eau sans addition d'aucun autre corps.

Les ciments offrent des couleurs très-variées; il y en a de jaunes, de brun foncé, de brun clair, de gris, de nankin, etc.

Une qualité aussi extrêmement variable et qui dépend de circonstances difficiles à apprécier est leur énergie et la rapidité de leur prise.

On connaît des ciments naturels, mais l'industrie est parvenue à fabriquer aussi des ciments artificiels.

Les ciments, outre leur emploi dans les constructions à l'air et sous l'eau, peuvent aussi servir à mouler des objets d'art, d'architecture et de construction, et aujourd'hui on en fait un usage assez étendu.

Voici une nomenclature abrégée des principaux ciments français, selon M. Delesse, avec quelques-unes de leurs propriétés :

Ciment d'Antony, près Paris, blanc grisâtre. Gâché, il prend une couleur claire en se contractant de 1,20 et augmentant de poids de 0,27. Prise lente.

Ciment de Champ-Rond (Isère), jaune brunâtre, prise en 5 minutes; propre à tous les travaux de moulage.

Ciment romain nouveau, jaunâtre, prise très-prompte et par cela même d'un emploi difficile et n'exigeant que peu d'eau. On peut en mouler de grands ouvrages d'une seule pièce.

Ciment de Corbigny (Nièvre), brunâtre, contraction au gâchage de 0,23 et augmentation de poids de 0,38 ou le double du Portland. Prise en 3 ou 4 minutes et acquérant immédiatement une très-grande dureté. Il se moule très-bien.

Ciment de Fagnières (Marne), rouge brique clair, prise au bout de 4 heures, augmente au gâchage de 0,36.

Ciment de Gap (Hautes-Alpes). Poudre brun jaunâtre, fait prise en 4 minutes. Peut servir à mouler des objets très-délicats. Il est très-compacte et ne se fendille pas par le retrait.

Ciment grenoblois (Isère). Même qualité à peu près que le ciment de la Porte de France.

Ciment du Havre. Se moule très-bien sans présenter de gerçures, grain serré et acquérant une très-grande dureté. Très-propre à des moulages.

Ciment de Moissac (Tarn), gris ou blanchâtre, à prise très-lente (18 heures), ne se fissurant jamais, compacte, imperméable et non altéré par la gelée, peut être moulé sans inconvénient par la gelée et résiste immédiatement aux intempéries. Il devient très-dur et très-résistant. Très-propre à de grands moulages pour constructions architecturales.

Ciment de la Porte de France (Isère). On en compte deux espèces, l'une à prise prompte et l'autre à prise lente. Le *ciment à prise prompte* est jaunâtre foncé, il fait prise en 5 minutes et on n'en fait guère usage que dans les travaux hydrauliques. Le *ciment à prise lente* est brun foncé ou gris, il fait prise en 10 minutes.

On fait avec ce ciment des conduites d'eau et de gaz.

Ciment de Portland naturel de Boulogne-sur-Mer, exigeant peu d'eau, prise lente, pouvant être manié par des maçons ordinaires et se laissant gâcher après 12 et même 24 heures.

Ciment de Pouilly (Côte-d'Or). C'est un ciment ordinaire.

Ciment de Roquefort (Bouches-du-Rhône). On en fabrique deux variétés, le ciment ordinaire et le ciment gris, qui se rapproche de celui de Portland et acquiert une grande cohésion.

Ciment de Vassy-lez-Avallon (Yonne), jaune terne, fait prise en 2 ou 3 minutes quand il est fabriqué avec les bancs supérieurs, et en 6 minutes avec les bancs inférieurs. Quand on élève la température de la cuisson, il ne fait prise qu'en 4 à 5 heures. Dans les grandes chaleurs, et quand le ciment est de fabrication récente, l'ouvrier a besoin d'exercer une grande activité pour l'employer dans de bonnes conditions.

Ciment de Vitry-le-Français (Marne). Il y en a de deux variétés. Le *ciment brûlé*, gris verdâtre, prise très-lente et tamisé, pouvant servir aux moulages les plus délicats. Le *ciment vil*, jaune pâle et à prise rapide.

On voit que les ciments, tant naturels qu'artificiels, peuvent rendre de grands services à l'art du mouleur. Mais pour cela il faut qu'il étudie avec le plus grand soin les phénomènes que les ciments qu'il veut employer présentent au gâchage. Les uns, comme on l'a vu, font prise en quelques minutes, d'autres sont plusieurs heures avant d'acquérir de la dureté. Ceux-ci se prennent à l'air, les autres sous l'eau. Quelques-uns exigent plus d'eau que d'autres. Le foisonnement n'est pas aussi le même chez tous. Enfin le retrait, la dureté et l'énergie varient pour ainsi dire chez chacun d'eux et la couleur change de l'un à l'autre.

Il y a donc là un vaste champ d'études pour le mouleur, mais aussi une perspective indéfinie pour lui d'étendre les limites de son industrie.

En effet, il est des ciments qui, par leur finesse, leur faible retrait, leur prise rapide et leur résistance, permettent de mouler les objets les plus délicats; mais il en est d'autres aussi qui possèdent des qualités propres à mouler de grandes pièces architecturales et des objets de construction qui doivent séjourner dans l'air ou sous l'eau, servir à la conduite des eaux, des gaz, etc. Nous allons faire comprendre par un exemple tout le parti que l'on peut tirer de cette propriété.

Veut-on construire un bassin de jardin : on élève d'abord une petite muraille circulaire, et l'on place au centre un pivot, sur lequel on fait tourner une planche à trousser, qui donne la forme intérieure. On trousse l'extérieur avec une seconde planche façonnée de façon à reproduire les profils que l'on désire.

Le moulage de ces ciments diffère peu du moulage en plâtre. Ce sont les mêmes creux, les mêmes procédés à employer. La seule différence consiste dans une plus grande facilité, car le ciment, se soudant avec beaucoup de succès, où peut multiplier les coupes, et par là éviter les longues et minutieuses opérations d'estamper dans les *noirs*. On peut aussi, par la même raison, couler plus dur qu'avec le plâtre qu'il faut employer très-liquide, afin qu'il pénètre dans les parties renfoncées, souvent fort éloignées du tronc principal.

Pour souder les coupes et pièces, il suffit d'humecter les bords et de les enduire d'une légère couche de ciment encore humide. On termine par rapprocher les bords en réunissant les repères.

Les objets coulés au ciment se polissent parfaitement sous la dent-de-loup. Si l'on veut les colorer, on les nuance au moyen de couleurs gâchées avec la matière avant le moulage. On leur donne l'aspect du marbre en mêlant aux ciments une dose plus ou moins forte de marbre en poudre pilé très-fin ou en leur associant des savons métalliques. Ces moyens s'emploient pour imiter l'albâtre gypseux ; il suffit de gâcher avec les divers ciments des recoupes pulvérisées de marbre ou des menus morceaux de savon.

Nous n'insisterons pas davantage sur ce sujet. Un artiste habile comprendra aisément les ressources que ces matières offrent à son industrie.

CHAPITRE III.

Moulage des matières plastiques.

Dans ce chapitre nous indiquerons quelques matières plastiques qui peuvent entrer dans la composition des œuvres de moulage et quelques grandes applications qu'on en a faites.

§ 1. COMPOSITION PLASTIQUE DE FÉCULE DE POMME DE TERRE ET DE CHLORURE DE ZINC.

M. Sorel a mis, il y a déjà quelques années, sous les yeux de l'Académie des sciences de Paris, une nouvelle matière plastique translucide qui est une combinaison de fécule de pommes de terre et de chlorure de zinc hydraté d'une densité suffisante pour gonfler la fécule sans la dissoudre. Pour modifier la dureté de la matière et la rendre plus ou moins opaque, on ajoute certains sels ou des matières en poudre, tels que de l'oxyde de zinc, du sulfate de baryte, etc. Cette matière plastique se prépare à froid en délayant la fécule et les autres substances avec le chlorure de zinc. Ce nouveau composé se moule parfaitement bien et se solidifie dans le moule comme le plâtre. Les objets ainsi obtenus sont diaphanes comme de la corne, de l'os ou de l'ivoire ; mais pour obtenir la diaphanéité, il ne faut pas mettre, ou mettre très-peu des substances pulvérulentes inertes que l'on peut ajouter à la fécule, excepté du sulfate de baryte. Ce sel, bien qu'étant insoluble, donne très-peu d'opacité à la matière. Il n'en est pas de même de l'oxyde de zinc et du carbonate de chaux.

Pour mettre les objets obtenus avec cette matière à l'abri de l'humidité, on les recouvre d'une ou de deux couches de bons vernis.

On peut donner toutes les couleurs à cette nouvelle matière et l'obtenir plus ou moins dure ; on peut même l'obtenir souple comme le caoutchouc, mais pas élastique.

Cette nouvelle composition plastique pourra être employée au moulage d'un grand nombre d'objets d'art et d'ornement, et à la confection de beaucoup d'objets qui exigent, soit de la dureté, soit de la souplesse, soit de la transparence. Enfin cette matière pourra remplacer, dans plusieurs cas, le plâtre, le marbre, l'ivoire, la corne, les os, le bois, le gutta-percha, la gélatine, etc.

La masse plastique de M. Sorel, quand on la compose avec une partie d'amidon sur 3 parties de chlorure de zinc, se solidifie, il est vrai, mais reste toujours un peu pâteuse et collante; pour obtenir une masse qui se durcisse plus promptement, il faut avoir recours au ciment des dentistes, qui se compose de :

Eau.	10.80 parties.
Oxyde de zinc.	53.15
Poudre de verre.	16.56
Chlorure de zinc.	19.49
	100.00

Si l'on veut retarder la prise un peu trop prompte de cette matière, on y ajoute du borax dans la proportion de 1/50 du poids du chlorure de zinc ou une petite quantité de nitrate de soude.

Pour préparer cette masse plastique, il convient de procéder ainsi qu'il suit : 1° on prend 1 partie en poids de poudre de verre très-fine, 3 parties d'oxyde de zinc bien exempt d'acide carbonique, qu'on a fait préalablement rougir et réduit aussi en poudre très-fine; 2° 50 parties d'une solution de chlorure de zinc et 1 partie de borax. Le chlorure doit être très-concentré et avoir un poids spécifique de 1,500 à 1,600, autrement le durcissement est trop lent et la masse n'acquiert jamais beaucoup de dureté. On dissout le borax dans la moindre quantité possible d'eau chaude et on l'ajoute à la solution de chlorure. Quand on veut se servir de cette préparation, on mélange la poudre de verre et d'oxyde avec la quantité nécessaire de solution de chlorure pour en former une masse qui, au bout de quelques minutes, est déjà dure, et après un jour a acquis une dureté comparable à celle du marbre. Cette masse possède une blancheur éclatante, mais on peut la colorer avec des ocres en des nuances plus ou moins foncées.

§ 2. COMPOSITION DE PLATRE ET DE BORAX.

M. A. Francis a proposé de produire, avec le plâtre gâché, une masse pour moulage beaucoup plus résistante et plus durable que celle qu'on emploie ordinairement en ajoutant à celle-ci une certaine quantité de borax dans la proportion de 45 à 55 parties de plâtre cuit et de 1 partie de borax calciné, mélangeant ces ingrédients amenés à l'état de poudre fine et s'en servant comme des matières ordinaires de moulage.

§ 3. MOULAGE A LA ZÉIODELITHE.

La zéiodelithe est un mélange de 19 à 20 parties de soufre et 24 parties de verre en poudre. On fait fondre d'abord le soufre, et quand il est bien fluide, on y mélange la poudre de verre aussi intimement qu'il est possible. Après le refroidissement, ce mélange, qui a la dureté de la pierre, résiste à l'action de l'air, de l'eau même bouillante et aux acides concentrés. Son poids spécifique varie de 2043 à 2060, et son point de fusion entre 120 et 140° C.

Si on remplace le verre par de la pierre-ponce finement pulvérisée, il faut ajouter un peu plus de soufre. Ce produit ressemble au précédent, mais est un peu moins dur. On peut également remplacer le verre par l'oxyde de fer ou mieux par le tripoli ; l'oxyde de fer et le soufre forment un sulfure peu convenable pour le moulage.

Une addition d'outremer permet de produire des zéiodelithes bleues de toutes nuances, dures, susceptibles d'un beau poli et jouissant de propriétés particulières.

On prépare une zéiodelithe rouge d'une grande beauté par une addition de vermillon, seulement il faut surveiller attentivement la fusion, à cause de la volatilité du vermillon à une basse température.

On procure à la zéiodelithe une couleur verte non moins éclatante par un mélange de vert de schweinfurt qui ne perd rien de sa couleur et de son éclat par son mélange avec le soufre et le verre.

On peut encore produire des zéiodelithes vert foncé avec l'oxyde de chrome, jaunes avec le chromate de plomb, noir avec le graphite.

Ces mélanges, moulés sur des modèles ou des médailles, fournissent des moulages très-nets et très-vifs, et qui dépassent de beaucoup, sous le rapport de la résistance, ceux confectionnés en plâtre ou en soufre seulement.

M. A. Rabe a cherché à perfectionner cette composition en faisant fondre ensemble du soufre et de la silice à infusoires, dite *kieselguhr*, et a même tenté de remplacer le soufre par des pyrites d'Espagne sans que la matière semble perdre ses principales propriétés. Ces pyrites d'Espagne, qui renferment de 4 à 6 pour 100 de cuivre, sont mises en fusion, et on y incorpore la silice aussi intimement qu'il est possible. Quand le mélange est opéré, on coule et, par le refroidissement, on obtient une masse d'une texture fine et d'une grande dureté.

§ 4. MEULES ET PIERRES ARTIFICIELLES, BÉTONS MOULÉS ET COMPRIMÉS, STUCS.

1° *Meules et pierres artificielles*. — On peut considérer, comme se rattachant à l'art du mouleur, la fabrication des meules et des pierres artificielles qu'on doit à M. F. Ransome, de Ipswich, en Angleterre. Il nous suffira, pour les besoins de ce Manuel, de rappeler que, pour fabriquer ces meules et ces pierres artificielles, on prépare avec la chaux et le carbonate de soude une lessive caustique dans laquelle on fait dissoudre dans une chaudière à haute pression du sable, des cailloux ou autres matières siliceuses. A cette solution chaude, on ajoute du silex en poudre, de l'argile et du sable, on broie le tout intimement jusqu'à consistance parfaitement homogène, et lorsque la matière est devenue bien plastique, on moule ou bien on la frappe pour en obtenir des empreintes très-nettes et très-délicates. Les pièces ainsi moulées sont séchées à l'étuve, puis on les rend inattaquables à l'eau en les soumettant à une température très-élevée dans un four approprié à cet objet.

Cette pierre artificielle offre un aspect tout particulier, sa texture présente une finesse, une homogénéité et un grain qu'il est rare de rencontrer dans la nature. Quant à ses applications, elle peut non-seulement servir à fabriquer des meules artificielles, mais aussi à faire des pierres et des meules à aiguiser, des filtres de toute nature, des fontaines filtrantes, et par la netteté et la finesse des détails qu'elle comporte, tous les objets d'arts plastiques, des statues, des vases, des ornements gothiques, etc. Elle n'est pas attaquée par les acides, ni par l'eau, même bouillante; on peut la rendre plus ou moins poreuse en faisant varier les proportions du ciment et du sable. Enfin on en a fait des pièces céramiques fort élégantes et de grandes dimensions, et des dents artificielles d'un blanc magnifique, très-dures et peu susceptibles de s'imprégner d'une odeur nauséabonde.

2° *Betons moulés et comprimés.* — Les betons moulés se composent, sur 11 parties, de 7 parties de sable, gravier, cailloutis, 3 parties de terre argileuse commune, grasse et non cuite, et 1 partie de chaux vive.

Ce beton résiste parfaitement à la pluie et aux intempéries des saisons. On a pu en construire des statues, des pierres artificielles, des bâtiments de toute nature, des voûtes, des cintres, des ponts, objets qu'on a pu, dans bien des cas, mouler de toute pièce.

Nous ne croyons pas devoir nous étendre sur ces matériaux, dont un mouleur habile saura très-bien tirer un excellent parti pour étendre le domaine de son art.

3° *Moulage des stucs.* — Il existe deux sortes de stucs : le *stuc à la chaux*, qu'on emploie pour les enduits et pour les objets extérieurs exposés à l'humidité et aux intempéries; le *stuc au plâtre*, qui convient aux objets renfermés à l'intérieur des habitations. Ce dernier étant le plus ordinairement employé pour le moulage des ornements d'architecture, et quelquefois même pour le moulage de la figure, nous en dirons quelques mots.

Pour fabriquer un bon stuc, on choisit de la pierre à plâtre de bonne qualité, et on la fait cuire dans un four de boulanger de la même manière que le plâtre destiné au moulage. On pulvérise et on passe au tamis. On gâche ensuite ce plâtre dans une eau de colle de Flandre ou de colle de poisson, ou même de gomme arabique. Ces matières servent à remplir les pores du plâtre, à lui donner plus de consistance et à le rendre susceptible de prendre un poli qui rappelle celui du marbre. Pour gâcher, on prend de l'eau légèrement chauffée, afin d'empêcher le plâtre de se durcir trop vite. L'opération du moulage doit être exécutée promptement, avant que la composition ait eu le temps de se prendre.

On obtient encore, par le mélange des matières suivantes, en quantité variable au gré de l'opérateur, un beau stuc qui imite assez bien le marbre blanc :

>Huile,
>Blanc de Troyes,
>Blanc de plomb,
>Vernis,
>Essence de térébenthine.

Cette composition plastique est celle qui convient le mieux pour enduire les objets qui ont été moulés. Elle s'applique au couteau, on retouche à la brosse, on ponce et on termine par des glacis.

TROISIÈME SECTION.

MOULAGE DE L'ARGILE.

Première matière qu'employa la plastique, l'argile a ses avantages et ses inconvénients. Ses avantages sont d'être onctueuse, liante et tenace; d'offrir, mêlée avec l'eau, une facilité à se réduire en pâte glutineuse, telle qu'elle puisse se modeler à la main et presque sans le secours d'aucun instrument. Ses inconvénients sont de faire retraite, soit en séchant, soit en cuisant, de telle sorte que les formes qu'on lui a données sont inévitablement et fortement altérées. Si du moins ce retrait était régulier, on l'évaluerait, on y aurait égard pour les proportions, et le mal serait prévenu en partie. Mais il n'en est pas ainsi : le retrait s'opère inégalement et varie surtout suivant les différentes espèces d'argile. On sent donc combien est importante la connaissance de ces variations. Aussi, des détails convenablement étendus sur *la nature de l'argile* formeront-ils le premier paragraphe de ce chapitre. *Le moulage de l'argile* sera l'objet du second, et l'opération de *la cuisson et de la dessiccation*, celui du troisième.

§ 1. NATURE DE L'ARGILE.

Il serait inutile de faire connaître ici la composition chimique de l'argile et d'énumérer les caractères qui la distinguent des autres mélanges terreux, tels que les marnes, craies, schistes, etc. Il serait de même également superflu de parler des quatre dénominations génériques adoptées par les minéralogistes pour distinguer les espèces d'argile employées dans les arts. Deux seulement d'entre elles nous occuperont : c'est d'abord la première division, celle des *argiles apyres*, qui, à l'exception du kaolin ou terre à porcelaine, sont nommées, par M. Brongniart, *argiles plastiques*. C'est ensuite les *argiles fusibles*, parmi lesquelles se trouve l'*argile figuline* ou terre à potier. Cette dernière est ainsi nommée d'après le titre que lui donnaient les Romains; ils l'appelaient *creta figulina*. Le potier qui mettait cette terre en œuvre était appelé *figulus*. Dans la nouvelle nomenclature minéralogique, on désigne aussi, par les épithètes de *plastique* et de *figuline*, les argiles propres au moulage et au modelage.

Voici quels sont les principaux caractères de ces argiles. Les premières, dites plastiques, sont compactes, douces et presque onctueuses au toucher; elles se laissent même polir en passant les doigts dessus. Elles prennent beaucoup de liant avec l'eau, et donnent une pâte ductile. Quelques-unes d'entre elles acquièrent dans l'eau un peu de translucidité. Les meilleures argiles plastiques de France se trouvent aux environs de Dreux, de Houdan, de Montereau-sur-Yonne, de Gournay, de Gisors, de Savigny près Beauvais, de Forges-les-Eaux, etc.

Les argiles figulines, qui, avec l'*argile smectique*, ou terre à foulon, sont les plus importantes de la seconde classe, comprenant les argiles fusibles, ont la plus grande analogie avec les argiles plastiques; toutefois elles sont généralement moins compactes, plus friables, et se délaient plus facilement dans l'eau. M. Brongniart ne leur a jamais reconnu cette sorte de translucidité qu'il a remarquée dans les argiles plastiques lorsqu'elles ont un certain degré d'humidité; elles n'offrent pas non plus cette onctuosité que possèdent les terres à foulon; enfin elles acquièrent par la calcination une couleur rouge plus ou moins foncée, tandis que les autres sont jaunâtres, roses ou blanches après la cuisson. Les argiles figulines sont mélangées de chaux, de fer, et contiennent souvent des pyrites. Aussi ne peut-on les employer que pour des poteries grossières, pour modeler, estamper; elles ne pourraient supporter une forte calcination. Elles se trouvent dans presque toutes les localités; celles qu'on emploie à Paris sont tirées des environs de Vaugirard, d'Arcueil, de Vanves, etc.

L'argile à modeler s'achète ordinairement chez les potiers, qui la débitent en pains à bas prix. C'est l'argile la plus grasse parmi celles que l'on destine aux briqueteries et tuileries. On la réserve pour les poteries, parce que, sans être trop maigre, l'argile doit être d'autant moins grasse que les ouvrages auxquels elle doit servir seront plus épais. Ainsi, pour certaines pièces à modeler, on voit que l'argile prise chez les potiers est peu convenable. D'ailleurs, il faut faire un choix relatif aux objets auxquels on l'emploiera.

L'argile trop grasse, c'est-à-dire contenant une faible proportion de silice, se tourmente et se fend au feu : vous ne la prendrez que pour exécuter les ouvrages en terre molle, comme l'estampage, les portées des pièces, l'huile de Rome; elle peut servir également pour les modèles en terre fraîche. Les mouleurs préfèrent, en ce cas, opérer sur les modèles qu'elle fournit, parce qu'elle a plus de solidité que l'argile maigre. Cette argile, qui contient beaucoup de silice, se dessèche sans se tourmenter ni se gercer, mais elle durcit peu et n'est guère résistante. Ce ne sera donc pas celle que l'on devra choisir pour le moulage. Elle sera meilleure entre ces deux points, c'est-à-dire ni trop grasse, ni trop maigre, et comme les potiers ont intérêt à se débarrasser des terres qui sont en-deçà et au-delà du point convenable, le mouleur apportera dans leur choix une sérieuse attention.

Lorsque l'argile est trop grasse, on la porte au degré désirable pour l'ouvrage que l'on projette, en y mêlant, soit une terre limoneuse et végétale, soit du sable qui se vitrifie difficilement. On nomme cette opération *dégraisser*. Les sables siliceux sont, en ce cas, préférables. Quand elle est trop maigre, on la mélange avec de l'argile pure et bien grasse.

La coloration que les argiles prendront au feu ne peut être jugée par la teinte qu'elles ont naturellement. Souvent une argile blanchâtre devient très-rouge au feu, et une argile colorée est blanche après la calcination. Mais c'est, au reste, une chose assez indifférente, malgré l'opinion de quelques mouleurs, car il est extrêmement facile de colorer l'argile, même après la cuisson.

Ordinairement l'argile qui a supporté les gelées, et qui se dégèle au printemps, se travaille beaucoup mieux. Néanmoins, il y a des espèces d'argile qui, lorsqu'elles ont gelé, sont moins avantageuses. L'expérience peut seule, à cet égard, guider le mouleur. On en peut dire autant sur l'appréciation du retrait que fera l'argile après qu'elle sera cuite ou séchée, ce retrait variant suivant sa qualité. Plus l'argile est grasse, plus le retrait est grand, et l'argile pure est plus sujette qu'aucune autre à cet inconvénient. L'argile choisie pour le moulage diminue d'un septième dans ses proportions ; mais on ne peut en faire une règle d'après laquelle on tiendrait son ouvrage un peu plus fort de dimension, afin d'obtenir une figure de grandeur déterminée. Il est indispensable, pour arriver à ce résultat, de bien connaître son argile et la manière dont elle se comporte en séchant et en cuisant. Or, on ne peut le savoir qu'en l'essayant dans les deux opérations. Il est encore bon de noter que la forme de l'objet entraîne beaucoup d'irrégularité dans le retrait de l'argile.

Le mouleur en plâtre, qui n'emploie l'argile que comme accessoire, peut prendre moins de soin pour la choisir ; il lui suffit, par la même raison, de s'en fournir chez les potiers. Mais le mouleur en terre, pour lequel elle est le principal objet, doit en agir autrement. Indépendamment du choix qu'il devra faire, il doit aussi penser à s'approvisionner en grand.

C'est dans les briqueteries qu'il doit faire ses achats lorsque l'argile destinée à faire les carreaux (1) est piétinée trois, quatre, cinq et même six fois, ce qui s'appelle, dans les deux derniers cas, *voies de terre* et *mettre à deux voies*. Cette préparation de l'argile, très-importante pour le briquetier, l'est également pour le mouleur, car l'ouvrage est d'autant meilleur qu'on a plus souvent pétri la terre en la foulant, qu'on l'a bien dégagée de toutes les petites pierres, cailloux, etc. Les expériences de M. Gallon, lieutenant-colonel du génie, ne laissent aucun doute à cet

(1) Le briquetier-tuilier réserve, pour faire les carreaux, l'argile la plus grasse, immédiatement après celle que l'on destine à la poterie.

égard; plus l'argile est corroyée, plus elle acquiert de densité, plus elle résiste aux efforts qu'on fait pour la rompre lorsqu'elle est cuite, et plus elle dure longtemps. Le mouleur prendra spécialement celle qui est la plus anciennement tirée de la fosse, et dont la pâte est fine et douce. Il la maintiendra humide dans une fosse revêtue d'une bonne maçonnerie, et la battra avec la quantité d'eau nécessaire lorsqu'il voudra la travailler. Il fera bien aussi d'acheter en masse, et dans la fosse, de l'argile de potier; elle lui servira à mélanger l'argile de carreaux et pour confectionner les ouvrages de peu d'épaisseur.

§ 2. MOULAGE DE L'ARGILE OU ESTAMPAGE DANS LES CREUX.

Le moulage de l'argile porte cette seconde dénomination, parce qu'en effet c'est une sorte d'estampage. On voit que cette opération n'est point étrangère au mouleur en plâtre; aussi l'exécute-t-il, mais accidentellement, comme un accessoire, tandis que le mouleur de terre cuite en fait son principal et souvent son unique objet. Au surplus, le premier doit toujours s'associer au travail du second, auquel il fournit les creux nécessaires, et si, habitant une ville de province, il se trouvait manquer d'occupation, il devrait réunir le moulage en argile au moulage en plâtre. A Paris, c'est tout différent, et certainement un mouleur du musée du Louvre aurait grand tort de s'exercer sur les terres cuites, ses ouvrages étant plus intéressants.

Les instruments du mouleur en argile sont, comme on doit le penser, extrêmement simples : quelques baquets en bois enduits d'un corps graisseux, pour empêcher l'argile d'adhérer à la surface intérieure; plusieurs spatules et truelles semblables à celles qu'on emploie pour délayer le plâtre et l'appliquer lorsqu'il est gâché bien serré ; un ou deux couteaux bien affilés pour couper les parties excédantes de la terre; des ficelles, cordes, quelques fentons pour attacher les creux ; enfin des moules en une ou deux pièces, voici tous les outils. Les matériaux sont de l'huile, du vinaigre et du plâtre grossier.

Les moules dans lesquels on *pousse la terre* (c'est l'expression technique) sont avec pièces ou sans pièces. Les uns sont les creux ordinaires qui servent à couler le plâtre, les autres sont des empreintes prises à creux perdu. Je me sers de ce mot pour me faire comprendre, car ce terme de creux perdu ne convient plus, puisque les moules de cette façon servent plusieurs fois pour le moulage en terre : ces derniers sont préférés et spéciaux. On en sent la raison : le mouleur n'a point la peine de les attacher comme les précédents, et il ne craint point que les pièces, en se dérangeant, l'exposent à l'inconvénient des coutures.

Le moulage en argile se pratique de deux manières : 1° en masse ; 2° à noyau.

Le mouleur commence d'abord par la préparation de la terre. Premièrement, pour apprécier le retrait qu'elle fera, il en prend une certaine quantité, par exemple 10 décimètres cubes mesurés avec soin; il le met sécher à l'ombre, à l'abri de l'humidité, puis, quand il est bien sec, il le fait cuire dans un four de potier. Il termine par le mesurer de nouveau, et sait alors quelle sera la diminution qu'il doit attendre dans les proportions de son ouvrage. Il choisit, en conséquence, un creux d'une dimension relativement plus forte que celle de l'objet à mouler. Préalablement, l'ouvrier aura battu convenablement son argile et l'aura dégraissée, s'il y a lieu.

L'essai achevé, il prendra le moule dans lequel il doit opérer; si c'est un moule à plusieurs pièces, il attachera le plus solidement et le plus étroitement possible tous les morceaux du creux, des chapettes, de la chape. Il n'oubliera pas de boucher les joints avec de l'argile et d'huiler le creux comme s'il voulait couler du plâtre. Après cela, il prendra avec une assez large truelle de la terre un peu ferme, il passera l'instrument dans la main gauche, et avec la droite poussera la terre dans le creux placé horizontalement sur une forte table. Il ne manquera pas de commencer par le bas de la figure, et par les noirs ou parties renfoncées. Tout en poussant, il prendra bien garde que les pièces ne se dérangent.

Après avoir placé sa première empreinte, nécessairement fort inégale, le mouleur s'occupera de la renforcer, en y appliquant plus ou moins de terre selon ses vues. S'il moule en masse, il remplit exactement le creux avec de l'argile, en frappant bien avec la paume de la main ou la truelle. S'il veut, au contraire, mouler à noyau, il s'arrangera de manière à laisser un vide intérieur. Pour faire convenablement tenir la terre du centre à celle qui forme la première couche, il la mouillera un peu avec de l'eau ou avec de l'huile de Rome. Une éponge humide posée sur l'argile déjà poussée, et même la terre qu'il doit ajouter étant plongée un moment dans le liquide, suffiront pour rendre l'une et l'autre convenablement happantes. Mais s'il craint qu'elles ne tiennent pas assez, il pourra mettre entre elles une légère couche d'argile très-grasse ou même d'argile pure.

Le mouleur ayant poussé sa terre dans la moitié du creux, l'humecte bien s'il a travaillé en masse; s'il a opéré à noyau, il la laisse sécher, à l'exception cependant des bords, qui, devant se rejoindre avec ceux de l'autre partie du moule, seront maintenus dans l'humidité. Pour l'un et l'autre cas, il pare ces bords en biseau un peu prolongé; il songe ensuite à remplir de terre l'autre moitié du creux. Cela fait, il rejoint les deux parties, les serre fortement avec des cordages, puis avec le secours d'une autre personne, si le creux est de grande dimension, il le pose dans une situation verticale.

La terre ayant eu le temps de bien s'imprimer à l'extérieur, de s'agglomérer intérieurement, et de sécher un peu, ce qui exige un ou deux jours, le mouleur se prépare à retirer les pièces du creux. Il doit le faire avec tout le soin possible, de peur d'arracher la terre avec les pièces. S'il se fait quelques éclats, il les recueille, et après avoir dépouillé la figure, les recolle au moyen d'un peu de terre délayée fort claire, ou d'huile de Rome.

Pour le moulage à noyau, l'ouvrier ménage, comme nous l'avons vu, dans chaque moitié du creux, un vide qui, rapproché quand le creux est rejoint, produit une cavité au milieu de la statue. Cette cavité est destinée à recevoir du plâtre appelé *noyau*. Pour l'introduire dans la figure, il laisse une ouverture à la base. Ensuite, lorsqu'il s'agit de mettre son ouvrage dans une position verticale, il la renverse la tête en bas, en ayant soin de la faire soutenir par un châssis ou autre appareil approprié. Il gâche du plâtre de mouchettes, ni trop lâche ni trop serré, et le coule en le versant dans l'intérieur. De temps en temps, à mesure qu'il verse, il tâche de remuer un peu la figure, afin que le plâtre s'attache bien également à toutes les parois de la cavité. Lorsqu'elle est remplie, il ferme l'ouverture avec une forte couche d'argile grasse, et laisse au plâtre le temps de prendre comme il faut : une journée est suffisante pour cela et pour le travail de l'argile. Il ne reste plus qu'à démonter le creux, ainsi que je l'ai dit plus haut. Le moulage à noyau est préférable à l'autre ; il est moins lourd, et le plâtre qui donne de la consistance à l'objet empêche que la terre ne se rompe et ne se déjette.

L'huile dont il a fallu imbiber le creux pour pousser l'argile laisse ordinairement sur la surface de celle-ci un aspect graisseux fort désagréable. On ne peut l'éviter, mais on y remédie en soufflant dessus.

Les figures que l'on moule dans les creux d'une seule pièce se font absolument de même, seulement il faut encore apporter plus de soin au dépouillement, de peur d'enlever quelque partie de la surface. Si le creux résiste alors, on trempe dans l'huile une plume que l'on introduit doucement entre l'objet moulé et lui.

§ 3. SÉCHAGE, CUISSON ET RÉPARATION DES FIGURES EN TERRE CUITE.

Les figures, soit vases, statues et autres ornements, étant dépouillées, on les met sécher à l'ombre sous des hangars à l'abri de toute humidité. Le temps nécessaire à leur parfaite dessiccation dépend de leur grandeur et de la saison ; mais il faut au moins environ une semaine pour dessécher des objets de moyenne grandeur. Souvent, malgré les soins apportés dans le choix de l'argile, il arrive que la figure se fendille en séchant; cet accident a lieu surtout dans les grandes chaleurs, aussi sera-t-il à propos d'en préserver les objets à sécher. On y remédie avec le mastic suivant :

Prenez du ciment broyé très-fin, détrempez-le avec de l'huile de lin, et ajoutez-y un peu de litharge en poudre. Ne préparez que la quantité nécessaire pour la réparation. Mettez un peu de mastic sur le bout d'une spatule, et faites-le pénétrer dans les fentes : appuyez fortement cet instrument sur l'endroit réparé, enlevez l'excédant, achevez l'opération en polissant avec la spatule, et les fentes ne s'apercevront nullement. On met aussi ce moyen en usage pour raccommoder les parties cassées des figures de terres sèches ou cuites.

Quand les objets seront convenablement secs, vous les ferez cuire dans un four du potier. Tâchez de pouvoir en rassembler de quoi faire une fournée, parce qu'alors vous pourrez diriger vous-même la cuisson, ce que vous ne sauriez obtenir si le potier mêlait ses produits avec les vôtres.

Observez que plus vos figures seront sèches avant d'être enfournées, et plus vite elles seront cuites; que le feu doit être ménagé dans le commencement, et poussé ensuite par gradation; qu'il faut mettre dans le fond du four les pièces les plus dures à cuire; qu'il importe qu'elles ne s'embarrassent pas les unes les autres, parce qu'en défournant les parties isolées, comme le bras, une jambe isolée, une draperie flottante, ou bien une anse de vase, etc., seraient exposées à être cassées. Observez aussi qu'il faut laisser refroidir les objets un certain temps avant de les retirer du fourneau.

Lorsqu'après leur cuisson et leur défournement, vous trouvez les figures trop pâles, ce qui arrive rarement, vous y remédiez de la manière suivante : vous prenez du ciment extrêmement fin, du vermillon en poudre que vous délayez dans une dissolution tiède de gomme arabique ou de colle-forte ; mais, en ce cas, la dissolution doit être extrêmement légère : vous obtenez ainsi une bouillie claire que vous remuez bien avec le pinceau, puis vous en mettez une légère couche sur l'objet à colorer. Vous pouvez aussi employer les procédés mis en usage pour donner au plâtre une couleur rouge ou l'apparence de la terre cuite.

Les statues, vases, bas-reliefs et autres ornements que l'on obtient par le moulage, servent ordinairement à la décoration des jardins. Cependant le mouleur produit aussi des ornements pour les poêles de faïence, tels que fruits, fleurs, statues, têtes d'animaux, etc. Tous ces objets reçoivent ensuite un vernis quelconque ; mais il ne faut pas moins les travailler avec soin. Le mouleur en plâtre en fournit les moules qui sont toujours faits à creux perdu.

Les figures destinées à l'ornement des jardins se brisent quelquefois par accident. Il serait bon, pour prévenir ce dégât, de mettre en moulant, dans le centre de la figure, des armatures qui soutiendraient les jambes, les bras, à peu près comme il arrive aux figures coulées en plâtres, ou comme les armatures de fer qui soutiennent les grandes figures modelées par les sculpteurs. Cette méthode n'est pas employée communément. Peut-être pourrait-on l'essayer.

Les brisures que nous voulons prévenir se réparent

de trois manières. La première, au moyen du mastic de ciment que je viens d'indiquer pour fermer les fentes sur la terre sèche; la seconde se pratique en délayant du blanc de plomb dans de l'huile siccative; la troisième avec du mastic de vitrier, composé, comme, comme chacun sait, avec du blanc d'Espagne pulvérisé et de la litharge trempés d'huile de lin ou de noix. Si l'on doit employer ce dernier mastic sur la terre sèche ou sur la terre cuite, dans l'intérieur d'un bâtiment, on y met de la colle de Flandre fondue dans de l'eau. Dans les jardins, et surtout si la brisure a déjà été réparée, on y joint de l'alun de roche dissous dans un peu d'eau et un peu de chaux vive en poudre; mais quel que soit l'avantage de ces procédés, on doit leur préférer le mastic formé de fromage à la pie et de chaux vive. Lorsque les terres cuites se cassent au four par l'action du feu, on emploie le *mastic gras*. On doit se rappeler qu'il est formé d'égale partie de cire et de résine. Il est bon d'y ajouter un peu de ciment, et de faire chauffer les parties que l'on veut rejoindre.

§ 4. RÉPARATION DES OBJETS EN GRÈS.

Pour recoller les objets en grès, on se sert du ciment suivant, qui résiste parfaitement à l'action des agents atmosphériques : on mêle 20 parties de sable de rivière bien blanc et sec, 2 parties de litharge finement pulvérisée et 1 partie de chaux vive en poudre avec assez d'huile de lin ordinaire, ou mieux d'huile de lin siccative pour que le tout ne soit qu'humecté sans former une masse pâteuse; on enduit d'abord les parties à recoller d'huile de lin au moyen d'un pinceau. Ce ciment finit au bout de quelques semaines par acquérir une dureté et une adhérence supérieures à celles du grès; il en vient même au point de donner des étincelles sous le briquet. Lorsqu'on remplace la chaux vive par 10 pour 100 de calcaire en poudre, on obtient le *ciment-mastic* qui remplace actuellement, dans beaucoup d'endroits, le ciment romain pour couvrir les terrasses, etc., et que l'on emploie aussi fréquemment pour mouler des statues qui présentent sur celles en plâtre le grand avantage de ne pas s'altérer à l'air libre par l'action des agents atmosphériques.

QUATRIÈME SECTION.

MOULAGE A LA CIRE.

§ 1. INTRODUCTION HISTORIQUE.

Personne n'ignore à quel point de perfectionnement les Laumonier, les Auzou, les Dupont, les Despine, ont porté le moulage de l'homme avec ses diverses affections morbifiques; M. le professeur Egenbert Wachelhausen a publié, sur ce sujet, un travail plein d'intérêt, dont l'analyse ne sera point dénuée d'utilité.

Il est bien reconnu que l'impression que font les figures humaines en cire est presque toujours celle des cadavres bien conservés, que l'on aurait habillés, après leur avoir mis du rouge, et auxquels on aurait donné les attitudes convenables. Il est certain aussi qu'on peut représenter en cire les plantes grasses, en donnant à cette représentation leur forme, leurs couleurs, et jusqu'au léger duvet que l'on remarque sur certaines feuilles (1). Nous devons convenir cependant que les images en cire n'ont jamais ce caractère, cette individualité que la sculpture et la peinture peuvent donner à leurs productions, et que l'on estime même plus que la ressemblance exacte. Malgré cela, il n'en est pas moins évident qu'au moyen des moulages en cire, l'anatomie peut être mise à la por-

(1) Le Musée de M. le Baron de Molard, rue Meslay, à Paris, offre des spécimens très-curieux de ce genre de moulage.

tée des gens du monde, des peintres, enfin de tous ceux que la dissection des cadavres attire dans les amphithéâtres; les préparations en cire donnent aussi, en peu de temps, des notions très-précises sur l'art des accouchements. Dans les derniers temps, on a aussi figuré plusieurs points de vue, des maladies externes et les opérations chirurgicales qu'elles nécessitent, leurs opérations, celles de la pierre surtout. L'art enfin de travailler la cire peut offrir, à différentes dissections pathologiques, une utilité réelle et durable pour l'art de guérir : c'est ainsi qu'on pourrait ou qu'on peut examiner le cerveau des fous et des frénétiques, figurer leur différence d'avec celle des hommes à l'état normal. Ces travaux pourraient peut-être indiquer les limites entre la folie et la raison avec bien plus d'exactitude que les ingénieuses hypothèses de Porta et de Lavater. Par ce moyen, on peut rendre jusqu'aux plus petites ramifications de ce précieux organe. Pour démontrer les immenses avantages que la *céroplastique* offre à l'art de guérir, on n'a qu'à visiter le superbe cabinet de Florence, la Pergola, celui de la Faculté de médecine de Paris, celui de M. Dupont, etc., etc. C'est là qu'on peut contempler la nature dans toutes ses aberrations, ses difformités, et dans la série des maux qui affligent l'espèce humaine. La plupart de ces pièces sont horribles de vérité.

On ne saurait assigner l'époque de la naissance de la céroplastique; elle semble se perdre dans la nuit des temps. Il est cependant probable que cet art a passé des Egyptiens et des Persans aux Grecs, parce que ces deux peuples se servaient de la cire pour embaumer les cadavres, comme l'attestent Hérodote et Cicéron (*Hérodote II, Ciceron tuscul*). Il est même des auteurs qui assurent que le mot *momie* provient d'un ancien mot égyptien *mum*, qui signifie cire.

Au rapport de Pline, ce fut Lysistrate qui moula le premier, d'après nature, des figures humaines, et qui coula de la cire dans ces moules; il était né à Sycione, et vivait du temps d'Alexandre-le-Grand, c'est-à-dire dans la 114me olympiade. Cette méthode se propagea ensuite chez les Romains. En effet, Pline assure aussi que dans les vestibules de leurs palais, les familles romaines avaient placé les bustes en cire de leurs ancêtres, et qu'on mettait un certain luxe à les faire porter devant le défunt lors des funérailles.

Dans le moyen-âge, la céroplastique éprouva le sort de tous les autres arts; il paraît cependant qu'elle se conserva dans les cloîtres, puisque dans les cérémonies religieuses les visages, des figures de saints, étaient représentés en cire.

Dans les derniers siècles, il paraît que c'est *Andrea del Verochio*, maître d'*Andrea de Vinci*, qui essaya le premier d'imiter en cire le visage des personnes mortes ou vivantes. Ce dernier vivait vers le milieu du xve siècle. On croit cependant que la première idée de faire des préparations anatomiques en cire est due à *Guetano Julio Zumbo*, né à Syracuse, en 1656. Sans chercher à établir s'il fut prêtre ou gentilhomme, nous dirons qu'il avait un talent particulier pour l'imitation. Ainsi, par une étude constante du beau et de l'anatomie, il parvint à enrichir Bologne, Florence, Gênes, etc., d'un grand nombre d'ouvrages pleins d'utilité et d'intérêt. Ce qui frappait surtout l'attention des connaisseurs, c'était l'expression des divers degrés de putréfaction des corps humains, et les diverses influences de la peste sur l'homme. Ces préparations ont figuré longtemps dans la galerie de Florence, jusqu'au moment du grand-duc Léopold qui en fit présent au docteur Lugusi, son médecin. L'application de la céroplastique à l'anatomie fut d'abord cultivée à Bologne. Ercole Lelli, après avoir étudié le dessin dans l'Académie Clémentine, s'appliqua, par ordre du pape, à l'étude de l'anatomie, et fit un grand nombre de modèles en bois et en cire, destinés à ceux qui se consacraient à la chirurgie ou au dessin : c'est sous lui que Giovani Manzolini, en 1700, étudia l'anatomie, et sous *G. Carlo Ledretti* et *F. Monti*, il étudia la sculpture. Lelli profita des talents de cet artiste pour l'anatomie, pour l'aider dans ses modelages anatomiques. Manzolini, piqué de ce que Lelli s'appropriait son propre travail, le quitta, et fit plusieurs pièces remarquables pour l'Institut de Bologne, la Société royale des sciences de Londres, etc. Il mourut en 1755; mais sa femme continua avec plus de succès ses travaux, car elle sut donner plus de perfection à ses travaux en cire, en y appliquant le coloris naturel; elle indiqua les veines, les artères, les nerfs et les autres parties par des numéros qui se rapportaient à une description qui était son ouvrage. Elle exécuta aussi diverses parties, telles que l'œil, l'oreille, dans des dimensions trois fois plus grandes que nature. Plusieurs de ses ouvrages ont passé à Turin et à Saint-Pétersbourg. L'Institut de Bologne possède une collection de préparations anatomiques de cette célèbre artiste. Antonio Galli, professeur de chirurgie à Bologne, a contribué aussi à enrichir cette dernière collection. En 1750, il fit exécuter, par différents artistes, des acteurs avec des fœtus, dans leurs différentes situations, pour les démontrer dans son cours. Cette collection est une des plus belles en ce genre, moins cependant pour l'art actuel que pour le grand nombre de pièces. Les autres artistes les plus distingués sont :

L. Galza, qui fit, en 1760, la collection du professeur Gograffi, à Padoue ;

Philippe Balugani, qui, en 1768, exécuta quelques préparations anatomiques en cire, qui méritent d'être placées à côté de celles d'Ercole Lelli ;

Ferrini, qui est le premier qui ait mis la céroplastique en honneur à Florence ;

Le chevalier *Félice Fontana*, qui a porté cet art à un degré de perfection inconnu jusqu'alors, et qui s'est acquis un nom si distingué dans la physique, l'histoire naturelle, etc.

Parmi les artistes français, on ne doit point oublier :

Mademoiselle *Bierrh*, née en 1719 et morte en 1795.

Elle exécutait des préparations anatomiques, en même temps que mademoiselle Bassepotte travaillait à la suite des objets d'histoire naturelle, peints sur vélin, qui sont maintenant au Muséum d'histoire naturelle. L'impératrice de Russie acheta plusieurs de ses préparations.

M. Pinson, qui exécuta pour le duc d'Orléans ses préparations qui sont au Muséum d'histoire naturelle. On y remarque surtout des tableaux qui représentent tous les états du poulet dans l'œuf pendant l'incubation et à sa sortie, ainsi que tous les états de la limace et de la sangsue.

M. Bertrand, qui a consacré principalement ses travaux à la représentation des cas pathologiques, sous la direction du célèbre Dessault.

M. Laumonier, de Rouen, et Mme Laumonier, sœur du professeur Thouret, doyen de la Faculté de Paris, dont les ouvrages sont très-remarquables par leur exactitude et par la perfection de leur fini. M. Laumonier a fait plusieurs élèves, entre autres M. Delmas, qui a été professeur à la Faculté de médecine de Montpellier. Enfin cet art semble avoir atteint de nos jours un degré de perfection étonnant entre les mains des artistes déjà cités dans la partie de cet ouvrage consacrée à son historique. Pour en acquérir une preuve certaine, on n'a qu'à parcourir les belles collections de Bologne, Florence, Madrid, Saint-Pétersbourg, Paris, etc.

Nous ne passerons point sous silence le musée d'Utrecht par Bieutaud. L'Angleterre est surtout remarquable par la beauté des collections pathologiques en cire. Une des plus belles est celle de *Guy's hospital*; le *Musée de Hunter, Lincoln's inns Field*, se distingue surtout par la beauté des pièces d'anatomie pathologique; le Musée des chirurgiens de Dublin, quoique moins grand, est plus complet; celui d'Edimbourg, quoique inférieur à ce dernier, est cependant très-beau, et, sous divers points de vue, supérieur à celui de Paris. Celui de l'hôpital Saint-Barthélemy, à Londres, n'est pas dépourvu d'intérêt.

§ 2. MOULAGE A LA CIRE.

Nous avons déjà vu, en suivant les progrès successifs de la plastique, que la cire a été la seconde matière employée dans cet art. Il est probable que jusqu'à l'invention du moulage en plâtre, cette substance a été d'un usage fréquent, à raison de sa ductilité lorsqu'elle est chaude, et de sa dureté lors de son refroidissement, état qui la rend si propre à prendre toutes les formes et à les conserver.

Nous avons vu que chez les Romains on employait la cire à reproduire les traits des ancêtres. Elle servait aussi chez les Grecs à faire des portraits, puisque nous voyons que le frère du célèbre Lysippe moula, avec de la cire, le visage de beaucoup de personnes; il peignait ensuite ces moules, et tâchait ainsi de rendre la ressemblance exacte. C'est, à l'exception de ce dernier point, à peu près le procédé que l'on suit encore aujourd'hui pour mouler les figures en cire.

Le moulage dont nous allons nous occuper ici n'a aucun rapport avec le moule à cire perdue, que j'ai décrit lorsqu'il a été question du moulage des statues équestres.

La cire est d'un prix trop élevé et d'une nature trop délicate pour qu'on l'emploie à faire des creux; elle ne sert, à proprement parler, qu'au coulage. Cependant, en certains cas, elle sert à prendre des empreintes sur nature, et voici comment :

Si l'on veut mouler sur nature une main, un pied, par exemple, on fait fondre de la cire et l'on engage le modèle à plonger à plusieurs reprises la main dans cette cire encore chaude, mais n'ayant déjà plus que la chaleur nécessaire pour rester encore liquide. De cette manière, on donne au creux telle épaisseur qu'on juge convenable. On laisse un peu prendre ; ensuite, avec une brosse, on applique une couche épaisse de plâtre assez grossier pour maintenir la cire. Quand le plâtre est durci, on l'ouvre de la même façon que le *creux à caisse*.

On moule de même divers petits objets, tels que

des poissons, des oiseaux, des fleurs. Pour ces dernières, la cire doit être tiède à y pouvoir tenir le doigt. On plonge dans cette cire la fleur sur laquelle il se forme une petite couche transparente qui en laisse apercevoir toutes les parties et contribue à les conserver. Au reste, ce genre de moulage est très-peu usité.

On sent qu'il est impossible de mouler la cire sur nature lorsqu'il s'agit d'une tête, d'un torse. Dans ces cas, et presque toujours, on emploie des creux en plâtre et on coule la cire à la volée, comme il a été dit pour le plâtre.

On commence par bien attacher le creux afin que les joints ne reproduisent point de coutures. On fait fondre la cire au bain-marie dans un vase parfaitement propre. Selon l'âge, le sexe ou le climat, on colore la cire, si l'on doit représenter la nature. S'il s'agit d'une figure d'enfant ou de jeune femme, on met assez de rouge pour donner à la cire une teinte rosée. On s'assure que le creux est bien propre et bien durci, on le renverse et on y verse la cire à plusieurs reprises, afin de donner sur toute la surface une égale épaisseur. Pour empêcher la cire de se déjeter, et par conséquent afin d'augmenter la solidité de la figure, on coule dedans un noyau de plâtre, c'est-à-dire que l'on introduit, par l'ouverture de la base, du plâtre assez grossier, qui achève de remplir l'intérieur de la statue. Les petites figures en cire que l'on voit partout, les maquettes ou mannequins non colorés que l'on moule pour les sculpteurs, n'ont pas ordinairement de noyau.

S'il s'agit de couler la cire dans le creux pris sur le visage, sur un bas-relief, on applique la cire à chaud avec le pinceau. On le pourrait aussi pour les grands objets, en agitant cette matière absolument comme du plâtre; mais il est rare qu'on prenne tant de soins. Lorsqu'on a coulé dans le creux de cire, on le retire du plâtre qui le soutenait et on le fait fondre pour un autre usage.

La cire prend du retrait en se refroidissant; les formes prennent leur vivacité, souvent dans des proportions inégales, et l'on est toujours obligé de réparer la cire pour leur rendre de la fermeté. A cet effet, on emploie de fins racloirs en bois dur, et l'on agit comme si on avait à réparer une figure en plâtre. Il ne reste qu'à faire peindre la figure avec les couleurs délicates employées pour peindre les masques. On la confie alors à des mains exercées. L'opération finit par la pose des yeux d'émail.

Que le mouleur me permette un conseil : « Mieux « les figures en cire coloriée sont faites, plus elles « paraissent froides. On ne se contente plus de la « couleur, on voudrait les voir se mouvoir, respirer, « vous répondre ; leur immobilité, la fixité de leurs « regards, rompent tout le charme ; ce ne sont plus « que des morts qu'on a fardés des couleurs de la « vie. » Ces observations sont pleines de raison et de goût. Aussi, lorsque vous désirez fixer les suffrages des artistes, des personnes d'un goût délicat, tâchez d'éviter l'écueil que signale M. de Clarac; donnez à vos figures l'état du sommeil, de l'évanouissement ou de la mort. Représentez-vous Cléopâtre mourante, Endymion endormi, Niobé succombant à sa douleur, etc.

On moulait autrefois en cire pour le service et les ornements des tables, des fruits coloriés. On n'en fait maintenant que pour les collections botaniques, telles que celles de la galerie du Jardin des Plantes, à Paris, dans laquelle on voit des fruits d'une vérité frappante. La collection des champignons est surtout remarquable. Pour mouler ces objets, on emploie deux méthodes. La première consiste à prendre sur nature un moule en deux coquilles, que l'on enlève de dessus le modèle, que l'on réunit ensuite, et dans lequel on coule la cire. Le second moyen est celui que j'ai indiqué, page 39, à l'article des creux perdus pris sur nature pour reproduire les plus petits objets avec une vérité étonnante.

Cire molle perfectionnée.

M. Vandamme a donné, pour la préparation d'une cire molle, très-favorable au moulage, la formule suivante :

Cire jaune en morceaux.	500 gram.
Racine d'orcanette concassée.	48
Essence de térébenthine.	1000

On introduit la cire dans un pot de faïence; d'un autre côté, on fait infuser, pendant dix minutes, la racine d'orcanette dans l'essence de térébenthine; on passe à travers une toile serrée, on verse la liqueur sur la cire, on laisse le mélange pendant vingt-quatre heures. Alors la cire est complétement dissoute; il ne suffit plus que d'agiter la composition avec une spatule en bois.

Ce procédé paraît préférable à celui au moyen duquel l'usage du feu dénature en partie ce produit, en faisant évaporer plus ou moins d'essence; enfin en exposant le préparateur à des accidents funestes.

§ 3. MOULAGE A LA CIRE SUR MOULES EN CIRE, PROCÉDÉ DE M. L'ABBÉ LAROCHE.

1° *Préparation du moule.*

On commence par confectionner le moule en cire. Pour cela, on fait fondre dans un vase, qui peut contenir l'objet à mouler, de la cire mêlée d'un peu de suif ou de stéarine qui la rendent moins cassante. Il est essentiel d'examiner avec soin la dépouille, de manière à ce que le moule ne soit pas éraillé lorsqu'on le séparera en morceaux.

Si l'objet à mouler est en métal, on le graisse avec de l'huile, soit au moyen du doigt, soit avec un linge ou un chiffon gras, préférablement avec un pinceau. S'il est en stuc, en plâtre ou en une autre matière perméable, on le trempe dans l'eau et on l'essuie de façon qu'il n'en reste pas à la surface du modèle : il en résulterait des trous sur le moule. On doit observer la même précaution pour l'huile. La plus légère couche empêcherait l'adhérence.

On introduit alors, dans la cire tenue assez chaude, l'objet à mouler, que l'on suppose maniable et de dimensions assez restreintes. Il est essentiel d'éviter les temps d'arrêt, qui produiraient plus tard des raies en relief. On retire l'objet et on le replonge successivement, afin de donner au moule une couche assez épaisse ; 3 à 4 millimètres d'épaisseur suffisent pour une statuette de 20 à 25 centimètres de hauteur.

Dès que la couche de cire est assez solidifiée, on sépare avec une lame mince les divers morceaux du moule, en suivant les lignes de dépouille. Ils se sépareront en se refroidissant et tomberont presque d'eux-mêmes.

Lorsqu'on veut monter le moule, on en rejoint les morceaux avec de la cire.

2° *Moulage.*

Le moule étant monté et *complétement froid,* on prépare de la cire à une température peu élevée au-dessus du point de fusion, et l'on en remplit le moule sans interruption. Dès que la cire commence à prendre sur les bords, on renverse le moule, et il reste à l'intérieur une couche de cire de 2 à 3 millimètres environ d'épaisseur représentant l'objet moulé. Pour l'extraire, on sépare avec précaution les divers morceaux du moule, et on les met de côté pour servir à un nouveau moulage.

§ 4. APPLICATION DE LA CIRE AU MOULAGE DES CADAVRES ET DES PIÈCES ANATOMIQUES.

Nous avons vu dans l'introduction de cette section que le moulage à la cire était usité chez les anciens pour reproduire les traits des morts ou pour mettre leurs cadavres à l'abri de la putréfaction. De nos jours on ne donne pas à ce moulage une semblable application, mais on s'en sert avec succès pour la reproduction des pièces anatomiques. Nous-même, nous l'avons employé avec succès pour conserver quelques oiseaux et même des plantes. Mais on doit ajouter à la cire un huitième de belle térébenthine; par ce moyen, elle a plus de liant et ne se gerce pas. Ce moulage, s'il est bien fait, et d'une épaisseur de 1 à

2 centimètres, peut reproduire exactement les traits et les formes du défunt, en s'opposant même à toute putréfaction.

Cependant, nous devons faire remarquer ici que la cire a le défaut de se contracter en refroidissant. Il en résulte un amaigrissement regrettable des extrémités et particulièrement du nez, lorsqu'il s'agit du moulage de la face. Cette difformité nuit beaucoup à la ressemblance.

En Egypte, on suppléait à la cire par le bitume, et nous ne doutons pas que celui qu'on prépare pour recouvrir les terrasses, les trottoirs, etc., ne produisît le même effet.

Nous devons ajouter que nous avons vu au Musée de Hunter, à Londres, un cadavre très-bien conservé par la seule injection de la térébenthine dans les veines et les cavités. (Voyez, pour tout ce qui concerne les préparations anatomiques, le *Manuel du Naturaliste préparateur*, de l'Encyclopédie-Roret.)

M. le docteur Despine fils a eu l'heureuse idée de présenter une série de cas pris sur nature, positifs et choisis, qui, dispensant de lectures fastidieuses et s'éloignant de tout système, offrissent à l'œil l'état des maladies et celui de leur guérison. Pour cela, il a formé une collection de pièces en cire qu'il a déposée dans l'établissement thermal d'Aix, en Savoie; il a voulu ainsi parler aux yeux. Cette précieuse collection présente déjà plusieurs cas remarquables de guérisons opérées par les eaux thermales. Nous devons faire observer que ces pièces de conviction ont été moulées par le docteur Despine lui-même, dont l'habileté en ce genre était avantageusement connue. Il serait à désirer que les autres établissements thermaux, au lieu de rassembler des collections de vieilles médailles ou quelques tronçons de pierre pour attester les antiquités de leurs bains, ce qui ne saurait rien ajouter à leurs vertus, formassent des Musées pathologiques semblables. Ces archives médicales resteraient là comme les *ex-voto* des églises pour attester leurs miraculeuses guérisons.

§ 5. MOULAGE A LA CIRE D'UNE STATUE ÉQUESTRE.

Cette importante opération du moulage à la cire est toujours précédée de soins particuliers relatifs à la confection du moule, qui se fait presque toujours en plâtre. Nous en avons parlé avec détails au § 10 du chapitre IV, page 70. Pour éviter des redites et une nouvelle description tout à fait inutile, nous y renvoyons le lecteur.

Au fond de la fosse, dans laquelle on a disposé à l'avance le châssis de charpente destiné à soutenir les pièces du moule, on construit une plate-forme en maçonnerie, qui n'est pas pleine, mais divisée en compartiments carrés. C'est sur elle que se pose le châssis que l'on remonte comme il a été dit à la page 71. Il faut également remonter le moule pour faire le modèle en cire. Cet énorme modèle emploie jusqu'à 600 kilog. de cire, non compris les autres substances dont celle-ci est mélangée.

Le mouleur commence par faire fondre sur un feu doux de la cire mêlée de résine et de suif. Quand elle est liquide, il prend des moules de plâtre plats de diverses longueurs, et de 4, 6 et même 8 millimètres d'épaisseur, non compris l'épaisseur du plâtre.

Ces moules sont semblables à deux tablettes parallèles, qui s'adapteraient l'une sur l'autre au moyen d'un rebord épais d'un doigt régnant tout autour, et en dessous de la vive arête du moule. Les rebords ou bordures de l'une et de l'autre tablette se rejoignent et s'emboîtent à recouvrement. C'est entre ces deux parties du moule que l'on coule la cire après qu'on les a huilées légèrement. Dès qu'elle a pris, on sépare ces parties, et l'on a une tablette de cire que l'on nomme aussi *épaisseur*. On peut, pour abréger le temps, préparer les épaisseurs de cire sur une planche, avec ou même sans rebord, mais elles n'offrent jamais une surface aussi nette et aussi égale que les tablettes ou épaisseurs moulées. Cela terminé, le mouleur prend l'une après l'autre toutes les pièces du moule, et les frotte d'un peu d'huile d'olive sur leur surface intérieure; il trempe ensuite un pinceau de blaireau dans le mélange de cire, résine et suif appelé *cire préparée*, et maintenu liquide au moyen d'un peu de cendres chaudes ou mieux encore d'un bain-marie. Le pinceau, passé sur l'intérieur de chaque pièce, leur donne environ 3 millimètres d'épaisseur. Cette première impression un peu refroidie, on la *rustique* avec une ripe ou grattoir à dents. *Rustiquer* signifie ici piquer, gratter de manière à faire des inégalités. Cette opération prépare la première couche de cire à s'adapter parfaitement avec les épaisseurs. Immédiatement après cette manœuvre, on fait chauffer une épaisseur de grandeur analogue à celle de la pièce qu'elle doit recouvrir, on la rustique et on l'applique sur cette pièce enduite de cire. Si, comme il arrive souvent, l'épaisseur dépasse la pièce, on la taille exactement sur cette dernière, et l'on conserve les rognures pour les faire fondre plus tard. Il ne faut jamais mettre une épaisseur de moindre grandeur que la pièce, parce qu'il n'est pas possible de l'allonger.

Afin que la cire et l'épaisseur qu'on y adapte conservent une certaine mollesse propre à favoriser leur union, on entretient un degré de chaleur convenable dans l'atelier. Quelques mouleurs se dispensent de rustiquer les couches des pièces ou les épaisseurs, ou même les unes et les autres; ils se contentent de repousser les dernières avec les doigts pour leur faire prendre la forme des premières couches. Je ne conseille pas de traiter ainsi toutes les pièces, principalement les grandes, car faute de rustiquer convenablement, et de lier bien étroitement les deux parties, il pourrait arriver qu'elles se boursoufflassent et que le plâtre liquide, qui doit ensuite être coulé, passât entre elles et produisît le plus mauvais effet. C'est tout au plus si l'on peut se permettre cette omission pour les petites pièces et les moyennes.

L'épaisseur de la cire ne doit pas être la même partout; on la calcule d'après la force que l'on veut donner au métal et selon les différentes parties de la statue. A cet effet, il est nécessaire de s'entendre avec le fondeur. Il est de principe que les parties inférieures, qui, par leur position, doivent supporter le plus grand poids, soient plus épaisses que les parties supérieures. Ainsi, il est nécessaire de tenir ces dernières très-légères et de renforcer le reste de la masse, tandis que les paturons des deux jambes, qui portent le tout, sont coulés massifs; d'où il suit que dans ces parties, la cire remplira à peu près toute la concavité du moule. Le mouleur n'oubliera point que de l'opération du moulage en cire dépendent la légèreté et la solidité de la fonte. Il ne saurait donc apporter trop de soins dans cette importante préparation.

Dans cette situation, toutes les pièces du moule sont doublées de cire, et le châssis de charpente est établi de nouveau, mais sur la maçonnerie à compartiments de la fosse. Alors on remonte le creux carrément et par assise, en commençant par l'intérieur des jambes et le dessous du ventre. Le fondeur prescrit cette disposition pour avoir la facilité de mettre des ferrements dans le creux du moule, dont on laisse la moitié extérieure ouverte. A mesure qu'on place les pièces de chaque assise et leur chapette, on bouche avec de la cire les joints afin qu'il ne reste aucun intervalle. Comme les jambes supportent tout le poids du corps, elles doivent avoir plus de force; aussi reçoivent-elles, de distance en distance, des bourrelets de cire. Ce sont des enveloppes préparées pour les barres de fer qui les traverseront, et autour desquelles il doit se former des collets de métal qui leur serviront de renfort.

Parvenu ainsi jusqu'au haut des jambes et vers le milieu du ventre, on place les grandes armatures ou fortes barres de fer qui doivent soutenir cette machine colossale et la rendre assez solide pour résister aux efforts et au poids qu'elle devra supporter. Cet appareil regarde le fondeur; néanmoins j'en donne la description abrégée pour mettre le mouleur sur la voie de ces importants travaux auxquels il prend une part si active et dont la préparation lui appartient. Une des armatures, épaisse à peu près de 11 centimètres sur les quatre faces, traverse le moule dans toute sa longueur; elle sort divisée en deux branches à la croupe et n'a qu'une seule branche au poitrail; ses trois extrémités sont scellées dans des trous pratiqués dans des blocs de grès qui forment les parois de la fosse ; en outre, elle est soutenue par les pointats, placés verticalement, et renforcée par trois autres barres de fer sorties des flancs du cheval et scellées dans la muraille. La queue reçoit une barre. Celle du col en fait la courbure, traverse la tête et se trouve maintenue par une tige en fer qui, servant d'arc-boutant, se rattache à l'armature du poitrail. Les plus importantes de ces barres sont celles qui passent par les jambes et sur lesquelles porte tout le poids de la statue. On forge ces fers avec beaucoup de difficulté, à raison de la courbure exacte qu'exigent les jarrets, les paturons, et aussi à cause de leur épaisseur, qui varie suivant les parties où ils sont placés, et qui doit être d'une parfaite exactitude. Leur ajustage dans le moule réclame encore beaucoup de soins. Afin de pouvoir être fixées dans le piédestal, ces armatures dépassent les sabots du cheval de $1^m.16$ par le bas, et par le haut elles entrent dans le corps. On établit encore dans le ventre de petites tiges transversales qui servent à accrocher une grille de fenton fort, ou de petites tringles carrées en fer ; elles prendront la forme de cette partie du corps, et contribueront à maintenir le plâtre et à garantir la cire sur laquelle s'applique ce grillage. On dispose en outre, en différents sens, et de distance à autre, plusieurs petites tringles sur toutes ces fortes armatures, puis une grande quantité de fils d'archal tortillés comme des flocons de crins ; on les approche le plus possible de la cire, à laquelle, en certains endroits, on les fixe au moyen de petits boutons aplatis, ou têtes, situées à l'extrémité des fils d'archal.

Au dehors, on lie fortement les assises les unes aux

autres avec des crampons de fer ou de fil d'archal. Pour plus de sûreté, et pour prévenir l'écartement du creux, on met des étrésillons de charpente qui portent d'un bout contre la maçonnerie qui environne la fosse, et de l'autre contre les blocs de plâtre qui servent de chape au moule.

Le moule entièrement élevé et consolidé, on fait les *maîtres-jets*. On nomme ainsi trois ouvertures de 20 à 25 décimètres carrés, situées, l'une sur le dos du cheval, l'autre entre les oreilles, et la troisième sur la tête de la figure. Lorsque, ainsi qu'on le pratique communément, pour opérer avec plus de facilité, on moule le cheval et la statue séparément, on commence par celui-là, et alors on ménage seulement deux principales ouvertures. Les maîtres-jets servent à introduire dans le cheval une masse de plâtre, nommée le *noyau* et quelquefois l'*âme*, mais bien plus rarement. Ce noyau se compose d'une espèce de mortier formé d'égales parties de plâtre et de brique pilée. Celle que préfère le mouleur est la plus tendre, la plus mal cuite et la plus homogène de pâte. Quelques personnes mettent un tiers de brique pilée sur deux tiers de plâtre, elles veulent aussi que l'on pratique à chaque jet un godet, auget, ou conduit auquel aboutit une gouttière pour conduire le mortier du noyau. Ce soin est à peu près inutile.

Il n'en est pas de même de la précaution de faire, dans les parties les plus éloignées des *maîtres-jets*, d'autres ouvertures bien plus petites, et qui se nomment simplement *jets*. C'est au mouleur à en déterminer le nombre. Quelques-uns de ces jets sont extrêmement resserrés et servent seulement à donner de l'air quand on coule le noyau; aussi les nommet-on *évents*. Les plus grands sont appelés *maîtres-évents*. Il va sans dire que les jets et les évents sont tous pratiqués sur la partie supérieure du cheval. Mais, lorsqu'on coule *de source*, ce qui arrive souvent, les jets sont pratiqués latéralement à la pièce.

La figure de cet animal est alors entièrement creuse et garnie de sa cire. Au moyen du noyau, le mouleur va le remplir d'une masse pleine et solide, qui entrera dans toutes les formes de la cire et la soutiendra lorsqu'on aura enlevé les pièces du creux. Autrefois on n'attendait pas que celui-ci fût complétement moulé pour le remplir, on introduisait le noyau à mesure que les assises s'élevaient. Cette manière est, dit-on, plus commode et plus simple; on la suit quelquefois encore à présent. Cependant on préfère généralement verser le plâtre par les jets après l'achèvement du moule, ce qui se fait à pleins baquets. Tandis que le noyau est encore liquide, il coule entre les tringles et le fil d'archal qui le retiennent de tous côtés et pénètre jusqu'à la cire; il importe de bien remplir exactement et d'éviter les vents ou soufflures. « Ce noyau, dit M. de Clarac, aura la forme du cheval, moins l'épaisseur de la cire et les ondulations inégales de sa surface intérieure : s'il en était dépouillé, il produirait l'effet d'une statue de cheval rongée par le temps et par les eaux, et qui, bien que dans son ensemble, a perdu la justesse et le fini de ses contours. »

On laisse parfaitement consolider le creux, au moins pendant 24 heures, ensuite on démonte pièce à pièce le creux en plâtre qui ne servira plus à cette statue. On le conserve néanmoins jusqu'après la fonte, afin d'en faire usage pour réparer quelques accidents, s'il

MOULAGE D'UNE STATUE ÉQUESTRE.

en survenait en coulant le métal. Les blocs de plâtre, le châssis, sont enlevés comme le moule; le noyau, revêtu de cire et formant une statue de cheval en cire, demeure seul. Ce cheval isolé est seulement soutenu par la grande traverse de l'armature et par les traverses qui soutenaient le moule dans sa largeur. Le bronze doit remplacer la cire, elle en détermine les formes et l'épaisseur. On conçoit donc aisément avec quel soin le statuaire appelé la répare, en fait disparaître les coutures, et lui donne tout le fini et la perfection possibles. En réparant la cire, il importe de conserver son épaisseur, parce que si on l'amincissait trop, le métal ne trouverait pas assez de vie pour pénétrer dans les parties que l'on aurait trop affaiblies, ce qui occasionnerait des lacunes et des trous dans la fonte. Le statuaire doit donc sonder souvent les épaisseurs de la cire, et de plus, crainte d'en ajouter, car s'il y en avait trop, ce ne serait que plus de métal à enlever ensuite à la statue en bronze, tandis qu'il faudrait en ajouter et rajuster des morceaux après coup si la cire venait à manquer. On ne saurait trop conseiller au réparateur de se servir d'un ébauchoir, d'une échoppe, au lieu de fer chaud, pour enlever les excédants de cire.

Les parties délicates qui avaient exigé des moules séparés, ainsi que la statue, s'établissent, reçoivent un noyau, sont dépouillées du creux et réparées comme le morceau principal. Les premières sont mises en place par le statuaire lorsqu'il répare la figure et le cheval. Celui-ci se fond d'abord, puis chaque partie moins considérable. Le tout ensuite est réparé, ciselé, rassemblé, et les joints ne peuvent s'apercevoir.

Depuis l'opération du réparage de la cire jusqu'au

Mouleur.

moment de la fonte, les détails offriraient le plus haut intérêt, le tableau le plus pittoresque, mais ils seraient inutiles au mouleur, et je dois m'abstenir de les présenter.

§ 9. MASQUES EN CIRE.

On moule de la même manière les masques en cire; mais au lieu de carton, on emploie la toile de lin fine et à demi-usée : on achète de vieilles chemises ou tout autre linge très-fin, on coupe la toile avec des ciseaux sur un patron; on graisse le moule, on l'encolle, on pose une toile sur la moitié de la figure, absolument comme nous l'avons décrit précédemment. Pour lui faire prendre exactement l'empreinte, on frappe sur la toile avec une brosse à poils courts, afin de forcer la colle à bien s'imbiber dans le linge. On l'étend ainsi parfaitement; mais souvent il arrive que la toile fait des plis qu'on ne peut faire disparaître; alors on pince le pli tenace, qu'on relève verticalement, on le coupe avec des ciseaux, on fend un peu la toile de chaque côté et on la colle l'une sur l'autre; cela évite des épaisseurs qui nuiraient à la transparence. On place de la même façon l'autre morceau de toile qui doit faire la seconde moitié de la figure.

Sur ces deux morceaux de toile, on en place deux autres semblables de la même manière et avec les mêmes précautions. On a soin, dans ces deux opérations successives, de bien coller les deux jointures, qui doivent se recouvrir de 4 millimètres environ. Le masque étant bien sec, on lui fait subir les opérations du *réparage* et de l'*ébauchage*. Cette dernière, dont j'ai oublié de parler, se pratique ainsi pour les deux espèces de masques.

On commence par porter à la cave les masques réparés et entassés; on les y laisse toute une nuit, afin qu'ils reprennent une légère humidité : on pose chaque masque sur un moule en relief, qui n'est autre chose qu'un masque en carton, beaucoup plus fort, fait sur le même creux, puis on prépare une couleur de chair très-claire, délayée avec de la colle de peau, cette colle étant nécessaire pour donner de la consistance à la toile et au carton. Au moyen d'un pinceau, on passe sur la surface de chaque masque une couche uniforme de cette couleur, on la laisse sécher sur les meules, et lorsque la couleur est bien sèche, les masques retournent encore à la cave pendant une nuit; ce séjour leur fait reprendre la moiteur pour le second *réparage* ou *ébauchage*.

Le lendemain matin, l'ouvrier examine chaque masque l'un après l'autre, et lorsqu'il s'aperçoit que l'empreinte n'est pas exactement prise dans quelques parties, il le replace dans le creux; ensuite, à l'aide d'un instrument en buis ou en ivoire bien arrondi, ou avec une dent-de-loup enfoncée solidement dans un manche, il lui fait prendre, par le frottement, la forme du moule, qui avait échappé d'abord au premier travail. Il répare ainsi tous les défauts qu'il peut remarquer, et les fait disparaître avec soin. Le même ouvrier passe ensuite une seconde couche de couleur de chair délayée avec de la colle de farine. Cette teinte est appropriée à l'âge et au sexe. Il y a quatre nuances différentes : la première, qui est la plus rosée, est pour les enfants et les femmes; la seconde, pour les jeunes gens; la troisième, pour l'âge mûr, et la quatrième pour les vieillards. Les autres couleurs doivent être mises par des mains exercées.

Après avoir été réparés, ébauchés et peints, les masques en cire sont plongés verticalement les uns après les autres dans un vase qui contient de la belle cire blanche presque bouillante. Après quelques moments d'immersion, on les retire, on les laisse égoutter un moment, la cire se fige, et les masques sont prêts à être vernis.

Le vernissage se donne en couvrant toute la surface du masque avec un vernis blanc à l'esprit-de-vin. Les masques de carton se vernissent de même; seulement, après qu'ils sont peints, ils reçoivent un encollage de colle de farine claire qu'on laisse bien sécher : on met ensuite le vernis. Cet encollage a pour but d'empêcher le vernis de tacher la figure. Pendant ces opérations il faut un moule en relief pour supporter chaque masque qu'on travaille ou qui sèche; ce qui indique la nécessité d'avoir un grand nombre de moules.

CINQUIÈME SECTION.

MOULAGE A LA GÉLATINE.

§ 1. CONFECTION DES MOULES EN GÉLATINE.

Tout le monde sait aujourd'hui qu'on parvient à reproduire avec une admirable fidélité et un fini d'exécution remarquable : les médailles, les jetons, les camées, les pierres antiques, etc., au moyen des procédés de la galvanoplastie. C'est un art qui ne date pas de plus de 35 ans et qui a déjà rendu d'éminents services à l'art du mouleur; mais comme ces procédés constituent à eux seuls un art important qui a ses principes, ses règles et ses appareils particuliers, nous sommes obligé de renvoyer au *Manuel de la Galvanoplastie*, qui fait partie de l'*Encyclopédie-Roret*. Cependant, nous croyons avantageux pour le lecteur de donner les détails suivants sur la préparation des moules au moyen de la gélatine, substance qui se prête admirablement au moulage et qui est d'un grand usage en galvanoplastie.

1° *Procédé Delamotte.*

Nous extrayons ces lignes d'un Mémoire publié en février 1855, dans le *Bulletin de la Société d'Encouragement*, par M. C. Delamotte, ingénieur-chimiste.

« On trouve dans le commerce une grande variété

de gélatines; toutes ne sont pas également bonnes pour le moulage. Celles qui se dissolvent le moins facilement, c'est-à-dire qui se renflent le plus à l'eau froide sans se dissoudre, doivent être préférées. En général, la gélatine qui, une fois renflée, occupe le plus de volume est la plus propre au moulage. Les gélatines de Bouxwillers, de Guise ou de Rouen, sont, sous ce rapport, les meilleures à employer.

« Le moulage à la gélatine se pratique de la manière suivante :

« La gélatine est mise en contact avec la proportion d'eau voulue pendant douze heures, puis soumise au bain-marie à une chaleur au-dessus de 100° pour en opérer la dissolution; après quoi, on ajoute en mélasse un dixième du poids de la gélatine.

Le contact de douze heures à l'eau froide a pour effet de déterminer le gonflement de la gélatine, gonflement qui aide sa liquéfaction lorsqu'elle est chauffée au bain-marie.

« L'addition de la mélasse est parfaitement incorporée à la gélatine, on coule la matière sur le modèle préparé, c'est-à-dire entouré, soit de papier ou de carton et chauffé légèrement à l'étuve, et l'on détache le moule après le refroidissement complet du modèle et de la matière.

« Il est prudent, pour éviter de désagréger la gélatine, de ne pas élever la température au-dessus de 100° lors de sa dissolution, car une chaleur prolongée de 100° lui ôte en partie la propriété de se prendre en gelée.

« Pour éviter l'adhérence si grande de la gélatine aux objets sur lesquels on la coule, il faut enduire ceux-ci de fiel de bœuf.

« La proportion d'eau à mettre sur la gélatine varie entre 30 et 80 centimètres cubes pour 30 grammes de matière. Cette différence dans la proportion d'eau vient de ce qu'une même gélatine est plus ou moins hygrométrique. L'expérience a prouvé que les gélatines faites l'été sont supérieures, pour le moulage, à celles faites l'hiver. »

J'ai remplacé avec grand avantage la mélasse par la glycérine, substance oléagineuse qui se mêle entièrement à l'eau, et qui est susceptible de modifier la gélatine de manière à lui enlever totalement sa contraction.

Cette substitution, qui est encore inconnue, donne des résultats de beaucoup supérieurs à ceux que fournit le procédé ordinaire.

L'emploi de la glycérine se fait ainsi :

Après avoir fait renfler pendant douze heures 30 grammes de gélatine avec l'eau froide, on chauffe au bain-marie jusqu'à complète dissolution, et l'on ajoute de 5 à 10 centimètres cubes de glycérine. Ce mélange opéré, on coule la matière sur le modèle préparé, et après le refroidissement, on détache le moule.

Il est utile de colorer légèrement la gélatine ; par ce moyen il est facile de voir si le dépouillement du moule s'est opéré d'une manière complète. Comme matière colorante, on peut employer le carmin, l'indigo ou la cochenille ammoniacale dissoute et filtrée.

Pour éviter le ramollissement des moules en gélatine, qui aurait infailliblement lieu par le séjour prolongé dans un bain aqueux, on est dans l'usage de les enduire d'un corps gras avant de les introduire dans le bain métallique. Cette précaution est indispensable; toutefois, il est une réaction que j'ai utilisée et qui présente beaucoup plus d'avantages.

Ce moyen consiste à tremper le moule pendant quelque temps dans une solution tannique légèrement alcoolisée.

Cette immersion modifie la surface du moule assez pour empêcher l'action prolongée de l'eau sur la gélatine.

Dans la galvanoplastie d'argent, on contre-moule sur celui en creux fait en gélatine, et l'on dépose l'argent sur celui en relief. Le moule est composé avec un mélange fait de la manière suivante :

Cire jaune. . . . . 25 parties.
Graisse de mouton. 12
Résine colophane. 4

On fait fondre le tout ensemble, et l'on emploie tiède.

2° *Procédé Fox.*

M. Fox s'est également occupé de remplacer la cire ou le plâtre employés pour former des moules, par un corps élastique, flexible, qui peut, tout en cédant à l'effort qu'on fait pour l'enlever, reprendre sa forme primitive; la gélatine lui a réussi. Voici comment il opère :

Il assujettit le corps dont il doit prendre l'empreinte, à 27 millimètres au-dessous de la surface d'une table, après avoir eu soin de l'huiler; il l'entoure alors, à la distance aussi de 27 millimètres, d'une languette d'argile qui dépasse la hauteur de l'objet. Il coule alors, dans cette enceinte, de la gélatine en dissolution, saturée à chaud. Par le refroidissement, elle se prend en masse. Il a soin de laisser en contact avec le corps des fils qui servent à couper le moule en autant de parties qu'il est nécessaire pour l'enlever.

On coule dans ces moules, en plâtre ou en cire, pourvu que celle-ci ne soit pas trop chaude.

§ 2. MOULAGE AU LINGE AU MOYEN DE LA GÉLATINE, PAR M. STAHL.

On a essayé plusieurs moyens de durcir une étoffe avant d'en prendre l'empreinte ; mais jusqu'ici ces moyens se sont trouvés insuffisants. Ainsi l'eau de graine de lin, l'amidon, l'eau de son, la gélatine ont la propriété de raidir le linge ; mais ces substances perdent cette faculté sous l'action de l'humidité du plâtre coulant, l'étoffe reprend sa souplesse, et les plis ne tardent pas à se déformer et à disparaître.

M. Stahl a trouvé un moyen d'empeser le linge de telle façon que le moulage en devient facile. Voici le procédé qu'il emploie : il fait bouillir, dans un demi-litre d'eau, 30 grammes de pépins de coings ; après avoir passé la liqueur, il fait dissoudre 10 grammes de gélatine, puis le linge est plongé dans la dissolution toute chaude. Au bout de quelques instants, on le retire, on le tord, on le ressuie et on le dispose suivant la forme qu'on veut lui donner. Quand il est parfaitement sec, on procède au moulage. Lorsque l'opération est assez avancée, c'est-à-dire quand le plâtre commence à durcir, le linge, sous l'action de l'humidité dont il s'est imprégné lentement, a repris un certain degré de souplesse qui permet de le détacher sans offenser les parties les plus délicates du moule.

S'agit-il de mouler une main posée sur une étoffe, M. Stahl s'y prend de la manière suivante : sur l'étoffe encore humide et drapée, il place la main dont l'empreinte se forme et reste marquée, puis il la retire et laisse sécher l'étoffe. Quand la dessiccation est complète, il remet la main à sa place et moule le tout ensemble, ou bien il moule la main d'abord et l'étoffe ensuite; de telle sorte que les deux épreuves, placées l'une sur l'autre, paraissent n'en former qu'une seule, et ont l'avantage de pouvoir être séparées ou réunies à volonté.

M. Stahl a fait de son procédé des applications nombreuses et variées et avec un succès constant. Il obtient des résultats qui, sous le point de vue de l'imitation, offrent un tel caractère de vérité, que, placé à une assez petite distance, on pourrait prendre les épreuves pour l'étoffe même.

On comprend tout le parti que les arts peuvent tirer de ce nouveau genre de moulage.

SIXIÈME SECTION.

MOULAGE DU PAPIER, DU CARTON
DU CARTON-PIERRE,
DU CARTON-CUIR, DU CARTON-TOILE ET DES LAQUES.

§ 1. MOULAGE DU PAPIER.

Cette sorte de moulage consiste à se procurer du beau papier fort et non collé. Quand on veut reproduire un objet en relief, on le mouille légèrement avec une éponge et l'on applique soigneusement le papier dessus. On frappe ensuite avec une brosse douce, afin de faire pénétrer le papier dans toutes les cavités pour en bien prendre la forme. Quand le papier se trouve ainsi appliqué partout, on souffle sur les bords, on l'enlève adroitement et on le fait sécher. On obtient de cette manière une empreinte très-correcte du dessin. On peut avoir cette empreinte en relief en coulant du plâtre liquide qui pénètre dans tous les creux du papier et reproduit cette empreinte. Ce procédé est très-utile au statuaire, à l'architecte, à l'ornemaniste, à l'antiquaire, au voyageur, au graveur, etc. On exécute ainsi de très-jolis moulages.

§ 2. MOULAGE DU CARTON.

Le carton que l'on doit au collage ou à la décomposition du papier, offre au moulage une substance qui devient plus intéressante de jour en jour. Autrefois sa composition était fort simple et son usage fort restreint; maintenant cette matière plastique, améliorée par d'ingénieuses combinaisons, est susceptible de recevoir les formes les plus heureuses et les applications les plus variées. Dans ce paragraphe, nous traiterons de ses préparations ordinaires, des procédés reçus pour la mouler. Les paragraphes suivants contiendront les détails de deux applications particulières du carton, et les perfectionnements connus sous la dénomination de *carton-pierre, carton-cuir*, etc.

1° *Préparation du carton.*

Le carton dont la fabrication va nous occuper d'abord, est le *carton de collage*, ainsi nommé parce qu'il est formé par la réunion de plusieurs feuilles de papier collées les unes sur les autres. C'est le moins compliqué, le moins fort et le moins avantageux de tous les cartons, mais c'est aussi le plus facile à faire.

Carton de collage.

Ce carton se compose de papier gris ordinaire, connu sous le nom de *papier trace* ou de *papier main-brune*. C'est le papier le plus commun de tous; mais, à raison même de sa mauvaise qualité, il présente ici un double avantage : sa pâte grise, épaisse, ôte la transparence au carton au milieu duquel il se trouve collé, et prend parfaitement la colle, de telle sorte que le carton est ferme et solide, quoiqu'il soit assez mince. Le carton de collage a besoin aussi de *papier joseph*, papier blanc et fin, qui prend bien exactement l'empreinte des moules. On achève cette fabrication en mélangeant le carton avec de la colle de pâte, ou colle de farine, que l'on prépare en délayant et faisant cuire de la farine de blé dans suffisante quantité d'eau.

Toute l'opération nécessaire pour faire ce carton est de passer une légère couche de colle sur une feuille de papier joseph, d'appliquer sur celle-ci une feuille semblable. Cela fait, on encolle une feuille de papier main-brune et on l'applique sur le papier joseph. Une seconde feuille de main-brune est encollée et appliquée sur la précédente. Deux feuilles du même papier, posées l'une sur l'autre, sont appliquées de nouveau, mais non collées entre elles; on ne les encolle que sur la surface qui s'appliquera sur le tas collé, et sur celle qui doit recevoir une cinquième et dernière feuille de papier main-brune.

Cet arrangement varie, toutefois, suivant la force que l'on veut donner au carton, ou suivant l'élégance des objets auxquels on les destine. Par exemple, dans le premier cas, on colle des feuilles doubles, triples; on place entre les couches de papier main-brune du papier collé très-fort, ou d'autres matières dont nous parlerons quand il sera question du moulage. Dans le second cas, lorsqu'il s'agit de mouler des figures délicates, telles que celles qui tendent à imiter le biscuit de Sèvres, on n'emploie que du papier blanc ordinaire, sauf le papier joseph, ou le *papier Cartier*, papiers minces et fins, qui sont destinés à prendre convenablement les empreintes.

Le carton de papier blanc se contourne parfaitement et se prête beaucoup mieux à toutes les formes que celui que produit le papier main-brune ou gris.

Afin d'économiser sur le prix du papier, on achète dans les papeteries le papier de rebut, appelé *papier cassé*. Ce papier, qui se vend au poids, est composé de feuilles déchirées ou ayant des défauts; la préparation du carton que fournit le papier cassé n'est pas plus embarrassante que la précédente. Après la première feuille double de papier joseph, on superpose les unes aux autres les feuilles altérées que l'on encolle et que l'on applique successivement. Le nombre ne peut en être déterminé; il dépend de l'épaisseur relative du carton. Si les feuilles déchirées ne sont pas entières, il faut ajouter des pièces, afin que l'épaisseur soit égale partout. La fabrication du carton de collage se réunit souvent à celle de l'autre espèce de carton qui va nous occuper.

En Angleterre, on a imaginé depuis peu un nouveau mode de préparer le carton et d'en fabriquer des pièces moulées. La matière première qu'on emploie est un papier gris-bleu, sans colle et d'une pâte très-fine. Les feuilles sont collées les unes sur les autres avec une grande abondance de dextrine ou d'amidon, puis pressées à une puissante machine hydraulique dans une étuve sèche. Il se forme ainsi une planche solide et dure comme du bois de buis ou d'ébène, que l'on peut obtenir moulée sous diverses formes et qui se laisse travailler mieux que le bois ordinaire, dont ce carton n'a pas les pores, la sève, les fibres et les nœuds. On le tourne pour en faire des grains de chapelet, des boules, des encriers, des écrins et une foule d'autres objets. C'est aussi de cette manière qu'on obtient des bijoux, bracelets, épingles, colliers, fermoirs que l'on peut incruster de pierres fausses qui y prennent un éclat particulier. Les plateaux, coffrets, guéridons, écrans dorés ou nacrés, connus sous le nom d'ouvrages du Japon, sont du papier mâché; la nacre y est incrustée à la presse hydraulique.

Carton de moulage.

On le connaît vulgairement sous le nom de *papier pourri* ou *papier mâché*. Il se compose de tous les débris de carton, rognures de papier que l'on décompose dans l'eau et que l'on réduit en pâte.

Le mouleur qui aura à faire des figures en carton, commencera donc par ramasser tous les mauvais papiers qu'il pourra trouver. Il fera acheter chez les marchands et les relieurs toutes leurs rognures, et chargera les chiffonniers de ramasser tous les papiers écrits ou non, peints, salis, il n'importe. C'est ainsi que les cartonniers se procurent les matériaux qui leur sont nécessaires.

Le triage du papier est la première chose dont il faut s'occuper, car il est indispensable d'ôter toutes les ordures, surtout les pierres, le sable, etc., qui rendent le carton extrêmement mauvais. Cette opération est ennuyeuse et souvent dégoûtante; mais on emploie à cet effet un instrument facile et peu coûteux qui la rend singulièrement prompte.

C'est un cylindre d'un mètre de diamètre, formé de deux tourteaux unis l'un à l'autre par des lattes d'égale longueur. Ces lattes sont placées à 3 centimètres de distance. Un axe traverse ce cylindre dans toute sa longueur, et porte sur les deux côtés extrêmes d'une caisse; une manivelle est placée à l'un des bouts de l'axe.

On met dans le cylindre une certaine quantité de papiers à nettoyer, avec trois ou quatre boules de métal d'environ 5 centimètres de diamètre; on tourne assez rapidement la manivelle; alors les boules tombent et retombent fortement sur le papier. Cette manœuvre détache les petits cailloux, les ordures, etc., qui sortent du cylindre à travers les lattes.

Voici comment opèrent ensuite les personnes qui travaillent sur de petites quantités ou qui ne veulent faire usage que des plus simples instruments. Elles remplissent un vase, par exemple un baquet plat, du papier nettoyé; elles y versent suffisamment d'eau pour que celui-ci soit baigné et le laissent se décomposer. On renouvelle souvent l'eau pour empêcher la corruption. Lorsque le papier est parfaitement détrempé, ces personnes le retirent du baquet, le battent dans un mortier pour le réduire en pâte, et terminent par le faire bouillir pendant un certain temps dans une chaudière.

Cette préparation, appelée *trempis*, s'exécute différemment dans les ateliers, et surtout dans les manufactures de carton. Les matières sont d'abord mises dans de grandes auges et arrosées d'eau à plusieurs reprises, puis on les retire et on les soumet à l'action d'une machine dont je vais donner la description, après avoir prémuni le mouleur contre un préjugé des cartonniers : ils croient que la fermentation du papier est indispensable; en conséquence, après avoir sorti le papier des auges, ils le mettent en tas sur le pavé, afin que l'eau ne s'égoutte qu'en partie. L'eau qui reste produit la fermentation désirée à tort, laquelle détruit inutilement une très-grande quantité de pâte.

La machine en question se compose : 1° d'un cuvier conique, cerclé de deux bons cercles de fer, et dont les douves, solidement assemblées, doivent bien contenir l'eau. Ce cuvier, de 110 centimètres de hauteur, et dont les diamètres des deux bases sont dans le rapport de 36 à 28, est tapissé intérieurement d'une feuille de tôle repliée en forme de râpe; 2° un arbre ou forte branche en fer, auquel on fixe solidement un cône tronqué en bois compacte et parfaitement rond, est placé verticalement dans le cuvier. On garnit toute la surface du cône de bandes de fer minces placées parallèlement et à la distance de 2 centimètres environ, dans la partie la plus large, de la même manière que dans les papeteries on pratique pour le cylindre hollandais. Ces bandes de fer doivent approcher de très-près la piqûre de la tôle, mais sans la toucher; elles glissent légèrement à une petite distance, afin que la masse puisse tourner entre deux. Un trait de scie, donné dans le cône à la profondeur de 2 centimètres, suffit pour retenir fortement la bande de fer. Le bois se gonfle par l'humidité, le fer se rouille par la même cause, et cela suffit pour consolider ces lames, qui sont saillantes de 2 à 3 millimètres, tout autour du cône en bois. Il est bon de mettre sur le tour le cône lorsqu'il est ainsi préparé avec les bandes de fer, afin qu'elles aient toutes une égale saillie.

Un pivot est pratiqué dans la partie inférieure de l'arbre, qui tourne dans une crapaudine portée par une vis; celle-ci traverse le fond du cuvier, de manière que par dehors on peut élever ou abaisser le cône pour le faire plus ou moins approcher de la paroi interne du cuvier.

La partie supérieure de l'arbre porte une roue

d'angle de 8 dents, qui engrène dans une grande roue d'angle de 36 dents. Il est mieux que la petite râpe ait 12 dents et la grande 54. Sur une des extrémités de l'arbre de cette dernière roue est placée la manivelle qu'un seul homme fait mouvoir. On voit qu'à chaque tour de manivelle le cône fait quatre tours et demi.

Sur un des côtés du cuvier est adapté un tuyau en fer-blanc, ou mieux en cuivre rouge, de 10 centimètres de diamètre, contourné en demi-cercle, dont les deux extrémités se placent, l'une au-dessus, et l'autre au-dessous du cône, afin que l'eau et la masse puissent entrer librement dans l'intérieur du baquet, et soient maintenues dans un mouvement continuel.

Au-dessus du cône, et sur un grand diamètre, sont fixés quatre liteaux, arrangés de manière à présenter deux angles obtus placés dans la direction que prend la machine dans sa rotation. Par ce moyen, la masse est continuellement agitée, et toujours lavée et lancée dans le tuyau qui la porte sous le cône, d'où elle est poussée de bas en haut par l'action de la force centrifuge. Les matières sont écrasées et déchirées par la circonférence extérieure du cône contre la surface intérieure du cuvier, et réduites en peu de temps en pâte de papier. (Voyez *Manuel du Cartier et du Cartonnier*, faisant partie de l'*Encyclopédie-Roret*.)

On conçoit aisément qu'en continuant ainsi de travailler cette masse, elle acquiert plus de finesse. On abrège encore ce travail, et on le perfectionne en couvrant le cuvier avec des couvercles de bois épais, et en employant, au lieu d'eau froide, de l'eau chaude, parce que celle-ci contribue à hâter la solution des colles dont les matières sont imprégnées.

2° Opération du moulage.

Pendant que le papier détrempe, si on l'a pu, avant de préparer le carton, il faut s'occuper du creux. Il est, comme on se le rappelle, toujours avantageux de faire le creux à l'avance, afin d'avoir le temps de le laisser sécher. Le carton fabriqué avec le papier cassé, permet de tailler les pièces fort grandes, parce que la dépouille en est très-aisée. Le carton de papier gris demande des pièces un peu moins étendues.

Les opérations préliminaires sont semblables à celles du moulage en plâtre. Supposons qu'on ait à mouler une figure en terre de grandeur naturelle : on commence par pratiquer les coupes comme à l'ordinaire; seulement on les fait un peu plus nombreuses; car, sans cette précaution, le papier ou la pâte ne sécherait pas dans les noirs de la statue.

On fait ensuite, sur chaque coupe, un creux en deux coquilles, avec les repères accoutumés. Ce creux se fait en pièces-chapes, et ne comporte par conséquent ni chapette ni chape pour ces parties. Le tronc se moule en deux assises pour faciliter l'opération; chaque assise est composée d'un petit nombre de pièces, et d'une chape en deux morceaux qui contient ces dernières. Ce creux de plâtre, confectionné et terminé comme tous les autres, est retiré de dessus l'argile, et durcit si le temps le permet. Dans le cas contraire, on y passe une forte couche d'huile d'œillette mêlée de suif, procédé indiqué précédemment.

Le creux étant parfaitement sec, on songe à mouler le carton. Le carton de collage n'exige qu'une partie des opérations nécessaires pour l'autre. C'est par lui que nous commencerons. On doit se rappeler comment, pour obtenir ce carton, on superpose des feuilles de papier les unes aux autres.

On s'assied devant une table, sur laquelle est placée horizontalement une des coquilles d'une des coupes; supposons que ce soit la jambe. Cette coquille est posée de manière que ses reliefs touchent la table, et que par conséquent elle présente ses creux à l'opérateur. On met en tas, à gauche, les feuilles de papier dont on a besoin, et, à droite, le pot à colle ainsi que la brosse pour l'étendre. Cette brosse, formée de crins longs et flexibles, est plate et porte un manche que l'on prend de la main droite pour encoller le papier. Une autre brosse ronde et petite est aussi nécessaire.

On colle d'abord le papier joseph sur la surface intérieure de la coquille, de telle sorte qu'il en suive exactement tous les contours. On commence par les parties les plus renfoncées, et pour mettre la colle sur ces parties, on se sert de la petite brosse. A mesure qu'on applique du papier, on se sert, pour appuyer dessus, d'un tampon de linge fin, afin de bien l'incorporer à la colle. Il faut agir délicatement, surtout à la pose des premières feuilles, dans la crainte de faire quelques déchirures, ou tout au moins de déranger le papier. On termine par donner une couche de colle, on prépare l'autre coquille de la même manière, enlevant à l'une et à l'autre les parties excédantes du papier sur les bords, tandis qu'il est encore mou.

On continue à garnir de cette façon tout l'intérieur du moule avec ses couches successives de papier. Dans les pièces du dos, du ventre, et généralement dans tous les morceaux de grande étendue, on met, entre la seconde et la troisième couche de papier gris, des lames de fer très-minces pour renforcer l'ouvrage. Le creux entièrement revêtu, on le fait sécher, soit au soleil, soit dans une étuve, soit enfin devant le feu. Il importe de ménager la chaleur par gradation. Lorsqu'il se trouve des parties trop renfoncées qui ne se chauffent que difficilement, on a soin d'y répandre du sable chaud ou de la cendre chaude, afin qu'elles sèchent bien également. Quand le carton commence à sécher, on tamponne doucement et fréquemment.

Quand le carton est complétement sec, on l'éloigne du feu et on le laisse refroidir avant de le toucher, pour ne point nuire à sa fermeté ni à sa force. Pour le retirer du creux, on renverse les coquilles et on frappe légèrement dessus. On agit de même pour toutes les autres pièces. Cette dépouille est d'ailleurs de la plus grande facilité.

Il ne s'agit plus maintenant que de coudre ensemble les parties qui doivent former la figure. Pour y réussir, on rapproche les repères; on perce le carton sur les bords et de place en place, avec une grosse épingle longue, ou mieux encore un poinçon très-fin. On prend ensuite un fil-de-fer cuit et mince, et on s'en sert pour coudre les morceaux. On peut remplacer le fil-de-fer par du laiton; mais il faut attendre, pour cela, que le carton soit très-sec, pour ne pas produire des déchirures. Afin que les joints soient inaperçus, on les recouvre de papier collé.

Passons maintenant à la manière de mouler la seconde espèce de carton, dite *carton de moulage*. Lorsqu'il est réduit en pâte, on y ajoute un peu de colle de farine pour lui donner de la consistance : on fait ensuite sécher cette pâte, on la râpe, et on la rend très-fine et susceptible de prendre les empreintes les plus délicates. Dans cet état, on peut la conserver quelque temps pour l'usage. Au moment de s'en servir, on la met dans une terrine ou jatte avec un peu d'eau; dès qu'elle est en pâte, on l'étend dans les fonds du moule sans autre instrument que les doigts. On l'étend le plus également possible, de l'épaisseur de 2 millimètres environ. Cela fait, on prend une éponge fine sèche, dont on se sert pour absorber doucement l'eau que l'on a préalablement mise dans la pâte pour l'humecter et la rendre ductile. Lorsqu'on a fini de tamponner légèrement avec l'éponge, et que le creux est complètement garni, on passe sur toute la superficie du carton récemment appliqué, une couche de colle, et on le fait sécher comme il a été dit pour le carton de collage. Il importe encore plus de ménager le feu en commençant, dans la crainte que le carton ne coule et ne se déjette. On emploie également une poussière chaude pour sécher les noirs.

On reconnaît que le carton est suffisamment sec, lorsqu'en frappant sur le creux, on le voit s'en détacher; alors on le retire du feu et on pratique diverses opérations pour lui donner de la force. La plus ordinaire est de coller successivement sur la surface intérieure du carton moulé, des feuilles de papier, comme si l'on procédait au carton de collage. Souvent aussi, après avoir ainsi réuni les deux modes de cartonnage, on substitue à la couche finale de colle de farine, une couche de colle forte ou de colle de gants, dans laquelle on met quelquefois des étoupes coupées en morceaux de moyenne longueur. On termine par poser sur cette colle une toile forte et bien appliquée. Nous avons oublié de dire, que lorsqu'en collant le papier sur les contours délicats, comme ceux du nez, des yeux, etc., il se forme des plis, il ne faut point s'efforcer de les aplatir, car on n'y parviendrait qu'imparfaitement, et les contours seraient altérés. Il vaut mieux déchirer le papier et le rejoindre avec attention. Comme il est mouillé par la colle, il se prête très-facilement à cette manœuvre.

S'il arrivait que la figure moulée fût altérée en quelqu'endroit, ou que les coutures n'eussent pas toute la pureté désirable, le mouleur réparerait ces défauts avec de la terre molle, un peu de cire, du mastic; il opérerait le plus délicatement possible, et cacherait les réparations en collant du papier blanc par dessus. Cette observation s'applique aux deux espèces de cartons. Le moulage étant terminé, on fait de nouveau sécher la figure. Lorsqu'elle doit être argentée ou dorée, on la livre au doreur qui passe quelquefois dessus 18 à 20 couches de blanc à la colle forte blonde dite colle de Flandre. Le mouleur veillera à ce que ces nombreuses couches ne puissent nuire à la pureté des formes.

Le lecteur trouvera plus loin (huitième section, page 231), le procédé de moulage de la sciure de bois. Ce procédé peut être employé au moulage de la pâte à papier ou à carton, à laquelle on incorpore au besoin de la terre à pipe ou autre terre fine, qui se trouve ainsi liée par les fibres du papier et par la colle-forte, de manière à constituer une masse plastique à chaud, qui prend aisément toutes les formes voulues.

Non-seulement on fait le carton avec des figures de

toutes grandeurs, mais encore cette matière sert à mouler des vases, des candélabres et toute sorte d'ornements pour salles de théâtres, fêtes, catafalques, etc. On l'emploie encore pour les corniches et rosaces de plafonds et autres décorations semblables. Ces ornements sont plus durables que ceux en plâtre; il est fort rare qu'ils se détachent; en ce cas le danger est nul et les réparations peu coûteuses.

Les figures et autres objets en carton ont une longue durée lorsqu'on les conserve dans un lieu sec et à l'abri de l'humidité.

3° *Moulage des masques en carton.*

C'est le carton de collage qui sert à cette fabrication. Le papier qu'on emploie à cet effet est connu sous le nom de papier *bas-à-homme*. C'est une espèce de papier gris-blanc, non collé, assez fort, dont la rame pèse 16 à 17 kilog. On prend ce papier feuille à feuille, on le plie en deux dans le sens du pli que la feuille présente lorsqu'on l'a mise en main, et on colle, avec de la colle de pâte, ces deux parties l'une sur l'autre, ce qui donne l'épaisseur du carton. On entasse l'une sur l'autre ces feuilles ainsi collées, et lorsque le tas est assez considérable, on le couvre d'une planche de bois dur, sur laquelle on place un poids assez lourd. On laisse la colle prendre convenablement, et l'on n'emploie que lorsque le carton est desséché au point de conserver seulement de la moiteur.

On plie alors chaque feuille de carton en deux dans sa longueur, comme on le pratique dans l'imprimerie pour former un in-quarto. On pose ensuite sur ce carré un patron en carton qui donne la moitié de la figure que l'on veut imiter. A l'aide d'un outil en laiton fait en langue de carpe, et dont le tranchant est bien arrondi, on trace tout autour les traits nécessaires pour indiquer l'endroit de la coupure. Afin d'économiser le carton, on place la partie droite du patron sur le bord de la feuille du carton doublé, opposée au pli qu'on a fait avant de marquer les traits. On pose la feuille doublée sur le bord de la table, et appuyant la main gauche à plat sur le côté où se trouve le pli, on déchire, en suivant les traits, les deux épaisseurs de carton d'un seul coup. Il importe de ne pas se servir de ciseaux dans cette manœuvre, afin qu'il reste des barbes de papier sur les bords qui se colleront l'un sur l'autre.

On découpe ainsi les deux moitiés du même masque et le carton qui reste entre ces deux parties est étendu, et sert à d'autres masques. Quand on en a ainsi préparé une certaine quantité, on procède au moulage.

Pour cela, il est bon d'avoir un assez grand nombre de creux en plâtre ou en ciment de Boulogne. Ces creux sont moulés, d'après une figure en relief sculptée exprès, suivant le procédé de moulage dont nous avons parlé, page 53.

Maintenant que nous avons des pièces de masques taillées et des creux en nombre convenable, nous allons nous occuper du moulage, tandis que le carton conserve encore une moiteur suffisante.

On s'assied devant une table, ayant à droite le tas de pièces de masques préparées, et les creux à gauche. On prend un de ceux-ci, et, à l'aide d'un pinceau, on le frotte légèrement à l'intérieur avec du saindoux ou de l'huile, afin que la colle ne puisse s'y attacher. On

Mouleur.   12

enduit ensuite la moitié du moule de colle de pâte, au moyen d'un pinceau ou d'une brosse de mouleur. Cela fait, on place dessus une des deux pièces d'un masque, et on applique fortement sur toutes les parties de la figure et du creux, de manière que le carton en dépasse le bord de 4 à 6 millimètres au plus. On n'emploie que les doigts pour cette opération.

C'est de cette façon que l'on obtient le premier patron : on prend le quart d'une feuille de papier, on le coupe d'un côté, de manière à ce que, placé verticalement dans la direction du milieu du front, du nez, du menton, il touche partout le fond du moule. On le replie ensuite sur la moitié de la figure, dont, en le pressant avec les doigts, on lui fait prendre exactement l'empreinte.

Revenons au moulage du masque dont nous avons fait la première moitié. On encolle la seconde moitié du creux, on colle dessus la seconde pièce du masque, et d'abord soigneusement, la ligne par laquelle les deux pièces se rejoignent. On opère ensuite comme pour l'autre moitié, en rectifiant le tout s'il y a lieu. On laisse suffisamment sécher le moule à l'air libre lorsqu'il fait sec et chaud, sinon on se sert d'une étuve.

Lorsqu'on a ainsi confectionné et fait sécher une certaine quantité de masques, on procède au *réparage*, opération qui consiste à voir si toutes les parties sont bien collées, si toute l'empreinte est bien exacte. Si l'on aperçoit quelques défauts, on soulève le papier en le déchirant avec une pointe ; on presse comme il convient avec les doigts en mettant de la colle de pâte sous le papier soulevé, puis on termine en appliquant de nouveau le papier sur celui-ci.

Cinq jours de la semaine sont ordinairement employés au moulage, le sixième est destiné au réparage. Alors le mouleur livre ses masques au coloriste, qui les peint avec des couleurs plus ou moins fines, suivant la valeur que l'on veut donner à l'objet.

§ 3. MOULAGE DU CARTON-PIERRE.

Depuis quelque temps, on cherche à remplacer en France les ornements en plâtre de l'intérieur de nos édifices par une matière plus légère, plus économique et susceptible de prendre aussi bien les empreintes. Le carton, déjà anciennement employé pour cet usage, mais dont le goût s'était perdu, réunit ces avantages. Gardeur est le premier qui se soit occupé de ce travail et qui l'ait fait avec succès. Depuis 1806, on fabrique divers ornements imitant les plus riches sculptures, à l'aide du moulage d'une composition plastique dans laquelle la craie (carbonate de chaux et de baryte) et la colle-forte s'unissent à la pâte de carton. On les emploie surtout pour les décors en bas-reliefs, pour les encadrements ou pour les bordures dorées. Un rapport fait l'éloge des procédés que Beunot met en usage pour donner la dureté et la solidité du bois au mastic qu'emploient ordinairement les décorateurs. Cette invention a été récompensée par une médaille. Enfin, après eux, Hirsch a imaginé un *carton-pierre* propre au moulage de la figure et des ornements. On a vu cette nouvelle matière plastique à l'exposition du Louvre, en 1819; elle a été employée avantageusement à la décoration de l'ancien Opéra, rue Lepelletier, récemment détruit. Les successeurs de cet artiste exécutèrent de grandes pièces en carton parfaitement moulées. Tirrant, à l'aide d'une forte pression, a obtenu une telle netteté dans l'exécution, que le *réparage* devient inutile. A l'exposition de 1827, Romagnesi, ornemaniste, a présenté une statue et de grands candélabres dans lesquels on remarquait des lignes bien nettes et des contours très-purs.

Les auteurs des procédés à l'aide desquels de pareils résultats ont été obtenus, en font mystère; mais un fait bien indépendant de leur volonté, une circonstance tout à fait étrangère à leur fabrication, a mis le public sur la voie.

1° *Fabrication du carton-pierre.*

Il y a quelques années qu'on porta à Pétersbourg une sorte d'ardoise factice qui avait été fabriquée par un nommé Alfuid Faxe, de Carlscroon, en Suède. Cette substance attira l'attention générale; M. Georgi fut chargé par l'Académie de Pétersbourg d'en faire l'analyse, et il parvint à en découvrir la composition. Cette matière, d'une grande légèreté, imperméable à l'eau, incombustible, parut très-précieuse pour remplacer avantageusement les ardoises. Quant à nous, il nous paraît démontré que cette ardoise artificielle n'est autre chose que le *carton-pierre*. Sauf l'addition de l'huile, les procédés employés par le savant russe vont fournir la preuve de cette opinion.

Voici premièrement les procédés dont il s'est servi : 1° la terre bolaire blanche, rouge et ferrugineuse, selon les cas; 2° la craie ou blanc d'Espagne (carbonate de chaux); 3° la colle-forte, dite *colle d'Angleterre*; 4° la pâte de papier mâché; 5° l'huile de lin.

La terre bolaire et la craie sont réduites, chacune

séparément, en poudre dans un mortier, et passées dans un tamis de soie de la même manière que les mouleurs en plâtre préparent cette substance.

La colle se dissout dans l'eau suivant la méthode ordinaire (on peut y substituer la colle de gants pour les petits objets.

La pâte de papier employée est celle que l'on connaît dans les papeteries sous le nom de *papier commun* (papier bulle), que l'on fait macérer dans l'eau; on exprime ensuite cette eau au moyen d'une presse. Au lieu de cette pâte, on se sert avec plus d'avantage de débris de papiers blancs et de rognures de livres que l'on fait bouillir pendant vingt-quatre heures et dont on exprime par la presse la surabondance d'eau. Quant à l'huile de lin, elle est employée crue.

Il y a plusieurs compositions provenant des divers mélanges de ces cinq substances, mais leurs proportions seulement varient, la base reste la même. La masse de papier se mêle toujours dans un mortier, avec la colle dissoute, et se forme en pâte par l'addition de la terre bolaire et de la craie. On bat bien le tout dans le mortier, puis on verse par-dessus l'huile de lin lorsque la recette l'indique. On prend alors une certaine quantité de ce mélange qu'on étend avec une spatule sur une planche munie d'un rebord propre à déterminer l'épaisseur de la couche. Ce moule grossier fut nécessaire à M. Georgi pour faire des lames de carton à l'imitation des lames d'ardoise; mais nous ne nous occuperons pas de la manière dont il s'y prenait pour obtenir ces feuilles; un autre moulage plus gracieux, et pour nous plus important, appelle notre attention.

Voici les diverses compositions qui donnent les

meilleurs résultats; nous les indiquerons par numéros :

1° Une partie de pâte provenant de vieux papiers et de rognures de livres, une demi-partie de colle, une partie de craie, deux de terre bolaire et une d'huile de lin, produisent un carton mince, dur et très-lisse.

2° Avec une partie et demie de pâte de papier, une de colle, une de terre bolaire blanche, on obtient un carton très-beau, très-dur et très-uni.

3° Une partie et demie de pâte de papier, deux de colle, deux de terre bolaire blanche, et deux de craie donnent un carton uni, aussi dur que l'ivoire.

4° Avec une partie de pâte de papier, une de colle, trois parties de terre bolaire blanche, et une partie d'huile de lin, on confectionnera un carton fort beau, ayant la propriété d'être élastique.

5° Enfin une partie de pâte de papier, une demi-partie de colle, trois parties de terre bolaire, une de craie et une et demie d'huile de lin, forment un carton infiniment supérieur à celui qu'on obtient par le procédé n° 4. Cette substance a en outre la propriété de retenir le type qu'on lui imprime; teinte de quelques grammes de bleu de Prusse, elle prend une couleur bleu verdâtre. On voit combien il est facile de lui faire prendre la teinte du bronze.

On substitue avantageusement à la craie (carbonate de chaux) et à la terre bolaire, dont nous avons parlé jusqu'ici, la *chaux carbonatée pulvérulente*, découverte en Toscane par Fabbroni, qui lui donna le nom de *farine fossile*. Il s'en servit pour fabriquer des briques flottantes, remarquables par leur légèreté et leur solidité. Faujas a trouvé en 1800, dans le département de l'Ardèche, à 16 kilomètres des bords du Rhône, une couche considérable de cette terre dans un endroit très-accessible. Cette substance n'est pas rare; Brongniart affirme qu'elle recouvre, sous la forme d'un enduit d'un centimètre d'épaisseur, les surfaces inférieures ou latérales des bancs de chaux carbonatée grossière. On en trouve assez communément aux environs de Paris, notamment dans les carrières de Nanterre. Cette terre, blanche et légère comme du coton, se réduit en poussière par la plus faible pression.

Ces *cartons-pierre* sont d'une solidité vraiment surprenante : 1° une macération dans l'eau froide, continuée pendant quatre mois consécutifs, ne leur a fait éprouver ni le moindre changement, ni aucune augmentation de poids, preuve certaine que l'eau n'avait pu pénétrer leur substance; 2° exposée à un feu violent pendant quinze minutes, ils furent à peine déformés, et furent convertis en plaques noires très-dures; ils paraissent seulement noircis et comme grillés. On a construit dans la ville natale de leur inventeur, à Carlscroon, une maison en bois que l'on a revêtue de toutes parts avec ce carton, on l'a ensuite remplie de matières combustibles auxquelles le feu a été mis. La maison a résisté à l'action de la flamme. La même expérience a été répétée à Berlin avec le même succès.

Lorsqu'on emploie le carton-pierre pour faire des colonnes et pilastres, des frontons, des entablements, des corniches et autres ornements d'architecture exposés à l'air, après les avoir posés et assujettis avec des clous, on remplit les interstices avec un ciment composé d'huile de lin siccative, de blanc de céruse et de craie, mêlés parfaitement et employés presque à l'état de fluidité. Il est bon d'en recouvrir les joints de tous les objets préparés avec cette substance.

Le *carton-pierre* de Hirsch, qui est blanc et a toutes les propriétés de celui dont nous venons d'indiquer la composition sous le n° 4, est donc connu, et de plus, on voit qu'il est susceptible de perfectionnements.

2° Opération du moulage.

La précieuse matière plastique que nous avons décrite n'offre aucune difficulté au moulage. Comme elle ne se gerce jamais pendant sa dessiccation, elle demande moins de précautions que le plâtre. Son seul inconvénient est de se tourmenter et de se voiler, par conséquent de présenter souvent une surface raboteuse. On y remédie en soumettant les petits objets à l'action d'une presse, mais on sent que ce moyen est impraticable pour les figures et autres objets d'une certaine grandeur. Cependant on parvient facilement à triompher de cet obstacle.

On commence par mouler un creux de plâtre sur un modèle ordinaire; supposons qu'il s'agisse de la Vénus de Milo. Les cuisses et les jambes ont un creux en deux coquilles, ainsi que le corps, car la dépouille est fort aisée, et, autant que possible, il faut éviter de multiplier les rejoints. Le creux du torse se réunira sur le côté, c'est-à-dire sur la ligne qui suit les flancs, le dessous du bras, l'épaule, le côté du cou et l'oreille. Une des moitiés de ce creux est posée horizontalement sur une table. Le mouleur a préparé une suffisante dissolution de colle-forte blonde, dite *colle de Flandre*, et s'en sert pour gâcher du plâtre choisi, bien cuit et bien fin, en un mot le meilleur qu'il pourra se procurer. Il faut préférer à tout autre, pour cette opération, le plâtre qui ne contient que du sulfate de chaux, sans aucune partie de carbonate de chaux.

Cependant le mouleur pourrait, au lieu de plâtre, délayer de la craie dans la dissolution de colle; mais nous croyons ce procédé moins bon. Quelle que soit la composition qu'il préfère, il en applique, au pinceau, une couche extrêmement légère sur la surface intérieure du creux huilé, et le plus également possible. Cela fait, il laisse à peine prendre le plâtre, et pose sur cette première couche une autre couche épaisse de la composition de carton-pierre dont il a fait choix. Il va sans dire que celle-ci doit être molle au point de prendre aisément sous le doigt toutes les impressions qu'on veut lui donner; pour cela, il faut ne la préparer qu'à l'instant de s'en servir. Il serait bon d'appliquer une légère couche de solution de colle sur la couche de plâtre avant d'apposer le carton-pierre. On l'emploie absolument comme le carton ordinaire.

Le mouleur met ensuite sécher le creux qu'il vient de garnir, et s'occupe de l'autre partie. Il procède de même pour les bras. L'air libre, s'il fait chaud, une étuve, ou le voisinage du feu dans le cas contraire, opèrent la prompte dessiccation du carton-pierre, qui se détache comme tout autre carton. On réunit les parties en rapprochant les repères, puis en les collant avec de bonne colle-forte. Il y a cependant un moyen de jonction, qui quelquefois est préférable : il consiste à poser avec attention sur la vive arête des morceaux, des clous de moyenne longueur, peu écartés entre eux et très-pointus. Les têtes, enfoncées de 5 millimètres environ dans le carton encore mou, se fixe bien solidement lors de la dessiccation. Après, on perce avec un petit poinçon dans l'intervalle laissé entre chaque pointe de clou; on rapproche les deux vives arêtes, et les pointes de chaque morceau s'enfoncent dans le morceau opposé. On les enfonce le plus possible, en serrant et frappant, puis on passe sur le rejoint un peu de ciment dont il a été parlé plus haut. On y met aussi, avec un pinceau fin, une petite couche de plâtre délayé dans de la colle, qui cache parfaitement la couture. Si elle produisait quelques saillies, on les râperait doucement avec la peau de chien, lorsque le plâtre serait pris suffisamment.

Il ne reste plus qu'une seule et bien simple opération. On fait bouillir de l'huile de lin, ou bien on la rend siccative en y mêlant un peu de litharge; ensuite, au moyen d'un pinceau, on enduit de cette composition les deux surfaces de la figure. Il va sans dire que l'on enduit ainsi l'intérieur du bras avant de le réunir au tronc. Quant à la surface intérieure de la statue, on fait cette application avant d'avoir réuni les parties, mais cet enduit n'est utile qu'autant que la statue doit être exposée à l'air.

Quand on veut se dispenser de rapporter les deux parties d'un creux, on attache fortement les deux coquilles, puis on coule à la volée la première couche de plâtre ou de craie gâchée clair avec la colle. C'est le moyen d'avoir cette couche extrêmement légère. Mais comme le carton-pierre que l'on doit poser dessus ne se peut coller ainsi, il faut pouvoir introduire la main dans l'intérieur de la statue pour l'appliquer également partout. Cette pratique, comme on l'imagine, offre beaucoup de difficultés.

Voici une autre manière d'obtenir le carton-pierre. On commence d'abord par mettre dans le creux une couche peu épaisse de plâtre à la colle. Immédiatement après, on applique sur cette couche de l'étoupe bien également disposée. Sur cette étoupe, on colle une couche fort épaisse de plâtre grossier.

Le mélange de pâte à papier, de colle de gants et d'étoupe coupée en petits brins, indiqué à l'article des *laques*, peut fournir aussi une sorte de carton-pierre.

§ 4. MOULAGE DU CARTON-CUIR.

Depuis 1822, on fabrique une nouvelle espèce de carton, qu'on nomme *carton-cuir*, parce qu'il est confectionné avec tous les débris de peaux que l'on peut se procurer.

On achète à bas prix chez les peaussiers, les chamoiseurs, les gantiers, les culottiers, tous les déchets et rognures. On les pile et on les broie. D'une autre part, on prépare une pâte à papier rendue très-épaisse; on la réunit à la pâte de cuir, en les mêlant toutes deux le plus exactement possible; on en réunit les molécules avec diverses colles ou mucilages : le tout forme une pâte qu'on jette dans des moules, et l'on donne la forme et la consistance convenable au moyen de la presse. Le *carton-cuir* est spécialement employé à faire des arabesques, des rosaces, des chapiteaux, des modillons, des sujets de bas-reliefs, etc., ordinairement destinés à être dorés. On huile les creux dans lesquels on le moule, afin qu'il n'adhère pas à leur surface.

§ 5. MOULAGE DU CARTON-TOILE.

En 1842, MM. Commetti et Galvani prirent un brevet de cinq ans pour l'invention de cette nouvelle matière qu'ils destinaient à l'application, non-seulement de tous les ouvrages d'ornements exécutés avec le carton-pierre, mais encore à beaucoup d'autres genres d'ouvrages qui ne peuvent s'obtenir au moyen du carton.

Ce moyen de fabrication, disaient les inventeurs à qui nous empruntons ce qui va suivre, réunit à la solidité et à la légèreté la facilité de l'application et du transport à peu de frais, sans que l'on ait à craindre des avaries comme il en arrive dans l'expédition du carton-pierre, qui souvent présente des pertes de 30 ou 40 pour 100.

A tous ces avantages, il y a à ajouter que le carton-toile en relief se prête facilement à être découpé, de manière qu'on peut l'appliquer doré, peint dans toutes ses nuances et façons, sur toutes sortes d'étoffes et à un prix inférieur à celui du carton-pierre.

Mode de fabrication. — On se sert de pâte de chiffons ; on donne de la consistance à cette pâte au moyen de l'eau de riz ou de colle de farine ou d'amidon.

Une telle préparation faite, il faut étendre sur une table de marbre un morceau de drap en laine, et l'on y verse la pâte préparée ainsi qu'on l'a dit.

Au moyen d'une brosse, on réduit la pâte à l'épaisseur que l'on désire, selon l'objet que l'on veut fabriquer.

En appliquant sur la pâte une toile métallique, on

absorbe, au moyen d'une éponge, l'eau excédante qu'elle contient.

Après cela, on retire la toile métallique, et on introduit la pâte dans la matrice ou creux qui sert pour former le relief.

La matrice ou creux peut être en métal, terre cuite ou autre matière dure, selon le plus ou moins de pression qu'il faut pour obtenir le relief que l'on se propose.

Ensuite il faut prendre un morceau de toile que l'on colle des deux côtés, et on l'applique sur la pâte qui se trouve dans la matrice, en mettant une autre couche de pâte.

Tout cela préparé, on applique une contre-partie, soit mobile, soit immobile, et l'on soumet le tout à une presse hydraulique moyennant laquelle on obtient un relief.

§ 6. MOULAGE DES LAQUES.

Tout le monde connaît les *laques chinois*, ouvrages en carton recouvert d'un très-beau vernis, ornés de figures et de dorures aussi bizarres que brillantes. Aujourd'hui tout le monde connaît également les *laques français*, aussi solides, aussi beaux que ces cartons de la Chine, nos produits étant bien supérieurs pour la pureté et le goût du dessin.

Les laques se font également avec le carton de collage et le carton de moulage; mais le premier ne pouvant convenir qu'aux objets plats, tels que les plateaux, nous ne nous occuperons, dans cet article, que du carton de moulage appelé encore ici *papier pourri* ou *papier mâché*. Celui-ci est le seul que l'on puisse

Mouleur.

employer avantageusement pour des objets à forme ronde, tels que les vases dits *Médicis*, etc.; mais il a dû subir d'importantes modifications.

Le carton de moulage, tel qu'on l'emploie ordinairement, ne présente pas assez de consistance; son tissu est trop lâche et trop mou pour avoir la solidité des laques chinois. En conséquence, les fabricants que nous venons de citer se servent d'une pâte ainsi composée : ils emploient du *parum* ou râtissure de peau pour préparer une colle à laquelle ils mêlent un peu de colle-forte dans la proportion de 500 grammes de colle sur 12 kilog. 1/2 de *parum*. Ce mélange, délayé avec soin et cuit ensuite, prend une consistance un peu moins forte que la colle faite avec de la farine, mais il a beaucoup plus de solidité. On laisse à l'ordinaire sécher la pâte de carton, et lorsqu'on veut la mouler, on la fait tremper dans la colle tiède jusqu'à ce qu'elle soit bien imprégnée.

Voici un procédé qui nous a été communiqué sur le perfectionnement de la pâte de carton. La personne qui nous l'a appris en fait usage avec le plus grand succès. On prépare d'abord la pâte de papier pourri comme à l'ordinaire, on exprime ensuite l'eau qu'elle contient.

D'autre part, on prend de la colle de gants, dite aussi *colle d'épicier*, et on la mélange bien avec la pâte précédente. On en met une quantité suffisante pour que le mélange soit d'une consistance un peu ferme. Si l'on manquait de colle de gants, on pourrait y substituer la colle-forte ordinaire, à laquelle on joindrait assez d'eau pour qu'elle ait, étant refroidie, la consistance de gelée très-molle. Il ne reste plus qu'à bien lier toutes les parties de cette pâte. Pour y

MOULAGE DES LAQUES.

parvenir, on coupe avec des ciseaux, en brins de 4 à 6 millimètres, de l'étoupe, et on joint ces brins au mélange en mêlant bien exactement le tout. Il ne faut qu'une très-petite quantité d'étoupe. Moulée et refroidie, cette composition est d'une force et d'une dureté remarquables.

Suivant une troisième modification de la pâte de carton, après avoir convenablement fait tremper la pâte et l'avoir battue ensuite dans un mortier, on la serre bien pour exprimer toute l'eau. On prépare en même temps une solution de gomme arabique ou de colle-forte, dans laquelle on délaie et fait bouillir la pâte de papier. On moule ensuite, tandis que le mélange un peu refroidi est encore tiède et liquide.

Ces trois différentes pâtes se moulent de la même façon dans des moules de plâtre préférablement à ceux de bois. Si l'on se sert des premiers, on opère absolument comme s'il s'agissait de pâte de carton ordinaire. Si l'on préfère les seconds, il faut que le sens du bois soit contrarié dans les différents morceaux dont se compose le moule qu'on doit durcir en le séchant au feu, puis en le trempant dans l'huile siccative ou l'essence de térébenthine.

On peut mouler des objets de toutes formes et de toutes dimensions, quelque compliqué que soit leur contour : bains-de-pied sans rebord et avec rebord, vases, candélabres, colonnes, de quelque grandeur qu'elles puissent être, entablements, frontons, voitures, panneaux d'appartements, bijoux, figures, etc. On introduit avec les doigts la pâte dans le moule huilé. Quelquefois on lui donne une épaisseur relative à la grandeur des objets, puis on met sécher le creux ainsi garni de pâte, soit à l'étuve, soit à l'air pendant la chaleur. On sort les pièces des moules lorsqu'elles sont bien sèches, puis on les fait sécher de nouveau, en sorte qu'elles deviennent aussi dures que le bois. Elles prennent alors le nom de *laques*.

Il s'agit maintenant de passer les laques à l'huile lithargée, à laquelle on ajoute 1° un quart d'essence de térébenthine; 2° un peu d'alun pour la rendre plus pénétrante. Si les objets sont très-grands, on étend cette huile très-chaude avec des éponges ou pinceaux. Les surfaces extérieure et intérieure en sont également enduites. Si la grandeur des laques le permet, on les trempe dans l'huile, ce qui vaut bien mieux. Cette opération terminée, on les met sécher dans une étuve. Dès qu'ils sont secs, on les vernit avec du carabé pur et on leur donne les apprêts.

Ces apprêts forment encore un des perfectionnements apportés à la fabrication des laques. On prend de la terre d'ombre et du blanc calciné broyé à l'eau; à l'instant de s'en servir, on les broie de nouveau avec un vernis fait avec du carabé en sorte, dans lequel on a soin de mettre très-peu d'essence. On en enduit la pièce au moyen d'un pinceau; la première couche terminée, on la répète plusieurs fois. Ces apprêts gras pénètrent bien dans le laque, s'insinuent dans toutes les parties du carton, qui finit par devenir imperméable. On termine l'opération en plaçant l'objet dans un four extrêmement chaud, afin de dessécher les apprêts. Ensuite on peut poncer l'ouvrage et le vernir.

Quant aux vases, ornements, bijoux, que l'on confectionne par le troisième procédé que nous avons indiqué, on fait usage d'un vernis noir, qui pourrait également servir pour les deux autres. Après avoir moulé différents bijoux en les pressant dans des moules huilés, on les laisse bien sécher comme les laques, puis on les enduit d'un mélange de colle et de noir de fumée. On procède ensuite à l'application du vernis. Voici comment on le prépare : On fait d'abord fondre, dans un vaisseau de terre vernissée, un peu de colophane jusqu'à ce qu'elle devienne noire et friable ; on y jette petit à petit trois fois autant d'ambre réduit en poudre fine, en y ajoutant de temps à autre une très-petite quantité d'esprit ou d'huile de térébenthine. L'ambre étant fondu, on saupoudre ce mélange de la même quantité de sarcocolle, en continuant de remuer le tout et d'y ajouter de l'esprit-de-vin jusqu'à ce que la composition devienne fluide. Après cela, on la passe à travers une chausse de crin clair, en pressant doucement la chausse entre des planches chaudes.

On mêle avec ce vernis du noir d'ivoire en poudre fine, puis, en ayant soin d'opérer dans un lieu chaud, on l'applique sur la pâte moulée, qu'on place ensuite dans un four fort peu chauffé. Le lendemain on la met dans un four un peu plus chaud, et le troisième jour dans un four très-chaud. On l'y laisse chaque fois jusqu'à ce que le four soit refroidi. La pâte ainsi vernissée est noire, dure, brillante et susceptible de supporter les liqueurs froides et chaudes. C'est ce vernis que l'on a imaginé en Angleterre pour imiter les vases à la fois légers et forts que les Japonais ont l'habitude de fabriquer, tels que plats, bassines, jattes, cabarets ; les uns paraissent faits avec de la sciure de bois, les autres avec du papier mâché. Voici la méthode adoptée pour les contrefaire :

On fait bouillir dans l'eau une quantité voulue de

rognures de papier gris ou blanc; on les remue avec un bâton pendant l'ébullition, jusqu'à ce qu'elles soient réduites en pâte. On broie ensuite dans un mortier cette pâte que l'on comprime légèrement. On la couvre, à la hauteur de 3 centimètres, d'une dissolution épaisse de gomme arabique, et on la fait bouillir dans un vase de terre vernissé, en remuant bien. Voici maintenant un exemple de la manière de mouler cette matière :

Supposons que nous voulions mouler un plat. On prend un morceau de bois dur qu'on livre au tourneur. Celui-ci le travaille de façon qu'il puisse emboîter le dos du côté extérieur du plat. On y fait pratiquer vers le milieu un ou deux trous qui passent à travers le moule. On a, outre cela, un autre morceau de bois dur auquel l'ouvrier donne aussi la forme d'un plat, seulement de 2 à 4 millimètres de diamètre de moins qu'au premier. On enduit bien d'huile la partie tournée jusqu'à ce que le liquide en découle. On prend ensuite le moule percé de trous, on huile de nouveau, on pose à plat sur une table solide, on étend la pâte encore molle, le plus exactement possible, sur une épaisseur d'environ 6 millimètres. On huile le second moule, on pose dessus le premier ainsi revêtu, et on presse fortement au moyen d'un poids pesant. On laisse 24 heures en presse, puis on fait sécher à l'air sec et chaud. On moule surtout par ce procédé des tabatières, des bonbonnières, etc.

On se sert parfois de paraffine pour donner de l'éclat et une apparence de laques aux objets en carton de collage et en carton de moulage. Pour employer la paraffine à satiner et à donner de l'éclat aux objets, il est nécessaire qu'elle soit amenée à un très-haut degré de division. Avec les objets blancs et tous ceux de couleurs tendres et claires, on peut employer le procédé que voici :

On prend 24 parties en poids de paraffine d'une fusion facile qu'on fait fondre, et on y ajoute 100 parties aussi en poids de terre à porcelaine (kaolin) blanche, bien pure, léviguée et sèche, et qu'avant de s'en servir on a chauffée au moins jusqu'au point de fusion de la paraffine.

La paraffine fondue est absorbée complétement par la terre lorsque celle-ci a été suffisamment chauffée.

Après le refroidissement, on pulvérise la masse et on la broie au moulin à couleurs et à l'eau froide.

A cette masse demi-fluide et en bouillie, on ajoute de 4 à 6 pour 100 de la couleur qu'on veut lui donner et qu'on a préparée à l'avance, et on l'applique sur le papier ou le carton à la manière ordinaire.

Les couleurs terreuses les plus sèches ou les plus mattes prennent de l'éclat par ce procédé. Pour les tons foncés on peut mélanger à la paraffine des argiles très-colorées.

Dans la fabrication des cartons satinés, une application de cette composition de paraffine sur les articles est très-avantageuse. Le carton se glace ainsi parfaitement, est susceptible d'un beau poli, et en outre résiste beaucoup mieux à l'influence de l'humidité.

SEPTIÈME SECTION.

COMPOSITIONS DIVERSES PROPRES AU MOULAGE.

D'après ce que nous avons exposé dans les six premières Sections de ce Manuel, on a pu comprendre combien l'art du mouleur était étendu. Cependant nous n'avons pas encore, dans ce qui précède, épuisé la description de tous les procédés de cet art, parce qu'il se rattache lui-même à plusieurs autres industries qui font un usage spécial de certains moyens qui appartiennent au moulage. Nous citerons entre autres le moulage des métaux, la fabrication des briques, des tuiles et des objets d'ornement en terre, etc. Toutefois nous sommes forcé, pour ces divers objets, de renvoyer aux Manuels qui traitent spécialement de ces matières, et nous nous bornerons ici à ne citer que quelques procédés fort simples relatifs à quelques produits qui intéressent le mouleur.

1° *Pâte propre au moulage et à l'ornement, de* BARRIEU.

On fait un mélange de 2 litres de sciure de bois blanc et 2 litres de plâtre à mouler; on pétrit le mélange avec un demi-kilogramme de colle-forte ordinaire; on devra employer la colle des menuisiers. La colle sera versée par partie.

Un moule ayant été préparé, on l'enduit d'huile,

MOULES POUR TOUTES SORTES D'ORNEMENTS.

on le remplit de pâte; le moule étant rempli, on met sur la pâte une toile tendue sur laquelle on passe un rouleau; sur cette toile on applique une planche de dimensions telles, qu'elle puisse entrer dans le moule. La toile dépassant la planche, on retourne les bords pour les clouer sur la planche; on soumet le tout à une pression très-forte. Après trois minutes, on retire le moule, on le renverse, on passe sur la pâte ainsi moulée deux couches de peinture et une de vernis.

Au lieu des proportions précédentes, l'inventeur indique les suivantes : 2 litres de sciure, 8 litres de plâtre, 1 kilogramme de colle. On n'introduit la pâte dans le moule qu'après l'avoir fait sécher.

Après avoir soumis la pâte à une première pression, on la retire du moule, on la laisse un peu à l'air, on la remet dans le moule en faisant alors agir une plus forte presse.

On pourrait, pour obtenir plus de poli dans les contours, faire chauffer au bain-marie, la pâte qui a été une première fois pressée, la soumettre à une deuxième pression quand on voit que la surface est ramollie.

Si l'on veut lisser les objets moulés, il faut y passer du blanc de Meudon. Ce blanc est délayé dans l'eau; on passe successivement trois couches; un quart-d'heure après la troisième, on remet la pâte dans le moule, on la soumet à une forte pression.

2° *Moules propres à toutes sortes d'ornements d'architecture.*

Les ornements qu'on peut obtenir avec ces moules n'exigent point d'être ajustés. Ils sont ordinairement d'un seul morceau, comme les moules de plâtre, ce qui favorise beaucoup la promptitude de l'opération; les chapiteaux corinthiens et d'autres ordres exigent des moules à pièces.

Si le modèle sur lequel on veut faire le moule est en plâtre, il faut d'abord le tremper dans l'eau; on fait fondre dans un pot de terre égale quantité de cire jaune et de résine, et on laisse reposer ce mélange jusqu'à ce qu'il soit presque froid. C'est dans cet état qu'on l'applique sur le modèle. Lorsque cet enduit est entièrement refroidi, on le retire et on le pose sur une planche unie; s'il est bosselé, on le redresse au moyen d'un poids qu'on pose dessus. Toutes les fois qu'on veut s'en servir, on l'enduit d'un peu d'huile d'olive. En été, il faut ajouter plus de résine à la cire.

3° *Pâte à mouler les chapelets.*

Cette pâte odorante et solide fournit au mouleur une matière propre à fabriquer de jolis chapelets.

On fait fondre de la gomme arabique dans de l'eau rendue odorante par un parfum quelconque, on y ajoute de la poudre d'ardoise ou du ciment en poudre fine passé au tamis de soie. Suivant la nature du parfum que vous vous proposez d'obtenir, mettez dans votre eau gommée du storax, du benjoin, de l'encens, de la poudre d'iris, du musc ou autre substance balsamique analogue. Prenez alors de petits moules ronds composés de deux coquilles que vous remplissez de cette pâte et fermez exactement, vous laissez prendre un peu de fermeté, mais vous n'attendez pas que la dessiccation soit complète pour percer chaque grain avec une aiguille en fer, afin de pouvoir les enfiler. Vous polissez ensuite les grains en les frottant avec un linge imbibé d'huile d'aspic dans laquelle vous avez fait fondre un peu de colophane. On peut aussi se servir pour le même objet d'un morceau de drap enduit de cire jaune.

Quant à la coloration des grains, on peut employer pour cet objet toutes les couleurs en poudre ou en solutions.

4° Moulage des ornements avec des moules en fer et en soufre.

La composition dont on se sert pour obtenir des empreintes au moyen de moules de fer ou de soufre, est formée de gélatine, d'huile de lin et de blanc d'Espagne, mélangés, pétris ensemble, pressés dans les moules au moyen d'une presse à vis et séchés pour l'usage. Lorsque l'on veut tirer des empreintes concaves, on applique la composition lorsqu'elle est encore élastique, et avant qu'elle sèche. Si les pièces sont composées de parties superposées ou juxta-posées, on les lie au moyen d'attaches placées dans le moule dans l'épaisseur de la matière.

Les moules en soufre n'ayant pas assez de ténacité pour soutenir l'effort d'une grande pression, on en compose de plus résistants en faisant dissoudre, dans du soufre fondu, des battitures de fer. Ces moules sont plus faciles à faire et coûtent moins que ceux de cuivre; ces battitures sont pulvérisées et mélangées dans une proportion facile à trouver. La fusion s'opère promptement et prend aisément l'empreinte des détails les plus fins de l'original. On peut en faire usage dans un grand nombre d'arts.

5º *Mastic inaltérable de Sarrebourg pour toutes sortes de moulures.*

Ce mastic, dont l'analyse a été faite par M. Cadet de Gassicourt, se prête à toutes les moulures, même les plus délicates; on en fait des bas-reliefs et des ornements d'un goût très-pur. Il peut s'appliquer sur les meubles, et remplacer, jusqu'à un certain point, les bronzes; il est d'une dureté apparente assez forte; il paraît enfin susceptible d'une foule d'applications utiles. Mais, est-il aussi solide qu'il le paraît; Est-ce une invention nouvelle? L'analyse va résoudre ces deux questions.

M. Cadet de Gassicourt a réduit en poudre 200 grammes de mastic ou pâte de Sarrebourg : il les a fait bouillir, à plusieurs reprises, avec suffisante quantité d'eau; ayant filtré la liqueur, il n'est resté sur le filtre que 82 grammes d'une poudre blanche, inodore et limpide. L'eau de lavage évaporée a laissé une substance gélatineuse qui avait toutes les propriétés de la colle-forte.

200 grammes de ce mastic, chauffés dans un creuset, ont répandu une odeur de corne brûlée, et laissé pour résidu une poudre d'un blanc grisâtre, pesant 144 grammes, et faisant effervescence avec les acides. Les réactifs ont démontré que c'était du sulfate de chaux, un peu de carbonate de chaux et de charbon provenant de la colle brûlée. Comme le plâtre contient toujours une certaine quantité de carbonate calcaire, on peut conclure que le mastic de Sarrebourg est composé de :

    Plâtre fin. 72
    Colle-forte. 28

Mais il faut comprendre ici les 28 parties de colle-forte comme étant à l'état liquide, car le sulfate de chaux, dans cette masse, retient la presque totalité, ou du moins une grande partie de l'eau employée pour dissoudre la colle avec laquelle on délaie le plâtre.

La couleur grise ou rougeâtre du mastic tient probablement à la qualité de la colle qu'on emploie, ou à quelque substance végétale ajoutée pour cette coloration.

Le mastic de Sarrebourg se ramollit au feu ; il est très-hygrométrique, et se déforme si on l'expose dans les endroits humides. Sa composition diffère peu de celle du *stuc*. Nous sommes forcés de convenir que les moulures et les bas-reliefs qu'il donne sont très-beaux et bien supérieurs à ceux en plâtre.

6° *Mastic de M. Schmidt.*

M. Schmidt a fabriqué des ornements, à l'imitation du bois ciselé, d'une exécution très-soignée. Ils étaient composés, en quantités qu'on peut faire varier à volonté, de :

    Mastic d'huile de lin,
    Résine noire,
    Craie pulvérisée,
    Farine,
    Colle-forte.

Ces ornements, qui acquièrent une grande dureté, se jettent dans des moules en cuivre ou en bois qu'on soumet à la presse. Ils sont propres à recevoir les dorures.

7° *Pâte propre au moulage*, par M. PELLETIER.

En 1843, M. Pelletier a pris un brevet, tombé depuis en déchéance, pour une pâte qu'il a décrit de la manière suivante :

Cette composition est destinée à remplacer la sculpture sur bois et sur pierre; elle a la propriété d'être fabriquée molle, de prendre au moulage les formes qu'on veut lui donner, d'être adhérente avec toutes les matières, et de durcir à l'eau et à l'air d'une manière qui permet de supporter le choc et la chute que la pierre ordinaire ne saurait souffrir sans s'altérer.

On obtient, par ce procédé, une promptitude et une modicité de prix relative que la sculpture ordinaire ne permettait pas d'espérer.

Cette composition peut servir à la confection des bustes, statues, statuettes, et à tous les ornements intérieurs et extérieurs des bâtiments, magasins, chapelles, mausolées, etc. Elle a une extrême facilité à prendre la couleur et la dorure, et elle résiste à l'intempérie des saisons.

Voici le détail de sa fabrication, et le volume exact contenu dans un kilogramme :

Blanc de Meudon.	700 gram.
Gomme laque.	125
Pâte séchée et hachée de papier non collé.	45
Sandaraque.	16
Alcool.	125 décilit.

La dissolution de cette composition se fait au bain-marie, et est ramenée manuellement à l'état de pâte solide.

HUITIÈME SECTION.

MOULAGE DU BOIS.

§ 1. MOULAGE DE LA SCIURE DE BOIS.

Cet ingénieux procédé, dû à Sébastien Lenormand, a rendu d'importants services aux arts. En 1784, ce savant technologiste imagina de mouler le bois comme on moule le plâtre. Il était alors de mode de couronner les glaces des appartements par des sculptures représentant des fleurs, des guirlandes, des trophées, etc. Un jour, Lenormand, montra un de ces couronnements, moulé par son procédé, à un miroitier son parent : celui-ci en fut charmé, et tous deux formèrent, pour son exploitation, une association qui leur devint très-profitable. La perfection de l'ouvrage et la modicité du prix auquel ils le livraient, attirèrent un nombre considérable d'acheteurs.

Le procédé Lenormand consistait à faire une pâte de sciure de bois, au moyen de différentes colles; depuis on a employé une combinaison de diverses résines pour donner à cette pâte la cohésion qui lui est nécessaire. Nous indiquerons successivement chacun de ces procédés et les avantages qui lui sont propres; mais comme la manière de préparer la matière première, la sciure de bois, est la même, nous devons commencer par la faire connaître.

On se procure de la râpure, de la sciure ou des copeaux de bois. Ceux de sapin sont préférables, si l'on ne tient pas à la couleur; mais si l'on veut varier les teintes, il sera très-avantageux de se servir des sciures provenant des bois des îles débités en placage. Ces copeaux ou sciures qu'on trouve partout à bon marché, étant bien séchés au four, on les pilera et on les tamisera pour les avoir en poudre très-fine, puis on conservera cette poudre à l'abri de l'humidité. Voyons maintenant les divers moyens de l'employer.

1°, *Mastic de bois à la colle*. — On fera fondre séparément, dans beaucoup d'eau, et au bain-marie : 5 parties d'excellente colle-forte, et une partie de colle de poisson. Lorsque chaque dissolution sera complète, on la passera dans un linge fin pour enlever toutes les ordures qui pourraient s'y trouver, puis on les mélangera. Le degré de consistance de la colle est un point essentiel. Froide, elle doit former une gelée très-peu épaisse ou plutôt un commencement de gelée. S'il arrivait que refroidie, elle fût encore liquide, on ferait évaporer un peu d'eau en remettant le vase sur le feu. Si, au contraire, elle avait trop de consistance, on y ajouterait un peu d'eau chaude. On apprendra facilement par l'habitude le degré convenable de liquidité.

La colle ainsi préparée, on la fera chauffer jusqu'à ce qu'on ait de la peine à y tenir le doigt; mais il faut se hâter de la retirer du feu lorsqu'elle a atteint ce degré, parce qu'une prolongation de chaleur ferait évaporer trop d'eau, la colle prendrait trop de consistance, et les objets seraient sujets à se fendiller. On prend alors de la sciure de bois, préparée comme on l'a dit plus haut, on en forme avec la colle une pâte demi-liquide que l'on applique sur toute la surface du moule de plâtre ou de soufre convenablement huilé, et entouré d'une bande de métal. Les creux en soufre sont plus durs que les creux en plâtre, et pour cette raison on doit souvent les préférer. Les uns et les autres s'enduisent d'huile de lin ou de noix, comme si l'on voulait mouler en plâtre. Cette première couche donnée, on pourra, si l'on veut économiser la sciure fine, appliquer une seconde couche avec d'autre sciure tamisée plus grossièrement. On tassera bien également cette seconde couche avec les doigts, pour faire prendre à la première toutes les formes de la gravure. Ensuite on la couvrira avec une planche huilée qu'on mettra sous un poids ou sous une presse d'ébéniste, et on laissera sécher. On connaîtra que la dessiccation est arrivée au point convenable par le retrait que fera la pâte dans le moule. C'est alors le moment de couper avec un couteau toute la pâte qui excédera l'épaisseur déterminée; plus tard, cette opération serait beaucoup plus difficile. Enfin, on démoulera avec précaution et on laissera complétement sécher.

Si l'on emploie des moules en soufre, il faudra y introduire la pâte presque froide, pour éviter de les faire casser.

Afin de ne rien omettre, voici une autre formule pour préparer la colle :

> Colle-forte de 1re qualité. . . . . 8 parties.
> Gomme arabique. 1
> — adragante. 1

Les deux premières sont préparées en gelée claire, la troisième en mucilage, ensuite on les mêlera ensemble, puis on y délaiera la sciure de bois, et on moulera comme il a été dit ci-dessus.

Ces différentes colles étant préparées avec beaucoup d'eau ne peuvent se conserver longtemps; on évitera donc d'en apprêter plus qu'on n'en peut employer dans une seule opération.

Les produits résultant de ce procédé trop peu connu étonneront par leur netteté et par leur solidité.

On peut mouler de cette façon toute espèce de statues, et de toutes grandeurs; on peut aussi mouler des meubles en employant des pâtes de bois de différentes couleurs. Ce moulage ne supporte guère l'humidité et le froid sans en être altéré, à cause de sa nature hygrométrique. On peut aussi l'employer à la confection des ornements d'ébénisterie. Si ces ornements doivent conserver la couleur du bois, on passe dessus quelques couches de vernis à l'esprit-de-vin, et l'on cire à l'encaustique, comme cela se pratique pour les sculptures ordinaires. Il faut beaucoup d'attention pour reconnaître que ces sortes d'ornements sont moulés : il faut même en être prévenu à l'avance. On peut les dorer à l'ordinaire, l'or y prend bien, et la dorure en est très-solide.

Il sera facile de produire de forts beaux veinages, en mélangeant avec intelligence la sciure de bois diversement colorée, que l'on aura d'abord tamisée séparément. On peut encore teindre la sciure en diverses couleurs, et même y mélanger de la limaille de laiton lorsqu'on veut imiter l'effet de l'aventurine. Une des plus belles applications qu'on puisse faire du moulage du bois est la production des couvercles de tabatières ou des dessus de porte-monnaie, portant un sujet gravé; on pourra ensuite tourner et vernir ces objets qui remplaceront avec avantage ceux qu'on obtenait autrefois à grands frais par l'impression à l'eau bouillante.

Le procédé qui donne les plus beaux résultats est un mélange de sciure et d'albumine de sang que l'on peut se procurer facilement aux abattoirs. Ce genre d'agglomération est aujourd'hui en grand usage. On l'emploie pour fabriquer des cadres pour la photographie, des manches de parapluie, d'ombrelles, des pommes de canne, des coffrets, etc. Nous parlerons plus loin de ces produits connus dans l'industrie sous le nom de *bois durcis*.

2°, *Mastic de bois ou d'ardoise à la gélatine tannée*. — En 1805, Bosc et Cadet de Gassicourt indiquèrent la composition d'une matière propre au moulage du bois, laquelle se rapproche du procédé de Lenormand.

Ces savants précipitèrent une solution de 1 kilogramme et demi de colle-forte par une décoction de 1 kilog. 125 de noix de galle : ce mélange fut fait à froid. Le précipité, séparé de la liqueur, présenta une matière jaune et tirant sur le fauve, brunissant à l'air et exhalant une odeur de lessive. Cette substance se dissout en partie dans l'eau chaude quand le précipité est récent ; mêlée avec un tiers environ de poussière de bois, elle conserve assez de ductilité pour recevoir et garder l'empreinte des moules.

Les bois en poudre, tels que le buis, l'acajou, le bois de gayac, de poirier, se mêlent très-bien avec la gélatine tannée, et se prêtent aux moulures : mais quand les pièces n'ont pas une certaine épaisseur, elles se gauchissent et sont cassantes.

Au lieu de sciure de bois, on peut employer du bois défilé ou de la poudre fine d'ardoise pilée. Cette dernière substance d'un noir bleuâtre se moule également bien par le procédé au mastic de colle ou de résine, et produit un agréable effet.

La poudre d'ardoise est la plus favorable à l'estampage. Cette poudre tamisée, s'allie très-bien à la gélatine tannée, et forme une pâte noire bleuâtre qui se moule parfaitement, présente un bel aspect, et prend en séchant beaucoup de solidité.

Le sumac peut remplacer la noix de galle : le saule blanc et la racine de benoîte (*geum urbanum*) pourraient être employés avec succès pour le même objet.

3°, *Mastic de bois à la résine.* — On fera fondre ensemble sur un feu doux : 1 partie de cire, 2 parties d'huile de térébenthine, et 2 parties de colophane. Lorsque la fusion sera complète, on y ajoutera par petites parties, et en remuant sans cesse, une quantité convenable de sciure de bois en poudre très-fine, jusqu'à ce qu'on obtienne une pâte bien homogène et demi-liquide. On introduira cette pâte encore chaude dans les moules fortement huilés pour éviter qu'elle ne s'y attache; on l'y tassera fortement avec une spatule de bois huilée pour la faire pénétrer dans toutes les cavités. Puis, aussitôt qu'elle aura repris sa solidité, ce qui est bien moins long que pour le mastic à la colle, on pourra la retirer des moules.

Cette composition exigeant un certain degré de chaleur, pour être encore fluide et susceptible d'être moulée, ne pourra jamais être coulée dans des moules de soufre. On évitera néanmoins de la faire trop chauffer, parce que le feu pourrait facilement se mettre aux matières inflammables qui la composent.

On pourra, par ce procédé, obtenir des empreintes d'un effet fort agréable, ainsi que des boîtes, des tabatières, des coquetiers, des bordures de tableaux qui se travailleront facilement au tour et au rabot, et qui prendront le plus beau vernis.

§ 2. BOIS PLASTIQUE.

En 1843, M. Joseph Cotelle a pris un brevet de cinq ans, pour l'invention de deux compositions pour un bois plastique, dit-il, propre à toute espèce de moulure et dont il a donné les descriptions suivantes :

Première composition.

Colle forte.	6 parties.
Résine.	2
Huile grasse lithargirée dans laquelle on fait fondre la résine.	1
Gomme arabique.	1
Pâte de papier ou de carton.	6
Blanc d'Espagne.	40
Ciment romain.	8

La manutention s'opère comme ci-après :

1° Faire détremper la colle-forte dans un baquet pendant quatre heures; après, la mettre dans un vase et la faire fondre à petit feu.

2° Faire fondre la résine dans l'huile grasse lithargirée.

3° Faire dissoudre la gomme arabique.

Quand la fonte des objets ci-dessus est opérée, versez la résine ainsi que la gomme dans le vase de la colle-forte.

Il faut avoir soin de verser la résine la première dans la colle, sans cela le mélange ne s'opérerait pas. Lorsque cette solution est achevée, ajoutez la pâte de papier ou de carton dans le vase; ensuite remuez le tout ensemble avec une palette de fer, jusqu'à ce que le mélange soit complet et forme une espèce de bouillie épaisse.

On place cette bouillie, par partie, sur une table en pierre; on la saupoudre alternativement, soit avec du blanc d'Espagne, soit avec du ciment; ensuite on a soin de bien pétrir et manipuler toutes ces matières jusqu'à ce qu'elles forment une pâte assez ferme. Quand cette opération est terminée et que l'on doit employer ce plastique, l'estampeur en coupe un morceau qu'il manipule encore dans ses mains et le dépose sur une table en marbre, puis avec un rouleau, il en fait une galette qu'il place sur une matrice, ayant soin auparavant de l'enduire d'huile, afin que le plastique ne s'attache pas au creux; puis avec une éponge et la pression de ses doigts, il fait prendre à sa galette l'empreinte du moule. Lorsque ce travail est achevé, il place son moule pendant six heures à l'étuve; et, après ce laps de temps, l'on peut soumettre l'objet estampé à la dorure, au bronze ou à quelque genre de peinture que ce soit.

Deuxième composition.

Huile grasse fortement lithargirée.	4 parties.
Colle-forte.	2
Chanvre broyé et pulvérisé, et tout ce qui tient aux filaments ligneux ou plantes ligneuses.	6
Blanc d'Espagne.	25
Ciment dit romain, ou de Molesme, de Vassy, de Pouilly, etc..	6

La manutention de cette deuxième composition s'opère comme la première.

Les plastiques, objets du brevet, sont destinés à remplacer la sculpture dans ses divers usages, et notamment à reproduire tous les bas-reliefs et statues, n'importent leurs dimensions, les encadrements de glaces et de tableaux (d'une seule pièce), les pendules, vases, candélabres, lustres et culs-de-lampes, rosaces, et tout ce qui tient aux décors d'appartement. Les lettres en relief pour enseignes, les meubles sculptés, enfin tout ce qui a rapport aux ornements, même les plus compliqués.

En outre, les avantages de ces plastiques, à raison de leur nature même, sont de pouvoir les dorer à l'eau et sans couche de blanc, surtout pour le bruni.

§ 3. SIMILIBOIS.

M. Girard a mis, en 1858, sous les yeux du Cercle de la *Presse scientifique*, des échantillons d'un produit nouveau inventé par lui en collaboration de M. Rouvier, et auquel ils donnent le nom de similibois. Il indique en ces termes le mode de préparation, les propriétés et l'emploi de cette substance.

Jusqu'ici, dit M. Girard, on a essayé la fabrication des bois artificiels, dans le but de diminuer les frais de main-d'œuvre qui rendent les bois sculptés si chers. On a cherché la solution dans des procédés ordinaires de moulage ; mais quelque grande que soit l'économie ainsi réalisée, et quelque parfaite que soit l'imitation comme substance, elle est encore bien au-dessous de ce qu'elle pourrait être. La construction des moules est singulièrement coûteuse, pour trois raisons.

1° Parce que le dessin même des moules pour reproduction est un travail long et minutieux qui suppose un talent acquis duquel dépend l'exactitude de la copie;

2° Parce que l'exécution même du moule est à peu près dans le même cas;

3° Parce que les substances des moules et le nombre considérable des pièces dont ils doivent être faits, eu égard aux saillies, en augmentent notablement le prix.

Joignons à cela la valeur du temps.

Si l'on compose une substance telle que, en l'appliquant au pinceau sur un relief quelconque, elle y prenne une consistance suffisante et qu'elle conserve une élasticité telle qu'on puisse l'enlever tout d'une pièce, quelles que soient les saillies qui la retiennent; qu'une fois extraite ainsi, elle reprenne sa forme et qu'elle acquière alors une grande dureté, on aura ainsi un moule très-exact, très-promptement fait; on se sera affranchi des deux premiers inconvénients que nous citions tout-à-l'heure.

Quant au troisième, que faut-il pour l'éviter? Que le moule ainsi obtenu d'une seule pièce puisse servir au moulage. Or, pour cela, il suffit d'employer à cette deuxième opération une substance qui ait les mêmes propriétés de consistance, d'élasticité et de durcissement que celle qu'on a employée pour la fabrication du moule. On emploie la même, qui n'est d'ailleurs qu'un bois factice, et on obtient ainsi, par exemple, une tête complète avec un moule de deux pièces.

M. Girard a mis sous les yeux du Cercle divers échantillons, entre autres une tête de Vierge drapée demi-nature, d'une exécution très-correcte, une tête de bacchante, quart de nature, un nœud, un bouquet de fleurs en bas-relief, un panneau gothique provenant d'un moulage sur les boiseries du chœur de Notre-Dame, des baguettes, une patère, etc.

La composition brevetée de cette matière, sous le nom de similibois, est celle-ci :

Sciure de bois.	1/3
Phosphate de chaux.	1/3
Matières résineuses ou gélatineuses.	1/3

La matière ainsi préparée, prête à être employée, revient à 1 fr. le kilogramme. Ce prix, qui peut sembler élevé au premier abord, cesse de l'être, si l'on tient compte de la consistance qui permet, avec une couche mince, d'avoir une solidité suffisante.

Le moulage s'opère de la manière suivante :

Supposons qu'on ait à reproduire un panneau sculpté de 30 à 40 centimètres. Pour obtenir le creux, on enduira le modèle au pinceau avec un composé qui entre pour le tiers dans la fabrication du similibois. Deux couches suffiront pour obtenir un moule offrant une fidélité et une netteté de détails très-satisfaisantes.

Cette opération demande une heure. Cela fait, on livre le moule à un ouvrier, et même à une femme ou à un enfant, qui étend au pinceau, dans le creux, une double couche de matière complète.

Au bout d'une demi-heure environ, on peut retirer cette première épreuve.

En mettant à la disposition du même ouvrier cinq moules semblables, il pourra dans la journée obtenir trente épreuves du panneau. Les trente épreuves pèsent ensemble 25 kilogrammes. On a pour le prix des panneaux, suivant les prix des matériaux :

Mouleur.

25 kilog. de matière à 1 fr.	25 fr. » c.
Une journée d'enfant.	1 50
Frais de modèle, moules, frais généraux.	3 50
Total.	30 »

Un panneau comme celui qui nous occupe peut donc, avec un bénéfice de 33 pour 100, être livré à 1 fr. 50 c. Il coûterait sculpté environ 100 fr.; en le livrant à 10 fr., la consommation trouverait une économie de 90 fr. et la production un bénéfice de 9 fr., soit 300 pour 100.

Dans la fabrication du similibois, on pourrait avec avantage remplacer la sciure qu'on y fait entrer par du bois défilé, tel qu'on le prépare pour la fabrication du papier de bois. Il est présumable que sous cette forme les moulages acquerraient beaucoup plus de délicatesse et de fini que lorsqu'on emploie la sciure et qu'on pourrait ainsi produire de véritables objets d'art qu'approuveraient les connaisseurs.

§ 4. ORNEMENTS IMITANT LES BOIS SCULPTÉS.

On se procure des moules en cuivre ou en laiton de préférence aux moules en bois, qui ne donnent que des moulages imparfaits, parce que, lorsqu'ils ont été humectés, ils se gonflent et se déforment. On fait dissoudre ensuite 90 grammes de résine noire dans 1 litre d'huile de lin. On réduit en poudre fine de la craie, on tamise, on ajoute 1/8 de farine et on mélange le tout avec une solution de colle-forte et 1/8 d'huile de lin. On fait un mélange bien dense qu'on gâche fortement et qu'on jette enfin dans un moule enduit auparavant d'huile de lin. La composition et le moule sont couverts d'une planche bien unie et placés en cet état sous une presse au moyen de laquelle on fait pénétrer la composition dans tous les détails du moule. Quand on enlève la planche, on trouve que la composition a pris l'empreinte du moule, mais qu'elle s'y est attachée et qu'il faut l'en séparer avec un couteau pointu. Ainsi moulé, l'ornement est placé sur une planche pour sécher. Si le moule dont on s'est servi possède les qualités voulues, l'empreinte est lisse et tous les contours et les détails sont bien arrêtés. Quand elle est sèche, on l'enduit d'huile de lin. Pour conserver la matière molle, on l'expose à la vapeur de l'eau bouillante, et on a soin de la gâcher avant de s'en servir. On peut fabriquer ainsi toute sorte d'ornements, comme feuilles, festons, composition de fleurs et de fruits, rocailles, médaillons, vases, chapiteaux, etc.

Cette composition peut recevoir toutes les couleurs. Sa production, en Angleterre, donne lieu à une branche importante d'industrie.

§ 5. MOULAGE DU BOIS PAR LE FEU.

Ce moulage offre les moyens d'orner, à peu de frais, les dessins en relief, les frontons, les colonnes, les lambris, les meubles de prix, ainsi que les boîtes, tabatières, coffrets élégants, etc. Les portraits, paysages et autres objets qu'il fournit, comme les rosaces, les feuillages, et autres ornements variés, multiplient de mille façons l'application de cet art.

Nous devons commencer par faire observer que les bois dont le fil suit une direction constante sont peu propres à être moulés, surtout lorsqu'il s'agit d'ouvrages délicats; car les fibres peuvent se rompre par suite de la pression, et il en résulte des défauts nuisibles à la perfection du dessin. Les loupes de frêne, d'érable, celle de buis surtout, sont bien préférables, parce que les fibres y sont croisées dans tous les sens. Néanmoins, on peut employer aisément dans les moulages certains bois tendres et communs. Cette transformation n'affecte pas seulement leur forme, elle a, de plus, une influence favorable sur leur dureté, qui s'en trouve très-sensiblement augmentée. Les sculptures ainsi obtenues sur du bois de peuplier, de tilleul, ou de marronnier acquièrent beaucoup de ressemblance avec celles faites sur du vieux noyer, et sont d'un effet très-agréable. En revanche, on doit s'abstenir toujours de mouler les bois résineux, parce que la résine ou huile essentielle qu'ils renferment entre leurs fibres, entrant en ébullition par l'effet de la chaleur pendant l'opération du moulage, il s'y forme des boursoufflures, qui venant à crever, font des taches désagréables sur la pièce.

La presse est le principal instrument pour le moulage du bois : elle est tout en fer et d'une seule pièce. Sur une forte base ou semelle en fer s'élèvent deux montants, qui, par en haut, se réunissent, en formant une espèce d'arcade. Au centre de l'arcade est un œil dans lequel on ajuste un écrou ou canon taraudé en cuivre dans lequel se meut une forte vis qui, par conséquent, est verticale. La tête de cette vis est carrée, elle est séparée du filet par une embase; on la tourne avec un fort levier percé à son extrémité, ou au milieu, si l'on doit opérer des deux mains, d'un trou carré dans lequel entre exactement

MOULAGE DU BOIS PAR LE FEU.

la tête de la vis. Cette presse se monte sur un établi fait exprès pour la recevoir, haut de 65 centimètres, très-massif et très-solide, dans lequel la presse glisse à coulisse. On peut d'ailleurs fixer la presse où l'on voudra, et même dans le plancher avec deux fortes vis.

Les autres instruments nécessaires sont :

1º Un assortiment de plateaux circulaires en fer, épais de 2 centimètres au moins : il faut en avoir plusieurs paires, à moins qu'on ne veuille mouler que des pièces d'un même diamètre.

2º Plusieurs anneaux aussi de différentes dimensions. Ils sont faits en fer, garnis intérieurement de viroles en cuivre entrées de force et rivées de haut en bas sur une feuillure qu'on a faite tout autour du bord intérieur de l'anneau. Le dedans de ces anneaux ou de la virole en cuivre doit être bien uni, et leur diamètre est un peu plus grand d'un côté que de l'autre. Il est bon de faire une marque à la plus grande ouverture, afin de la reconnaître de suite.

3º Des matrices gravées. On les fait ordinairement en cuivre fondu, et elles portent en creux ce que le bois doit reproduire en relief. Ces empreintes sont creusées sur des plateaux circulaires en cuivre, de la grandeur des anneaux dont nous venons de parler.

4º Un tasseau ou une espèce de cube en fer parfaitement dressé par dessous, un peu creux par dessus, et pénétrant sans peine dans les anneaux.

5º Des tampons en bois dur passant librement par les anneaux, et destinés à en faire sortir la pièce qu'on a moulée.

6° Un autre tampon en fer d'un diamètre presque aussi grand que celui du petit anneau.

7° Enfin plusieurs rondelles de cuivre qu'on nomme *galets*, épaisses de 7 à 9 millimètres, et passant librement par le plus petit anneau.

Voici maintenant la manière de se servir de ces outils : on prendra une rondelle de bois de la grandeur convenable, arrondie, modelée sur le diamètre intérieur de l'anneau dont on veut se servir, et bien dressée sur ses surfaces. C'est cette rondelle qui doit recevoir l'empreinte, et il faut lui laisser au moins 12 millimètres d'épaisseur. Lorsque les fibres du bois sont parallèles à son diamètre, il prend plus aisément les empreintes, les conserve moins bien, et ne reçoit pas celles des traits trop délicats, ce qui importe beaucoup dans le moulage, dont l'agrément dépend de la netteté et de la finesse des traits. Lors, au contraire, que les fibres ont été sciées transversalement, l'empreinte est plus parfaite, mais il faut employer une pression beaucoup plus considérable : on peut, si on le juge à propos, au lieu de dresser entièrement la surface qui doit porter les reliefs, y laisser quelques saillies dans les parties correspondantes aux creux les plus profonds de la matrice, l'ouvrage en réussit beaucoup mieux.

On chauffe deux des plateaux de fer; pendant ce temps, on met dans un des anneaux une des matrices gravées, l'empreinte étant tournée en dessus. On met par-dessus la rondelle de bois, et sur cette rondelle, on place un des galets en cuivre. Toutes ces pièces doivent être mises par le côté le plus large de l'anneau, et aller très-juste jusqu'au fond.

Lorsque les plateaux en fer sont suffisamment

chauds, ce qu'on reconnaît en y faisant tomber une ou deux gouttes d'eau qui s'évaporent rapidement en pétillant, on en met un sur la base ou platine de la presse. On pose sur cette plaque le moule ou anneau rempli de toutes les pièces dont je viens de parler. On met dans l'anneau la seconde plaque aussi chaude que la première, en se servant pour les poser l'une et l'autre avec célérité, de pinces plates de forgeron. Sur la dernière plaque, on met le tampon en fer, pardessus on pose le tasseau carré, sa concavité étant tournée en dessus. On fait descendre la vis jusqu'à ce qu'elle joigne bien le tasseau; puis on donne un ou deux tours pour presser un peu fort. On laisse le tout dans cette position pendant deux minutes, en attendant que la chaleur des plateaux se soit communiquée aux autres pièces; puis, en se faisant aider au besoin par une ou deux personnes, on serre avec beaucoup de force. On attend encore quelques minutes, puis, après avoir desserré d'environ un quart de vis, on serre encore autant qu'il est possible de le faire; on laisse ensuite refroidir le tout, ou, pour avoir plus tôt fait, si la presse peut se séparer de l'établi, on la plonge dans l'eau froide. Il ne reste plus alors qu'à sortir du moule la pièce gravée; pour cela, on desserre la vis, on ôte le tasseau, le tampon, la plaque, en renversant l'anneau; on le place sens dessus dessous sur la platine, sa plus grande ouverture étant tournée en bas. On place le tasseau sur cette matrice, et on fait de nouveau descendre la vis; alors la rondelle de bois est chassée jusqu'à l'ouverture la plus large, et en soulevant l'anneau, on la retire aisément chargée de tous les reliefs donnés par le creux.

Il faut, en opérant, avoir grand soin de *ne pas*

trop faire chauffer les plaques, car si elles étaient rouges ou presque rouges, le bois se carboniserait. Malgré cette précaution, le bois est toujours un peu bruni; mais peu importe, puisqu'on n'a plus à le polir, le poli étant naturellement donné par la matrice, quand elle a été convenablement polie elle-même, ce qu'on ne manque jamais de faire. Il arrive d'ailleurs très-souvent que la couleur brune survenue par suite de la chaleur, disparaît après une longue exposition à l'air; mais comme cela peut ne pas arriver, il faut éviter de retoucher, car la couleur ne pénètre pas avant, et les parties que ce travail mettrait à nu seraient d'une nuance différente.

Procédé Frantz *et* Graenaker.

M. Frantz, un des élèves les plus distingués de l'Ecole de dessin de Paris, et M. Graenaker, habile sculpteur d'ornements, sont parvenus à faciliter le procédé de moulage du bois par le feu, en simplifiant l'outillage et en réduisant à un temps très-court la durée de l'opération. Nous empruntons la description de ce procédé à l'intéressant journal *le Technologiste* (1), Tome II, page 164.

Contrairement à ce que nous venons de dire, la matière ou le bois à enlever, pour donner le relief exigé, est *brûlé,* c'est-à-dire converti en charbon. Cet effet est dû à l'application, avec l'aide d'une forte pression, d'un moule en fonte de fer *chauffé jusqu'au rouge;* le moule ne transmet pas immédiatement sa

---

(1) Journal industriel mensuel publié à la Librairie *Roret.* La première année est parue en 1839; la 35ᵉ année (1875) est en cours de publication.

forme au bois, mais la produit par l'interposition d'une couche de charbon. Cette couche ne doit pas avoir plus de 2 à 3 millimètres d'épaisseur, ainsi qu'il va être expliqué, et plus elle est mince, plus la sculpture a de netteté.

Pour obtenir cette netteté, il faut que la couche charbonnée soit limitée de la manière la plus exacte possible, et qu'il n'y ait entre le moule et la forme produite que du charbon friable et pouvant se détacher facilement par l'action d'une brosse. La forme perdrait beaucoup de sa netteté et le procédé de sa certitude s'il se trouvait, entre la portion réduite complétement en charbon et le bois inférieur, une couche de bois à l'état de charbon roux, c'est-à-dire carbonisé à différents degrés et cédant irrégulièrement à l'effet de la brosse. Pour obtenir ce résultat indispensable et limiter l'action comburante du moule chauffé au rouge, on immerge le bois à travailler dans l'eau jusqu'à ce qu'il soit entièrement saturé par le liquide. Cette eau, sous l'action du moule, se convertit en vapeur et oblige de n'employer qu'une pression intermittente pour faciliter l'écoulement de la vapeur produite. Si cette pression était continue, la vapeur pourrait se trouver assez comprimée en certains points pour que son expansion détachât quelques parcelles de bois et pour compromettre la perfection du résultat.

L'action du moule sur le bois ne dure que 20 secondes environ; elle s'exécute simplement par l'emploi d'un levier qui quintuple le poids de l'ouvrier qui s'assied dessus et se donne un mouvement vertical répété. Au bout de ces 20 secondes, le bois est retiré de la presse et jeté dans l'eau pour arrêter, d'une part, la combustion de la portion charbonnée, et de l'autre pour faciliter son enlèvement sous l'action de la brosse. Ces opérations, étant réitérées autant de fois que l'exige la profondeur du moule, donnent un relief qui reproduit avec une admirable fidélité tous les détails du modèle primitif.

Une chose à faire remarquer, c'est que l'imbibition du bois par l'eau étant une des conditions du procédé, plus les bois sont spongieux, et plus l'opération devient facile. Par conséquent les bois les plus communs sont les plus propres à être convertis en objets sculptés.

Dans les nombreux produits de cette invention, on trouve toutes les qualités qui constituent la bonne sculpture : les formes sont accusées avec fermeté, souplesse, légèreté et délicatesse, suivant le sentiment de l'artiste qui en a créé le premier modèle.

Lorsque le moule chauffé au rouge a terminé son œuvre, les sculpteurs donnent la dernière main au produit.

Cette industrie, que la Société d'encouragement a récompensée d'une médaille d'or, s'appuie sur un atelier assez bien monté pour entreprendre tous les travaux qui peuvent lui être demandés; elle est riche d'un grand nombre de modèles d'un mérite remarquable dus à la main habile de M. Graenaker. Elle produit des bas-reliefs d'une saillie et d'une dimension parfaitement en rapport avec l'une de ses destinations, la décoration des édifices publics et des habitations particulières. Quant aux objets d'une moindre étendue, destinés à la décoration de petits meubles, il ne reste plus aucun doute que la simplicité et l'économie de ce procédé n'en popularisent l'emploi de la manière la plus étendue.

§ 6. BOIS DURCI.

En 1823, un ébéniste de Paris présentait à la Société d'encouragement un meuble en bois moulé, fabriqué avec des sciures de bois de diverses couleurs, agglutinées avec un excipient très-tenace, de manière à obtenir une pâte qui, étendue sur des objets d'ébénisterie et de menuiserie, se durcissait et pouvait ensuite recevoir le vernissage. La Société d'encouragement accueillit favorablement cette communication, et l'inventeur reçut une récompense pécuniaire du gouvernement ainsi qu'un encouragement de la part de la Société, mais aucune suite ne fut donnée à cette invention et elle parut abandonnée presque aussitôt.

Quelques années plus tard, M. Sébastien Lenormand indiqua comme nous l'avons dit plus haut un mode d'obtenir, au moyen de la sciure de bois, des ornements en relief.

Le mélange se composait de colle de poisson, de colle de Flandre et de sciure de bois en poudre que l'on coulait dans des moules à l'état pâteux, mais ces moulages étaient grossièrement faits et n'avaient point de solidité.

Ce ne fut qu'en 1855 que MM. Lepage et Talrick eurent l'idée de faire avec de la sciure de bois et de l'albumine de sang, des objets moulés, mais si le principe de la composition du bois durci était découvert, les applications industrielles qui en furent tentées demeurèrent encore infructueuses.

M. Latry acheta le brevet de MM. Lepage et Talrick pour en tirer le meilleur parti possible, et ce ne fut qu'après des recherches nouvelles et des modifications importantes au point de vue du travail et du mécanisme, qu'il parvint à créer l'intéressante industrie qu'il porta au degré de perfection dont elle est dotée aujourd'hui, et fonda pour son exploitation une usine tout à fait de premier ordre.

Nous passerons sous silence toutes les difficultés qui se présentèrent à M. Latry dans les débuts de sa fabrication; elles tenaient principalement au mode de chauffage et à l'imperfection des moules.

Aujourd'hui, les procédés adoptés et qui ont entraîné la réussite des opérations sont les suivants :

Des sciures de bois, et de palissandre surtout, réduites en poudre très-fine, sont humectées avec une quantité convenable de sang mélangé d'eau et portées dans une étuve chauffée de 50 à 60°; là, elles se sèchent. C'est avec ces poussières que s'identifie l'albumine du sang. L'agglomération s'opère avec des sciures de même nature ou sciures semblables. Le moulage est fait dans des bagues contenant des matrices en acier poli, destinées à reproduire, avec toute la finesse possible, diverses créations artistiques. Les poussières sèches sont empilées dans les moules, de manière qu'après la compression il n'y ait pas d'excès de matières premières, conséquemment de bavures.

La pression est obtenue au moyen d'une presse hydraulique d'une très-grande puissance.

Les plaques sont chauffées au gaz, de façon que le calorique soit maintenu à un degré voulu pendant toute l'opération.

Les moules, munis de leurs bagues, se meuvent dans des rainures disposées de façon qu'ils ne puissent éprouver aucune variation.

Dans la course de la pression, un point d'arrêt fixe les plaques à leur distance respective ; la distance est calculée de façon à recevoir un moule muni de sa bague dans chaque compartiment.

Les plaques dites de chauffe sont munies chacune d'un appareil à gaz fixé à elles, de façon à suivre le mouvement d'ascension ou de descente qu'on fait subir aux plaques, suivant la pression donnée aux diverses bagues.

Des tubes amènent le gaz de telle manière qu'à chaque trou corresponde un sujet. Chacun des tubes est double, une partie rentrant concentriquement dans l'autre. Le tube central de cet appareil fournit, au moyen d'un ventilateur, de l'air froid venant de l'extérieur. C'est autour de ce tube aérateur que se trouve distribué le gaz destiné à chauffer les plaques à compartiment. La régularité du calorique permet d'obtenir des objets de la plus grande netteté. Le chauffage au gaz est onéreux, mais il est largement compensé par l'avantage qu'il offre dans le travail.

NEUVIÈME SECTION.

MOULAGE DE L'ÉCAILLE, DE LA CORNE ET DE LA BALEINE.

---

§ 1. MOULAGE DE L'ÉCAILLE.

L'écaille est une des substances sur lesquelles le moulage s'exerce avec le plus d'agrément et de facilité. La nature en est connue. Le *caret,* sorte de tortue de mer qu'on trouve en Asie et en Amérique, fournit l'écaille qui forme sa coque ou couverture. Les naturalistes ont nommé *carapace* cette coque qui se compose de treize lames superposées les unes aux autres.

Bien qu'elle soit à peu près du genre des cornes, l'écaille est cependant beaucoup moins liante. L'écaille est néanmoins susceptible d'être ramollie, et elle acquiert beaucoup de ductilité par le moyen du feu ou de l'eau bouillante; mais dès qu'elle est refroidie, elle reste dans la forme qu'on lui a prêtée et devient aussi cassante qu'auparavant. On voit combien il est aisé de mettre à profit ces caractères.

L'écaille a trois couleurs distinctes : le blond, le brun et le noir clair. Quelquefois une ou deux de ces couleurs dominent, mais elles sont rarement seules. Quelle que soit sa teinte, l'écaille est toujours transparente, dure et très-fragile. Elle possède une propriété singulière, c'est de pouvoir se souder sans le secours d'aucun agent.

Les feuilles d'écaille sont ordinairement bombées sur leur surface; c'est pourquoi la première chose à faire, pour les rendre propres à être employées, est de les redresser. Pour cela, on les met tremper pendant un temps suffisant dans l'eau bouillante jusqu'à ce qu'elles soient amollies; ensuite on les place sous la presse les unes sur les autres, en les séparant par des plaques de fer ou de cuivre de 4 millimètres d'épaisseur, bien droites sur leur surface, et qu'on a fait chauffer auparavant. On serre la presse petit à petit, et on laisse le tout se bien refroidir avant de rien retirer.

On peut aussi redresser l'écaille au feu, en la présentant devant la flamme d'un feu clair; mais il faut la mouvoir continuellement, autrement elle brûlerait et ne serait plus bonne à rien. Comme on ne court pas le même risque en la faisant tremper pendant un temps suffisant dans l'eau bouillante, on doit préférer cette manipulation à l'autre. D'ailleurs le feu change la couleur de l'écaille, ce que ne fait pas l'immersion dans l'eau.

Après avoir entretenu le mouleur de la nature de l'écaille et de sa première préparation, nous allons indiquer les outils fort simples qu'il doit employer pour mouler convenablement cette substance.

Il lui faut premièrement des moules de plusieurs formes, selon les divers objets à mouler, mais toujours composés de deux parties ou coques, comme les petits moules à creux perdu, et encore comme ceux à fondre les cuillers d'étain. L'ouvrier doit aussi avoir une petite presse en fer qui puisse contenir le moule.

Le grattoir ou fer bretté, que l'on nomme souvent fer à dents, lui est nécessaire pour mettre d'épaisseur la feuille d'écaille. La table d'acier de cet outil est toute striée de cannelures parallèles à la longueur du fer. Le tranchant est hérissé d'une suite de petites dents triangulaires, dont la pointe raie l'écaille sans être sujette à la faire éclater.

Le rabot à dents qu'emploie ordinairement le menuisier peut servir au même usage que le fer brettelé. Il est fait, en ce qui concerne le fût, comme les rabots ordinaires, mais un peu moins fort. La coupe de la lumière est aussi beaucoup plus droite, quelques-uns même ont le fer droit. Néanmoins, comme cette dernière position nécessite une conformation toute particulière dans la lumière, on se contente communément de 60, 70 ou 80 degrés d'inclinaison. Le fer de ces rabots est cannelé du côté de l'acier, il s'affûte à biseau plus court que les rabots ordinaires. Ces expressions bien connues des fabricants de rabots, ces détails qui sont familiers, mettront le mouleur à même de se procurer les instruments convenables.

Reste à décrire maintenant l'opération du moulage de l'écaille. La feuille d'écaille préparée, c'est-à-dire redressée comme nous l'avons dit plus haut, on la met d'épaisseur avec l'un des deux outils précédents, puis on la fait ramollir dans l'eau bouillante. C'est alors qu'on fait chauffer le moule, qui est ordinairement en cuivre; on y place l'écaille, et l'on serre assez pour que les quatre repères ou goujons commencent à entrer dans les trous. On sent que les repères sont indispensables pour réunir parfaitement, et rapprocher aux mêmes points les deux coques du moule. Cet instrument ainsi fermé à demi est placé sous la presse, et l'on fait seulement appuyer la vis dessus jusqu'à ce qu'on éprouve une légère résistance. On met alors le tout dans l'eau bouillante, et l'on serre la vis petit à petit jusqu'à ce que les deux parties du moule se touchent exactement. Cela fait, on retire aussitôt la presse de l'eau bouillante et on laisse refroidir. Quand le refroidissement a eu lieu, on desserre la vis, on ôte le moule de dessous la presse que l'on essuie bien exactement pour éviter qu'elle ne se rouille. Quant au moule, on le laisse tremper dans l'eau fraîche pendant l'espace d'un quart-d'heure avant de l'ouvrir, et l'on en retire l'écaille, qui ne peut plus alors perdre la forme qu'on lui a donnée.

Moulage de l'écaille fondue.

Ce procédé, qui date de quelques années, a été d'abord tenu secret. Il économise le temps et la matière, car il donne le moyen de tirer parti des débris d'écaille, des tournures et des râpures, qu'on achète à bas prix chez les ouvriers qui travaillent l'écaille. On verra, par les détails suivants, que les instruments employés pour l'opération sont bien simples.

L'ouvrier doit avoir des moules en bronze de deux pièces, l'une entrant dans l'autre, comme les poids à peser. La partie inférieure doit être fixée à un châssis en fer qui porte une vis à la partie supérieure, et qui presse sur la partie supérieure du moule. Il faut avoir un moule semblable pour le fond d'une tabatière ou d'une boîte quelconque, et un autre pour le couvercle. Une cinquantaine de moules différents composent l'assortiment ordinaire.

Dans le fourneau construit exprès doit être placée

une chaudière de forme carré long. Cette chaudière contient trois moules dans sa largeur et huit dans sa longueur.

Les fragments d'écailles cassés par petits morceaux se pèsent en deux petites parties : l'une sert pour le fond de la boîte, et l'autre pour le couvercle, y compris le déchet qui se fait en tournant et ajustant plus tard l'ouvrage. Les ouvriers se taisent sur la dose, mais on la connaîtra facilement après quelques expériences.

On met dans chaque moule le poids voulu d'écaille en fragments ou en râpures; on pose dessus le contre-moule, c'est-à-dire la seconde partie du moule; on serre ensuite la vis. On dispose ainsi vingt-quatre moules, et on les arrange par ordre dans la chaudière, dont on a fait chauffer l'eau d'avance. On entretient le feu; dès que l'eau bout, on serre tant qu'on peut la vis de la première pièce, puis celle de la seconde, et ainsi de suite, jusqu'à la vingt-quatrième. On recommence ensuite en entretenant toujours l'ébullition jusqu'à ce que le contre-moule ne s'élève plus au-dessus de la surface du moule, ce qui annonce que le vide pratiqué entre les deux parties du moule, est rempli par l'écaille fondue.

Il est indispensable d'entretenir constamment l'eau bouillante à la même hauteur dans la chaudière, en remplaçant celle qui s'évapore, au moyen d'un filet d'eau bouillante que fournit continuellement un vase placé au-dessus de la chaudière. Ce vase supérieur est mis et entretenu en ébullition par le feu du même fourneau. Il faut que les têtes des vis soient toujours hors de l'eau, afin de pouvoir les tourner facilement à l'aide d'une clef. Les vingt-quatre presses (puisqu'il y en a une à chaque moule) se calent réciproquement, de sorte qu'elles ne peuvent pas bouger pendant qu'on serre les vis.

Dans le moule du fond de la boîte, on pratiquera une rainure profonde, dans laquelle on placera un cercle en belle écaille, qui servira à faire la gorge. Ce cercle devra être irrégulier dans sa partie qui est saillante hors de la rainure. C'est par là qu'on le soude avec le reste de la boîte, afin qu'il ne forme qu'une seule pièce avec elle.

On fait ainsi bouillir pendant environ une heure. L'ébullition doit être moins prolongée lorsqu'il se trouve seulement des râpures d'écaille que lorsqu'on doit faire fondre des fragments. A l'instant convenable, on retire le feu, on laisse refroidir l'eau; quand tout est froid, on sort les moules, on les démonte, et l'on retire l'écaille moulée. Selon les dessins qui sont tracés en creux sur les moules, les fonds et les couvercles des tabatières ou boîtes présentent en relief, sur leur surface extérieure, des figures, des portraits, des fleurs, des caractères, des sujets d'histoire, en un mot, tous les sujets gravés sur les moules. Il ne reste plus qu'à livrer au tourneur les pièces bien moulées, non pour rien réparer à la forme, mais pour les ajuster ensemble, les approprier intérieurement et les polir tant à l'intérieur qu'à l'extérieur, afin de les livrer au commerce.

Bas-reliefs en gélatine,
en écaille et en poudre d'écaille.

On obtient les bas-reliefs au moyen de matrices en bronze entourées d'une forte virole de fer; on place sur la matrice la gélatine, l'écaille ou la poudre d'écaille qu'on veut mouler.

On met dans la virole une seconde plaque de bronze unie et sur celle-ci un chapeau en fer plus fort que la contre-plaque de bronze.

On fait rougir deux morceaux de fer, on en place un sous la matrice et la virole, et l'autre sur le chapeau; on met le tout sous presse, et, par des pressions graduées, on obtient le ramollissement des matières placées sur la matrice et dans la virole.

Quand la pression est suffisante, on laisse refroidir, on dévisse la presse, on enlève le chapeau et la contre-plaque de bronze, et l'on trouve le bas-relief.

§ 2. MOULAGE DE LA CORNE.

A Paris, dans plusieurs autres villes de France, et aussi en Hollande, on moule la corne pour en faire des poires à poudre, des tabatières, des bonbonnières et d'autres menus objets.

Les procédés pour le moulage de la corne sont semblables à ceux que l'on emploie pour le moulage de l'écaille; seulement la température, soit pour fondre, soit pour mouler, doit être plus élevée. La râpure de cette substance se réunit en un corps solide par une chaleur suffisante, et se moule aussi facilement que celle de l'écaille.

Lorsqu'on moule la corne en feuilles, en fragments ou en râpures, il faut éviter de la toucher avec les doigts, ou avec aucun corps gras, si l'on veut que la réunion soit parfaite. Par conséquent, on remue cette substance avec des fourchettes de bois, lorsqu'on lui fait subir diverses lotions. Ces lotions sont de deux sortes. Les unes, simplement à l'eau chaude, ont pour but de séparer la corne des parties étrangères qui pourraient la salir ou l'altérer; les autres, que compose une lessive caustique à un certain degré, servent à la dégraisser et à la débarrasser des parties huileuses, au moyen d'appareils construits exprès, afin de ne pas calciner la râpure; ceux que le mouleur emploie pour la fusion de l'écaille pourront également lui servir. S'il veut se procurer des moules à boutons, tels que ceux dont on se sert dans plusieurs ports de mer, il pourra aussi fabriquer cette marchandise.

Si le mouleur tient à produire des ouvrages délicats, ce que nous lui conseillerons, il choisira d'abord des feuilles de corne empruntées aux chèvres et aux moutons, parce qu'elle est plus blanche que celle des autres animaux. Il devra surtout s'attacher à lui donner l'apparence de l'écaille. On y parvient par les moyens suivants :

Procédé pour donner à la corne l'apparence de l'écaille.

1° Pour communiquer une teinte rouge à la corne, on répand sur la surface une dissolution d'or dans de l'eau régale. Cette solution se compose de : 3 parties d'acide chlorhydrique, 1 partie d'acide nitrique et 1 partie d'or laminé.

2° On lui donne une couleur noire, en répandant de même une dissolution d'argent dans de l'acide nitrique.

3° La corne prendra une couleur brune si elle reçoit une dissolution faite à chaud dans de l'acide nitrique.

Si l'on emploie ces diverses substances avec goût et par place sur la surface de la corne, on lui donnera une ressemblance si exacte avec l'écaille, qu'il sera bien difficile de distinguer les deux substances entre elles.

§ 3. MOULAGE DE LA BALEINE, PAR M. MORIZE.

Les fanons de baleines livrés à la fabrication ont une épaisseur trop forte pour être employés comme baguettes de parapluies et d'ombrelles ; on se trouve donc obligé, lorsque la baleine a été ramollie dans une chaudière à basse pression et débitée en bandelettes plus ou moins étroites, mais toutes de l'épaisseur du fanon, de refendre ces bandelettes dans leur épaisseur, pour les réduire à la grosseur convenable.

Non-seulement cette subdivision des bandelettes, dans leur épaisseur, produit un déchet, mais encore la qualité de la baleine se trouve inférieure pour les baguettes prises dans l'épaisseur de la baleine entre les épidermes.

La courbure ou la tension de la baleine s'effectue dans le sens de son épaisseur, et cette élasticité est d'autant plus nerveuse, que l'on a conservé à la baleine son double épiderme interne et externe.

Or, pour conserver ce double épiderme, il faudrait employer le fanon dans toute son épaisseur, ce qui n'est pas possible d'après le système ordinaire de la fabrication, qui nécessite la refente de la baleine dans son épaisseur pour la réduire aux dimensions convenables à sa destination.

Le problème a été résolu par M. Morize, qui a donné à son procédé le nom de *moulage par compression;* il consiste :

1° A débiter le fanon, au sortir de la chaudière de ramollissement, en bandelettes qui auront l'épaisseur du fanon, mais dont la largeur sera calculée pour former, avec l'épaisseur, un rectangle donné ;

2° A plonger de nouveau ces bandelettes dans la chaudière de ramollissement, puis à les placer dans des rainures réparties sur une matrice, maintenue à la température convenable ;

3° A venir comprimer les bandelettes de baleine, logées librement dans les rainures de la matrice, par un poinçon formé, comme la matrice, de rainures et de saillies, mais en sens opposé, et soumis à une pression énergique par une presse hydraulique ou par tout autre moyen.

Le résultat de cette compression est de mouler les bandelettes rectangulaires et de les réduire à des bandelettes carrées, c'est-à-dire d'augmenter la largeur de la bandelette aux dépens de son épaisseur.

Par ce système de compression, le fanon peut être débité en bandelettes aussi étroites que possible, puis transformées d'une section rectangulaire en une section carrée, sans changer de volume, leur forme se trouvant seulement modifiée d'après la destination qu'on désire. Ce procédé, qui permet de conserver les deux épidermes de la baleine, puisqu'on ne la refend pas dans son épaisseur et qu'on se borne, pour les petites dimensions de baguettes, à débiter le fanon en bandelettes étroites et de l'épaisseur du fanon pour transformer, par un moulage par compression, ces bandelettes rectangulaires en bandelettes carrées, présente l'avantage, en poussant au point convenable le ramollissement de la baleine, qu'on peut la mouler sous toutes formes unies, ornementées ou façonnées, en disposant en conséquence les moules compresseurs.

L'inventeur étend ses procédés de moulage par compression au rotin, à l'osier, au houx, etc. Nous ne parlons pas ici de ces applications, qui ne concernent nullement l'industrie qui nous occupe.

LIVRE II

MOULAGE ET CLICHAGE DES MÉDAILLES

PREMIÈRE SECTION.

MOULAGE AU PLATRE ET AU SOUFRE.

CHAPITRE PREMIER.

Gâchage du Plâtre.

Ainsi que le mouleur en plâtre, le mouleur en médailles achète son plâtre tout préparé. Nous ne reviendrons pas sur ce qui a été dit à ce sujet à la page 13. Nous nous bornerons à faire remarquer que le plâtre qui sert au moulage des médailles doit être d'excellente qualité et tamisé aussi finement que possible.

Il faut une certaine habitude pour employer avec succès le plâtre à la confection des médailles moulées. Dans les mains d'une personne peu exercée, elle pourrait produire des *events* ou soufflures sur les médailles obtenues. N'ayant point d'ailleurs de données exactes sur la proportion de plâtre et d'eau à employer, on pourrait gâcher tantôt trop clair et tantôt trop serré. Voici donc, pour guider les commençants, une autre manière de gâcher le plâtre, qui donnera des résultats toujours égaux :

On mettra dans une saucière, forme de vase la plus commode pour couler des médailles, une quantité quelconque d'eau. On y versera ensuite, par petites portions et en l'éparpillant en spirale tout autour du vase, une dose de plâtre proportionnée au nombre et à la grandeur des médailles qu'on aura à couler. Aussitôt que la totalité du plâtre sera descendue au fond, et qu'il n'en restera plus de sec à la superficie, on décantera avec précaution le surplus de l'eau qui n'aura pas été absorbée par le plâtre, en versant cette eau par le bec de la saucière. On s'arrêtera dès qu'on apercevra que le plâtre liquide est entraîné par l'eau; et l'on obtiendra ainsi un plâtre toujours gâché de la même manière et à la consistance convenable pour couler immédiatement les médailles. On évitera par là de remuer le plâtre pour le gâcher, opération qui y produit toujours des soufflures, en y introduisant de petites bulles d'air, qui ensuite ne se dégagent pas toutes lors du moulage. Si, néanmoins, on gâche le plâtre, il faudra le remuer très-doucement.

Il faut éviter de gâcher plus de plâtre qu'on n'en a besoin, et l'on ne doit jamais couler plus de dix médailles à la fois, si on veut les obtenir bien nettes. Si l'on en coulait un plus grand nombre, le plâtre se trouverait trop pris à la fin de l'opération, et ne pourrait plus s'insinuer dans les parties les plus délicates de la gravure.

Lorsque le plâtre est trop long à prendre, on peut l'accélérer en répandant sur la superficie de l'objet moulé un peu de plâtre en poudre, qui, en peu de temps, absorbera l'excédant d'humidité. Mais en observant pour le gâchage les précautions que nous avons indiquées, on sera très-rarement obligé de recourir à ce moyen.

On peut *retarder* le plâtre, c'est-à-dire faire en sorte qu'il durcisse moins vite, en ajoutant dans le vase seulement une ou deux gouttes de colle-forte claire, ou en le gâchant avec de l'urine chaude. Cette dernière manière le rend extrêmement dur. Le sel mêlé à l'eau produit le même effet. Mais il faut bien se garder d'employer l'urine ou le sel quand les moules doivent servir, sans avoir été passés à l'huile lithargirée, à couler des médailles en soufre, parce que, ces moules devant être trempés dans l'eau avant le moulage, les parties salines cristallisées par la dessiccation formeraient sur les moules, en se dissolvant, des petites cavités semblables au pointillé de la miniature.

Au surplus, la pratique apprendra à gâcher de la manière la plus convenable le plâtre que l'on emploie.

Nous ne terminerons pas ce qui est relatif au plâtre sans entretenir nos lecteurs du plâtre durci au moyen de l'alun, par le procédé de MM. Greenvood et Savage, dont il a été question à la page 19.

§ 1. DURCISSEMENT DU PLATRE PAR L'ALUN, PROCÉDÉ GREENVOOD ET SAVAGE.

Les principales qualités de ce plâtre consistent dans son extrême blancheur, dans sa dureté, qui est telle, qu'une médaille faite en cette matière ne peut être entamée ni rayée avec l'ongle, et enfin dans sa ténacité, qui fait qu'à une épaisseur de 4 à 6 millimètres, on ne peut le briser avec les doigts, quoiqu'on y emploie toute sa force. Il adhère en outre avec une extrême énergie sur le bois, la pierre, le fer et le plâtre ordinaire. On peut facilement lui donner, sans altérer ses formes, un fort beau poli qui le fait ressembler à l'albâtre ou au beau marbre blanc. On peut aussi, en y incorporant diverses substances colorantes, lui donner l'aspect et le veinage des différents marbres.

Toutes ces qualités rendent ce plâtre dur éminemment propre à reproduire des empreintes de médailles, et nous ne doutons pas que, sous ce seul rapport, l'amateur ne lui donne la préférence. Mais il est encore d'autres considérations qui le rendent infiniment précieux pour les diverses opérations que nous aurons à décrire. C'est ainsi que, passé à l'huile lithargirée, il pourra être substitué avec avantage au soufre, pour faire les moules destinés à reproduire les médailles. Comme il est presque inaltérable à l'eau, on pourra l'employer dans la galvanoplastie pour en composer les empreintes ou matrices sur lesquelles on voudra déposer du cuivre. Mais nous devons dire qu'on ne réussit pas toujours avec cette matière.

Nous indiquerons, en son lieu, la manière d'employer le plâtre durci à ces divers usages. Nous avons maintenant à nous occuper de la méthode de le gâcher, opération fort délicate, mais qui est la même dans toutes les circonstances où l'on se sert de ce plâtre. Nous enseignerons plus loin, en parlant du moulage, la manière de le couler dans les moules.

Le plâtre durci prend très-lentement, puisque ce n'est qu'au bout de 6 à 8 heures qu'il acquiert assez de consistance pour pouvoir être retiré des moules, et qu'il ne parvient à toute sa dureté qu'après un jour

DURCISSEMENT DU PLATRE PAR L'ALUN.

ou deux. Cette propriété, qui a ses avantages et ses inconvénients, doit servir de guide dans la manière de l'employer. L'expérience a démontré qu'il doit être gâché à peu près à la consistance de fromage à la crème ; s'il était gâché plus clair, il ne durcirait qu'imparfaitement. Voici le moyen de l'amener à ce point essentiel à saisir :

On versera dans un vase une certaine quantité d'eau, on y ajoutera ensuite, petit à petit, le plâtre durci, en ayant soin de remuer continuellement le mélange pour éviter qu'il ne s'y forme des grumeaux. On continuera ainsi à verser du plâtre jusqu'à ce qu'on ait amené la masse à la consistance voulue. Ce point obtenu, il ne faut pas craindre de remuer de nouveau le plâtre et de l'agiter sans cesse avec une cuillère ou une spatule, pendant un quart-d'heure et même une demi-heure. On pourra, au reste, prolonger cette manipulation autant que l'on voudra, puisqu'on n'est pas exposé à voir le plâtre prendre, et qu'on peut se donner tout le temps nécessaire avant de le couler dans les moules. Cependant, comme le plâtre durci est naturellement très-gras, et que quand il a une fois admis quelques bulles d'air, il les laisse difficilement échapper, il pourrait arriver qu'après avoir été bien remué et gâché, il renfermât encore quelques évents ou quelques grumeaux qui produiraient inévitablement des soufflures sur les médailles. Pour faire disparaître entièrement cet inconvénient, il sera bon d'avoir un petit sac de mousseline claire ou de canevas fin, dans lequel on introduira le plâtre gâché. On l'en fera ensuite sortir, en pressant le sac avec les doigts au-dessus d'un vase qui recevra le plâtre désormais bon à être employé.

Nous avons dû insister sur la manière de gâcher le plâtre durci, parce que si on négligeait les précautions que nous avons indiquées, on n'obtiendrait que des épreuves défectueuses, et l'on perdrait ainsi sa peine et son temps.

On verra plus loin la manière de préparer les moules pour y couler le plâtre durci, les procédés de moulage de ce plâtre, et la manière de le polir.

§ 2. DURCISSEMENT DU PLATRE AU BORAX, A LA GÉLATINE ET AU VERRE SOLUBLE.

On a quelquefois employé le borax à la place de l'alun pour durcir le plâtre.

En le gâchant avec des solutions de colle-forte, de gomme arabique, d'acide stéarique, de paraffine, etc., on parvient à produire une sorte de stuc qu'on peut polir et qui, à la sortie des moules, présente un certain éclat.

Enfin, on peut donner au plâtre une dureté considérable en le gâchant avec du verre soluble, c'est-à-dire en le silicatisant.

CHAPITRE II.

Outils et Ustensiles nécessaires au mouleur en médailles.

Le mouleur doit avoir à sa disposition :
1° Des vases en faïence ou en terre vernissée toujours bien nettoyés ;
2° Des cuillères en fer ou en bois dur, pour délayer ou gâcher le plâtre et le couler ;
3° Des pochons en fer battu de diverses grandeurs,

pour y faire fondre le soufre, quelques autres très-minces et à goulot pour le couler quand il s'agira de grandes pièces;

4° Deux ou trois cuillères en fer mince pour couler les médailles ordinaires;

5° Quelques brosses à dents pour nettoyer les médailles avant d'en prendre les empreintes;

6° Une brosse plus fine pour les huiler avant d'y couler le plâtre;

7° Deux ou trois autres semblables ou telles que celles dont se servent les orfèvres et les bijoutiers pour polir et pour rendre brillantes les médailles en soufre noir ou couleur de bronze et celles en plâtre coloré;

8° Quelques pinceaux faits en poils d'écureuil ou en soies fines de porc pour donner la première couche de plâtre;

9° De l'huile lithargirée pour durcir les moules et les modèles en plâtre;

10° Des bandes de carton, de carte ou de fort papier de différentes longueurs et largeurs, passées à l'huile lithargirée, devant servir à entourer les médailles ou les moules avant le moulage;

11° De l'huile d'amandes douces ou de l'huile d'olives pour graisser les modèles. On rend cette huile bien fluide en la laissant séjourner dans un vase où l'on met de la tournure ou de la limaille de plomb;

12° Un petit fourneau pour faire fondre le soufre, soit à un feu nu, soit au bain de sable, au moyen d'une capsule ou d'un vase de tôle, dans lequel se place le pochon contenant le soufre;

13° Une ou deux feuilles de fer-blanc dont on relève les bords d'environ 27 millimètres, pour servir à recevoir les soufres colorés que l'on prépare à l'avance;

14° Un mortier en pierre ou en fonte pour piler le plâtre, le charbon et les couleurs;

15° Enfin, un tamis de crin et deux tamis de soie, avec un dessus et un dessous garnis en parchemin, l'un pour tamiser le plâtre, et l'autre les couleurs. Tels sont à peu près les instruments et les ustensiles, peu coûteux et faciles à se procurer, dont a besoin le mouleur en médailles, et qui cependant ne sont pas tous indispensables.

Au lieu des bandes de carton, on emploie avec succès des bandes de très-forte toile cirée. Leur imperméabilité les rend d'un bon et long usage. Elles ont en outre l'avantage de pouvoir servir également pour couler le soufre et le plâtre, sans avoir besoin d'être huilées, tandis que les bandes de carton, quelque soin que l'on prenne, sont en très-peu de temps hors de service. On se sert encore, pour couler le soufre surtout, de bandes métalliques en plomb, en étain, en cuivre et même en fer, laminées très-minces et par conséquent très-flexibles. Si l'on ne trouvait pas ces métaux en feuilles assez minces dans le commerce, il serait facile d'y remédier, en les faisant laminer de nouveau par le premier orfèvre ou bijoutier venu.

Nous avons dit plus haut, page 266, qu'une saucière était le vase le plus commode pour gâcher le plâtre et couler les médailles, il sera donc à propos de s'en procurer une pour cet usage.

A la nomenclature des outils désignés ci-dessus, il convient d'ajouter deux ou trois gros pinceaux en poil de blaireau, connus dans le commerce de couleurs sous le nom de pinceaux *à laver*. Ils sont indispensables pour nettoyer la superficie des médailles en plâtre lorsqu'elle est recouverte de poussière. C'est le seul instrument avec lequel on ne risque pas d'altérer les empreintes. Cependant un vieux pinceau à barbe bien propre produirait le même effet.

CHAPITRE III.
Préparation et moulage des Médailles et autres Objets.

§ 1. PRÉPARATION DES MÉDAILLES AVANT LE MOULAGE.

Que la médaille ou l'objet dont on veut avoir l'empreinte soit en métal, en soufre ou en toute autre matière, si l'on veut que le moule rende bien tous les traits et tous les détails de la gravure, il faut examiner, avec une loupe, s'il ne s'y est point attaché, surtout dans les creux et autour des lettres, de matières étrangères, et procéder, même dans le cas où l'on n'en apercevrait pas, ainsi que nous allons l'indiquer.

On fait dissoudre du savon, que l'on râtisse, dans une partie égale d'eau et d'eau-de-vie (1). Avec une brosse à dents qui ne soit pas dure, et qu'on trempe légèrement dans cette dissolution, on nettoie bien la médaille jusqu'à ce qu'avec la loupe on n'y aperçoive plus de corps étrangers. Si la brosse n'a pas pu tout enlever, on se servira, pour y parvenir, d'un bout de bois dur aiguisé très-fin (une pointe de fer ou d'acier

---

(1) Il ne faut point employer de vinaigre, parce qu'il pourrait altérer le vernis de bronze qui recouvre les médailles.

endommagerait les médailles), et l'on vérifiera avec la loupe s'il n'y reste rien. On lavera de nouveau avec la brosse et la dissolution, et l'on essuiera la médaille avec de la mousseline ou de la toile usée (1). On agira de même pour les pierres gravées et les camées, et, s'il y avait des parties qui ne fussent pas de *dépouille*, on garnirait les *noirs*, c'est-à-dire les parties rentrantes, avec du mastic de vitrier ou de la cire qu'on enlèverait de la manière qui vient d'être indiquée, lorsque les moules seraient faits, ou bien on les ferait en gélatine. Cette dernière matière est de beaucoup préférable. (Voyez les procédés de moulage à la gélatine à la page 185.)

§ 2. MOULAGE DES MÉDAILLES.

Les médailles, pierres ou camées ainsi préparés, on prend une brosse à dents bien fine (en poils de blaireau) que l'on imprègne légèrement d'huile d'amandes douces ou d'huile d'olives bien fluide (Voyez page 24); on tient la médaille par les bords et on la graisse sur toute la surface, mais de manière qu'elle soit seulement humide et que l'huile n'y forme aucune épaisseur, ce qui rendrait les traits *flous*, c'est-à-dire que le moule paraîtrait fait sur une médaille usée et ne rendrait pas bien les détails de la gravure. Si la brosse contenait trop d'huile, on la frotterait sur un morceau de peau de gant blanche, du côté où était le poil, ou sur un linge neuf, car autrement il s'y attacherait une espèce de duvet qui resterait sur la médaille en l'huilant.

(1) La toile usée a l'inconvénient de laisser de la peluche.

On peut encore huiler les modèles de la manière suivante :

On met une ou deux gouttes d'huile sur chaque médaille ou moule, suivant sa grandeur; on verse de préférence cette goutte d'huile dans l'endroit le plus creux de la médaille ; on l'étend ensuite sur toute la surface au moyen d'un tampon de coton qu'on choisit de très-bonne qualité afin d'éviter qu'il ne laisse aucun duvet sur la médaille. On aura soin que l'huile pénètre partout, et particulièrement dans le creux des lettres, et si l'on opère sur des moules en soufre, il faudra ne pas négliger de bien huiler les bords, car sans cette précaution, ces bords adhéreraient au plâtre, et on ne manquerait pas de les enlever avec la médaille en la retirant du moule.

Les sujets un peu grands et ceux fort creux seront beaucoup mieux huilés avec un pinceau à longs poils en blaireau. On aura soin d'enlever les poils du pinceau qui resteraient sur le moule.

La brosse à dents présente cet inconvénient que souvent, avec son manche ou sa monture, on fait éclater les moules en soufre en y passant la couche d'huile.

Quand on voudra faire des médailles en plâtre durci, il sera indispensable de huiler un peu plus fort les moules. Sans cela, à cause de l'extrême adhérence de ce plâtre, quelques parties du sujet resteraient dans le moule, ou, ce qui serait encore plus grave, des fragments du moule lui-même resteraient attachés au plâtre.

En général, on ne risquera rien d'huiler un peu fort les moules, et les médailles viendront néanmoins très-nettes, si l'on a soin de pointiller longtemps avec le pinceau qui sert à appliquer la première couche du plâtre. On fera même bien d'insister longtemps sur cette première couche, ce sera le moyen d'obtenir toujours des empreintes bien nettes, polies et exemptes de cet aspect pâteux qui les ferait mettre au rebut. Au reste, l'expérience apprendra facilement à saisir le point convenable.

L'opération du huilage faite, on entoure la médaille d'une bande de carton de carte ou de fort papier passé à l'huile lithargirée, pour qu'elle serve plus longtemps, et assez large pour s'élever au-dessus de la médaille de l'épaisseur qu'on veut donner au moule.

Nous engageons beaucoup nos lecteurs à adopter les bandes en toile dont ils retireront un grand avantage. On les fixera au moyen d'un gros fil pouvant faire deux ou trois tours, qu'on arrêtera en tordant ensemble les deux bouts, ou mieux avec une rondelle de caoutchouc. Les bandes métalliques, dont nous avons parlé au chapitre II, sont aussi d'un fort bon usage.

Il est essentiel, en entourant les médailles ou les moules, de disposer la bande de telle sorte qu'elle soit exactement perpendiculaire avec la surface de la gravure. Si l'entourage était oblique par rapport à cette surface, les bords de la médaille en plâtre présenteraient un biseau d'un aspect désagréable, et il deviendrait plus difficile d'entourer cette médaille elle-même lorsqu'on voudra y couler du soufre.

Il est impossible d'entourer avec les bandes ordinaires les sujets de forme carrée ; on devra alors se servir des bandes métalliques, qui prennent et conservent beaucoup mieux les plis brusques des angles.

Un autre procédé, encore plus préférable, consiste à contenir les médailles carrées dans un petit cadre formé de planchettes de bois mince, et dont l'un des côtés est emmanché à queue d'aronde pour pouvoir retirer facilement la médaille. On huilera fortement ces cadres.

On fixe cette bande avec du pain à cacheter ou mieux avec du fil dont on tord les deux bouts (1). On verse dans un vase une quantité d'eau convenable et l'on y met du plâtre passé au tamis de soie en quantité suffisante pour qu'il absorbe l'eau; alors on le gâche avec une cuillère en fer ou en bois jusqu'à ce qu'il n'y reste aucun grumeau. Pendant qu'il n'a pas plus de consistance que de la crème, on prend un pinceau de poils d'écureuil, si les traits de la médaille sont très-fins, ou de fines scies de porc dans le cas contraire. On donne une couche de plâtre avec ce pinceau, en ayant soin de le passer partout, particulièrement dans les creux, de manière que toute la surface de la médaille soit bien garnie de plâtre. On opère ainsi pour éviter les soufflures qui, sans cette précaution, se trouveraient infailliblement sur le moule. On peut aussi y verser avec la cuillère environ 2 mill. d'épaisseur de plâtre clair, et avec le pinceau, dont on coupe carrément le bout perpendiculairement au tuyau, on parcourt toute la surface de la médaille, comme si l'on pointillait, en tenant le pin-

(1) Pour les médailles de 41 à 54 millimètres de module ou diamètre, les moules auront 11 à 14 millimètres d'épaisseur; elle augmentera pour celles d'un plus grand module, surtout quand elles auront beaucoup de relief, parce qu'en coulant le soufre dans des creux épais, il risque moins de s'y attacher, et que la chaleur qui se communique au plâtre, se divisant dans la totalité du moule, est d'autant moins forte que le moule a plus d'épaisseur.

Mouleur.

ceau d'aplomb. Cela fait, on le lave dans l'eau, et l'on verse avec la cuillère, jusqu'au bord du carton, de ce plâtre, ou par économie de celui qui n'aurait pas été passé au tamis de soie. On gâche celui plus épais pour qu'il ait plus de force et qu'il durcisse davantage et plus promptement. Afin qu'il s'introduise mieux dans toutes les parties de la médaille, on peut, au moment où l'on vient de le verser, le sasser en frappant légèrement avec le poing sur la table où l'on opère. Quand il sera suffisamment pris ou durci, ce qu'on reconnaît lorsqu'il ne fait plus d'eau et ne cède plus sous la forte pression du doigt, on ôtera le carton.

Aussitôt que la bande qui entourait la médaille aura été enlevée, on prendra un couteau, et on coupera proprement, tout autour de la médaille, tout le plâtre qui excéderait la tranche du moule, et qui ne manque jamais de s'insinuer entre ce moule et son entourage, quelque serré qu'il soit. Si l'on négligeait cette précaution, la médaille se détacherait difficilement du moule, retenue qu'elle serait par les portions de plâtre faisant corps avec elle, et qui adhèrent d'autre part à la tranche du moule. C'est encore le moment d'enlever avec le couteau l'excédant d'épaisseur qu'on pourrait avoir donné à la médaille, et de rendre le dessous de cette médaille bien parallèle à sa superficie.

Le carton ayant été ôté, on enlèvera le moule avec précaution, en tenant la médaille d'une main et le moule de l'autre, les bras appuyés sur les côtés, si l'on sent une grande adhérence, et en écartant les mains en sens opposé. On aura soin que celle qui tient la médaille ne touche pas le bord du moule et ne l'endommage.

Voici la meilleure manière de séparer la médaille de son moule sans courir le risque d'endommager l'un ou l'autre :

On saisira l'angle externe de la tranche de la médaille d'une part, et du moule d'autre part, avec le milieu de la première phalange des quatre premiers doigts de chaque main, les coudes appuyés sur une table. Dans cette position, on fera une légère pesée, en arc-boutant les extrémités de chaque doigt d'une main contre celles de chaque doigt analogue de l'autre main, et le moindre effort suffira pour détacher la médaille. Cette opération, un peu longue à décrire, se fait en clin-d'œil dès qu'on en a pris l'habitude.

Beaucoup de médailles, et surtout celles qui sont le plus en relief, ont un sens plus favorable pour la dépouille, c'est-à-dire qu'en les ouvrant d'abord par tel ou tel point de leur circonférence, au lieu de les tirer parallèlement au moule, il est beaucoup plus facile de les détacher. On étudiera donc avec attention chaque modèle, et dès qu'on aura trouvé le sens de la dépouille, on l'indiquera sur le moule, en faisant sur l'angle de ce moule une légère encoche qui servira de repère. En ouvrant alors la médaille suivant cette indication, on ne risquera pas de laisser une portion du plâtre dans le moule, ce qui ne manquerait pas d'arriver, si la médaille était retirée à contre-sens de la dépouille.

Les médailles retirées du moule, il sera bon, avant de les faire sécher, d'émousser légèrement, avec l'extrémité du pouce, l'arête des bords.

Il faut encore ne pas attendre que le plâtre soit complétement sec pour enlever avec précaution, à l'aide de la pointe d'un canif, les petits points en relief et les autres irrégularités qui pourraient se trouver sur la médaille par suite des défectuosités du moule. Avec un peu d'adresse, de patience et d'habitude, on parviendra facilement à rendre à la gravure sa netteté primitive.

Tout ce qui a été dit ci-dessus pour le plâtre ordinaire, relativement à l'entourage et à la couche qu'on doit donner au pinceau, est également applicable au plâtre durci par l'alun. Ce plâtre ne doit être retiré des moules que lorsqu'il a acquis assez de consistance pour ne plus se détacher en petits fragments qui resteraient dans le creux de l'empreinte. Il faut de six à dix heures, suivant la température de la saison, pour atteindre ce point.

Si l'on restait trop longtemps à séparer le moule de la médaille, on risquerait de voir s'attacher à celle-ci une efflorescence de plâtre détachée du moule, ce qui enlèverait à l'épreuve le brillant de la médaille. Cela n'arrive guère que lorsque, voulant avoir des empreintes parfaites, des petits objets surtout, on huile le modèle le moins qu'il est possible.

Cependant, quand le plâtre est de bonne qualité et que la médaille est huilée convenablement, il vaut mieux attendre plus longtemps, parce que le moule se détache et s'enlève sans qu'il soit même besoin de toucher à la médaille, dont il a tout le brillant et tout l'éclat. C'est donc l'expérience et la qualité du plâtre qui doivent apprendre au mouleur s'il doit huiler plus ou moins, et lever le moule plus tôt ou plus tard.

Lorsqu'on voudra prendre les creux d'un certain nombre de médailles, on ne les moulera pas l'une après l'autre, ce qui entraînerait une grande perte de temps et de plâtre. On rangera les médailles en ligne devant soi (de 4 à 12 à la fois, la pratique servira de guide à cet égard), on mettra avec la brosse une goutte d'huile sur chacune, puis avec une brosse fine, qu'on n'imprégnera pas d'huile de nouveau, à moins que cela ne soit nécessaire, on étendra celle qui est sur les médailles avec les précautions plus haut indiquées. On placera les bandes de carton ou de papier, et l'on gâchera clair la quantité de plâtre qu'on croira nécessaire pour leur donner la première couche dont on a parlé à la page 277. Pendant que le plâtre sera bon à employer, on opérera sur chaque médaille avec le pinceau, qu'on lavera aussi souvent qu'il sera nécessaire pour qu'il ne s'y forme point de grumeaux. Ensuite on gâchera du plâtre plus épais, et l'on en remplira l'intérieur du carton. Il vaut mieux gâcher moins de plâtre qu'il n'en faut que d'en trop gâcher, pour ne pas se voir exposé à perdre celui qu'on aurait de trop ou qui se serait durci avant qu'on eût pu l'employer. On aura soin, après chaque opération, de bien nettoyer le vase, la cuillère, le pinceau et les cartons, et de dégraisser de temps en temps la brosse à l'huile avec de l'essence de térébenthine. On la lavera ensuite à l'eau de savon, puis à l'eau claire, et l'on ne s'en servira que lorsqu'elle sera tout à fait sèche.

Si l'on tenait à faire, par exemple, une douzaine de moules à la fois, et que le plâtre prît trop vite, on le retarderait en y mettant seulement une ou deux gouttes de colle-forte claire, comme on l'a dit ci-dessus, page 267. Ceci s'entend plus particulièrement de la couche à donner au pinceau.

Si le plâtre prend trop lentement, on opérera comme nous l'avons dit à cette même page.

Les moules faits, on les placera sur une planche, le bord de l'un légèrement appuyé sur celui du précédent pour qu'ils sèchent dessus et dessous et pour qu'ils ne moisissent pas. On évitera qu'ils ne se couvrent de poussière, et il ne faudra jamais en toucher la surface.

Si c'est en hiver que l'on opère, comme le plâtre est alors plus longtemps à prendre, et que les médailles pourraient être salies ou gâtées par une exposition prolongée à l'air et à la poussière, il sera très-convenable d'accélérer la dessiccation du plâtre, en rangeant les médailles sur le dessus d'un poêle de faïence, dont la chaleur ne doit pas excéder le point où on peut encore y tenir la main.

On nettoiera de nouveau les médailles de la manière indiquée à la page 273, et si elles sont de couleur bronze, on leur donnera un beau brillant en les frottant légèrement à la plombagine ou mine de plomb, ou encore au rouge peroxyde de fer, avec une brosse à dents en poils de blaireau, ou une brosse dont les orfèvres et les bijoutiers se servent pour polir leurs ouvrages.

S'il arrivait que, par suite du moulage, le bronzage des médailles en cuivre fût altéré ou détruit, on y remédiera en les bronzant de nouveau suivant le procédé indiqué dans le *Manuel de Galvanoplastie*, de l'*Encyclopédie-Roret*.

Quand on voudra couler des reliefs en plâtre sur des moules en métal, en soufre ou en plâtre passés à l'huile lithargirée, on procédera de la manière indiquée au présent chapitre; mais on donnera moins d'épaisseur aux reliefs qu'aux creux, parce que des reliefs trop épais figureraient mal dans un cadre ou dans un médailler.

CHAPITRE IV.

Manière de fondre le Soufre et de lui donner diverses couleurs.

§ 1. SOUFRE PUR.

On brise les canons de soufre en morceaux de la grosseur d'une noix, plus ou moins gros, afin d'en faciliter la fusion; on les met de préférence dans un vase de terre vernissé neuf, ou bien dans un vase en fonte ou dans un poêlon de fer, sur un feu doux, modéré par des cendres qu'on répand dessus, ou encore au bain de sable, suivant le besoin de l'opération. On le fait fondre lentement, en ayant la précaution de le remuer souvent, pour hâter la fusion et pour empêcher qu'il ne se durcisse à la surface. Le soufre fond à la température de 104 degrés du thermomètre centigrade.

Il faut éviter de faire fondre le soufre dans un appartement où il y aurait des dorures, des bronzes, des pendules et surtout de l'argenterie ou de l'acier poli. L'acide sulfureux, qui se dégage pendant la fusion, produirait à la superficie de ces objets une couche d'oxyde qui en altérerait l'éclat et le poli; il en résulterait en outre dans l'appartement une odeur désagréable et persistante. Il sera donc préférable de fondre le soufre à l'air libre; si l'on était forcé d'agir autrement, il faudrait tenir constamment le vase qui contient le soufre, sous le manteau d'une cheminée, ou sous la hotte d'une forge, lorsqu'on en a une à sa disposition.

Si le feu était trop ardent, le soufre s'échaufferait trop, et au lieu d'être liquide, il deviendrait poisseux ; il filerait comme du sucre caramélisé et il pourrait s'enflammer. Si cela arrivait, on éteindrait la flamme en ôtant le vase de dessus le feu et en le couvrant avec un linge mouillé, plié en plusieurs doubles, ou simplement avec un couvercle qui ferme hermétiquement le vase. Quelques minutes après, on ôtera le linge ou le couvercle en prenant garde de respirer le gaz qui s'échappe ; on remuera le soufre jusqu'à ce qu'il ait repris sa liquidité, qu'au reste il reprendrait sans cela, mais moins promptement. Lorsque le soufre s'est enflammé ou que seulement il est devenu gluant, il perd cette belle couleur citron qui flatte si agréablement la vue et que l'on connait quand on a employé du soufre bien épuré, connu dans le commerce sous le nom de *soufre fleuron*.

Lorsqu'on veut faire des moules en soufre ou le colorer, il n'est pas besoin de prendre pour le faire fondre autant de précaution. Il suffit, lorsqu'on veut le couler, qu'il n'ait que la chaleur convenable, indiquée plus loin, page 293.

Lorsque le soufre est destiné à faire des moules, il sera très-avantageux de le laisser cuire, jusqu'à ce qu'il ait atteint la consistance de la mélasse, sauf à le laisser refroidir avant de le couler. Ce degré de cuisson a pour effet de rendre le soufre infiniment moins cassant.

Pour donner à celui qu'on destine à faire des moules plus de force et le rendre moins fragile, on pourra y mélanger un quart, en volume, de poudre de charbon de bois, passée au tamis de soie. Celui qui provient des bois légers, tels que le peuplier, le tremble, le saule, etc., doit être préféré, comme se mélangeant mieux avec le soufre et ne faisant aucun dépôt.

Nous avons essayé de mélanger avec le soufre du charbon, de l'ardoise, de la brique, pilés et tamisés très-fin; mais toutes ces substances sont loin de lui donner la dureté qu'il acquiert en y ajoutant des battitures de fer, comme on l'indiquera ultérieurement.

Si, lorsque le soufre est fondu, on continue à le chauffer à l'abri du contact de l'air, et qu'on le décante dans de l'eau froide pour le figer, il acquiert une couleur rouge hyacinthe; il devient alors tenace comme la cire, et peut être employé pour prendre des empreintes de pierres gravées. Elles se durcissent beaucoup par le refroidissement.

Le soufre pur, à raison de sa grande fragilité, paraît peu propre à donner des moulages qui puissent résister à des manipulations répétées et à un emploi usuel, mais si on le mélange intimement et mécaniquement avec des matières très-finement pulvérisées qui s'y incorporent, sans toutefois qu'il y ait combinaison chimique, il acquiert ainsi une dureté qui le fait résister aux frottements. Plus la poudre est dense, et mieux elle se combine avec le soufre sans compromettre sa fusibilité.

Déjà, il y a 300 ans, J.-B. Porta avait proposé de mêler de la céruse au soufre. Plus tard, on a employé l'oxyde de fer. M. Vogel adopte le mélange suivant : 5 parties de soufre et 6 parties de verre en poudre en colorant la masse avec l'outremer, le cinabre, le vert de Schweinfurt, l'oxyde ou le jaune de chrome, le graphite, etc. M. Rabe remplace le verre par la silice à infusoires, etc.

M. F.-G. Schaffgotsch affirme cependant qu'il n'est jamais parvenu avec ces mélanges à obtenir de bons moulages et des clichés irréprochables et sans soufflures, et en conséquence il propose le moyen suivant :

Comme moule, il se sert d'étain en feuille qu'on tappe à la brosse sur la médaille et qui peut fournir à volonté un moulage en creux ou en relief. On y coule le soufre ou le mélange de soufre et d'un autre corps de la manière qui sera indiquée dans le chapitre suivant. Voici les mélanges qui ont le mieux réussi.

1° Soufre. . . . . 25 parties.
   Quartz en poudre. . . . . 15 —
   Vermillon. . . . . 4 —

2° Même mélange où le vermillon est remplacé par l'oxyde de chrome.

3° Parties égales de soufre et de peroxyde de manganèse.

4° Soufre. . . . . 14 parties.
   Peroxyde de manganèse. . . . . . 7 —
   Smalt fin. . . . . 5 —
   Vermillon. . . . . 2 —

Le mélange n° 1 est d'un beau rouge, celui n° 2 vert foncé, celui n° 3 gris-noir demi-métallique, et celui n° 4 brun chocolat.

M. Schaffgotsch a aussi préparé un mélange d'un rouge vif avec parties égales de soufre et de vermillon pour donner aux moulages du n° 2 l'apparence des pièces frappées. Ce mélange pulvérisé et tamisé finement est répandu en couche très-mince et irrégulièrement sur la forme d'étain en feuille qu'on pose sur une plaque de cuivre. Au moyen d'une douce chaleur on fait fondre ce mélange et l'on y verse après refroidissement la masse n° 2. La pièce moulée a l'aspect du jaspe sanguin ou de l'héliotrope.

On peut encore faire des mélanges de soufre avec la litharge, les pyrites, l'or mussif, etc.

Il est à propos de remarquer ici que si l'on veut couler un grand nombre de médailles de la même couleur et de la même teinte, il faut, si l'on fait plusieurs fontes, faire fondre tout le soufre nécessaire, dans les mêmes proportions, pour le mélange. Dans tous les cas, il est préférable de partager chaque fonte, bien mélangée, en plusieurs parties, que l'on verse toujours en remuant, sur des feuilles de fer-blanc huilées, dont les bords sont relevés d'environ 25 millimètres pour le retenir. Ensuite on concassera le produit de toutes les fontes, on le mélangera bien et l'on n'en formera qu'une seule masse, dont les parties, quand on les fera fondre pour mouler, offriront toutes une teinte égale.

Voici une autre observation qui s'applique à tous les mélanges, ainsi que la précédente. Comme ce n'est guère qu'au bout d'un jour que le soufre qui a été fondu offre la couleur qu'il conservera, on ne peut, au moment de la fonte, voir si l'on a obtenu la teinte qu'on désire. Pour y parvenir, on prend un morceau de papier blanc, et avec un bout de bois ou une allumette, qu'on trempe dans le vase, on trace sur du papier blanc une ligne qui est formée d'une couche de soufre très-mince qui, dans quelques minutes, offre la teinte qu'il aura plus tard. Si l'on fait une seconde fonte, on tracera, à côté de la ligne déjà faite, une ou plusieurs lignes, jusqu'à ce que l'on voie que la teinte est pareille à la première.

§ 2. COULEUR VERTE.

Ce mélange est celui qui, du commencement à la fin de la *coulée*, donne la teinte la plus égale.

Prenez :

Soufre fleuron ou d'un beau jaune citron.	1 kilog.
Bleu de Prusse, pulvérisé très-fin. . . .	30 gram.

Mêlez bien le bleu avec le soufre, qui ne doit avoir que le degré de chaleur nécessaire pour le couler. Plus on met de bleu, plus la teinte devient foncée.

§ 3. COULEUR ROUGE.

Pour l'obtenir, prenez :

Soufre jaune.	1 kilog.
Vermillon.	30 gram.

Mélangez bien sur un feu doux, toujours en remuant. Remuez aussi bien à fond, quand vous le verserez sur les plaques de fer-blanc. Ce mélange demande, quand on coule des médailles, à être bien agité chaque fois avec la cuillère, parce que le vermillon étant beaucoup plus pesant que le soufre, tend toujours à se précipiter au fond du vase.

Vérifiez, au moyen du procédé que nous avons décrit à la fin du paragraphe 1er, page 287, l'intensité de la teinte, qu'on rendra plus ou moins foncée, en augmentant la dose de rouge, ou en ajoutant du soufre.

§ 4. COULEUR NOIRE.

On obtient cette couleur en mélangeant au soufre

environ un quart de son volume de poudre de charbon de bois blanc, passée au tamis de soie (Voyez, pour ce qui concerne le charbon, ce qui a été dit au § 1, page 284). Mais cette addition ne se fait pas immédiatement après que le soufre est fondu. On met auparavant le soufre sur un feu vif, de manière qu'il perde sa liquidité en devenant poisseux. On y met le feu, en ayant la précaution de placer le vase qui le contient sous la cheminée ou hors de la chambre, et on le laisse réduire d'environ le quart. Quand cette réduction est opérée, on éteint le feu en couvrant le vase avec un linge mouillé ou un couvercle, ainsi que nous l'avons dit au commencement du chapitre IV, page 284.

Quand le soufre commence à redevenir liquide, on ajoute, en différentes fois, la poudre de charbon, en remuant toujours pour opérer le mélange. Si on la mettait dans le soufre allumé, elle se réduirait en cendre, et ne donnerait qu'une teinte grise. On remet le vase sur le feu, et l'on continue à remuer, jusqu'à ce que le mélange soit bien fait, que la matière ne s'enfle plus et qu'elle ne forme plus d'écume ; puis on le laisse revenir à un bas degré de chaleur.

On vérifie ensuite l'intensité de la teinte, qu'on rend plus ou moins foncée par une addition de poudre de charbon ou de soufre jaune, qu'on a soin de bien mélanger.

La proportion de un quart en volume de soufre et trois quarts de poudre de charbon, donne une couleur, non pas noire, mais d'un gris foncé, qu'on rend noir, avec la plus grande facilité, par le procédé indiqué à la page 318.

Il faut se garder d'employer le noir de fumée au

Mouleur.

lieu de charbon. Au lieu de donner de la solidité au soufre, il le rend extrêmement cassant, au point que les médailles éclatent et se brisent d'elles-mêmes, sans être touchées, et qu'on ne peut pas les couper au sortir du moule, tandis que le soufre mélangé avec du charbon se coupe aussi facilement que du savon, même une heure après le moulage, ce qui donne de la facilité pour l'achèvement des médailles dont on veut faire des collections ou des tableaux.

§ 5. COULEUR BRONZE OU BRUNE.

Prenez (en volume) :

Soufre brûlé.	3 parties.
Poudre fine de charbon passée au tamis de soie.	1/2 —
Cendre verte ou de craie rouge, aussi passée au tamis de soie. . .	1/2 —

Ou bien :

Soufre brûlé.	3 —
Bistre ou brun rouge, pulvérisé très-fin, et passé au tamis de soie. . .	1 —

On fera le mélange, comme nous l'avons indiqué au commencement du chapitre IV, page 289, et l'on coulera les tablettes sur des plaques de fer-blanc huilées.

Le soufre fondu étant liquide comme de l'eau, et les couleurs minérales et la craie étant beaucoup plus pesantes que le soufre, à volume égal, il en résulte qu'une grande partie de ces couleurs se précipite au fond du vase, parce que leur mélange n'est pas assez intime avec le soufre. Pour éviter cet inconvénient, il faut, à chaque médaille que l'on coule, avoir soin de remuer le mélange, pour que, du commencement à la fin, la teinte soit égale, ce qui est assez difficile à obtenir.

Pour ménager le soufre de couleur, quand on coule les médailles, on aura, dans un second vase, du soufre non coloré. On verse d'abord sur le moule autant de soufre coloré qu'il en faut pour faire la médaille, puis, une seconde ou deux après, on le renverse dans le vase; de sorte qu'il n'en reste sur le moule qu'une légère couche. On achève alors en coulant du soufre jaune. Pour cela, comme pour faire les soufres *rouge*, *noir* et *brun*, mais non celui de couleur *verte*, on achète les fonds de caisse que les marchands vendent moins cher que le soufre fleuron ou le soufre ordinaire en canons. Les fonds de caisse sont aussi bons, et on les purge des ordures qu'ils contiennent, en écumant le soufre, quand il est fondu, si elles sont plus légères que lui, et, en le décantant, si elles sont plus pesantes.

On peut obtenir d'autres couleurs que celles dont nous venons de parler, au moyen d'autres mélanges; mais on n'emploie guère que le *jaune*, le *vert*, le *noir* et le *bronze*.

CHAPITRE V.

Coulage des Médailles en soufre sur moules en plâtre non lithargirés, et imitation des Camées.

§ 1. MOULAGE DES MÉDAILLES D'UNE SEULE COULEUR.

De quelque couleur que soit le soufre dont on veut se servir, il faut le faire fondre avec les précautions indiquées au commencement du chapitre IV, page 283. Cependant elles ne sont essentielles que pour les soufres *citron*, *vert* et *rouge*; pour les autres couleurs, on peut le faire fondre plus vite, en augmentant le degré d'intensité du feu.

Pendant que le soufre se liquéfie, on prépare les moules. Comme ceux dont on va se servir ne sont pas durcis à l'huile lithargirée, on ne peut les huiler, parce que l'huile s'imbiberait de suite dans le plâtre (1), et qu'en coulant le soufre, il s'attacherait aux moules et les perdrait, ce qui serait regrettable, si l'on n'en avait pas de doubles ou qu'on ne pût se procurer les médailles pour en faire de nouveaux. Voici donc comment on procède à leur préparation.

On en place quatre ou cinq, au plus, dans une assiette où il y a de l'eau pure, mais pas en assez grande quantité pour qu'elle couvre la surface des moules, ce qu'il faut éviter soigneusement. On les laisse s'imbiber d'eau jusqu'à ce qu'on aperçoive à

---

(1) Voyez cependant ce que nous disons à ce sujet, pages 300 et 306.

leur surface une espèce de crème. Alors ils sont prêts à recevoir le soufre.

On saisira facilement le point où la médaille est convenablement mouillée, en observant avec attention les progrès de l'imbibition de l'eau dans le plâtre. Au bout de quelques secondes d'immersion, l'humidité a déjà pénétré les bords de la médaille, ce qui se manifeste par un changement de couleur du plâtre, tandis que le milieu et les parties les plus en relief conservent encore leur couleur primitive. Insensiblement l'eau gagne toutes les parties qui n'étaient pas encore pénétrées, et c'est au moment précis où cette pénétration achève d'être complète, et la couleur de la médaille uniforme, qu'il faut retirer celle-ci de l'eau. On la placera alors hors de l'eau, sur les bords de l'assiette, en attendant qu'on soit en mesure de couler le soufre.

Nous avons cru devoir entrer dans quelques détails, pour indiquer d'une manière précise le degré d'imbibition que doit avoir le plâtre. S'il était trop mouillé, la médaille n'ayant plus assez de consistance, se détacherait en morceaux; s'il ne l'était pas assez, elle adhérerait infailliblement au soufre, et le modèle serait complétement perdu.

Dans la crainte de laisser passer le point convenable pour mouiller les médailles, il sera préférable de n'en mettre tremper que deux ou trois à la fois. Si l'on perd un peu de temps par ce moyen, on le regagnera amplement par la perfection des modèles obtenus, qui nécessiteront très-rarement une refonte.

Pour que le soufre soit au degré de chaleur convenable pour être coulé, il faut qu'à environ 5 millimètres d'épaisseur il se durcisse quelques secondes après qu'il a été versé sur le moule, ce qu'on vérifie par quelques essais.

On peut fixer comme règle invariable, que moins le soufre est chaud, plus on a de chances d'obtenir une épreuve parfaite. Le soufre est toujours assez chaud tant qu'il se maintient liquide. Un moyen infaillible de ne jamais couler trop chaud, c'est d'attendre, lorsque le soufre est retiré du feu, le moment où il se forme à sa superficie une espèce de cristallisation, sous la forme de croûte légère. (*Voyez* page 308, les inconvénients qui résultent d'un excès de chaleur).

Le soufre étant à l'état convenable, on entoure un des moules d'une petite bande de carton ou de fort papier passés à l'huile lithargirée, sans qu'il soit besoin de les fixer avec du pain à cacheter ou du fil, si ce n'est pour les médailles d'un grand module. On tient ce moule entre le pouce et le premier doigt de la main gauche, l'un desquels contient la bandelette; on a soin d'écarter les trois autres, afin de ne pas se brûler en répandant du soufre. On en prend, dans une cuillère de fer mince, huilée pour qu'il s'y attache moins fortement et toujours près de la surface où il est le moins chaud, la quantité nécessaire pour donner à la médaille une épaisseur convenable. On le verse d'une seule fois, sans trop de précipitation, en ayant soin, par un mouvement de la main, de lui faire couvrir le moule promptement. Sans cette précaution, il y aurait sur la médaille de petites lignes qui paraîtraient comme un cheveu très-délié, et feraient croire que la médaille est fendue. Il faut surtout tâcher que la surface du moule disparaisse le plus près possible du bord, parce que, si les bords étaient couverts les premiers, cela occasionnerait infailliblement une souf-flure qui ferait remettre la médaille au creuset. Il faut avoir soin, pour obtenir ce résultat, de verser le soufre vers le milieu, et sur la partie la plus saillante de la médaille. On pose, presque de suite, le moule sur une table ou sur un plan bien horizontal, pour que la médaille ait partout une égale épaisseur, sans craindre que la bandelette se détache.

On coule de suite sur les autres moules imbibés d'eau, et on lève ensuite les médailles, qui se détachent très-facilement du moule, en commençant dans le même ordre qu'on a suivi en les coulant.

Les premières épreuves doivent être remises au creuset, parce qu'elles ne sont jamais belles, du moins parce qu'elles le sont bien rarement, surtout s'il y avait sur les moules de la poussière, que ce premier moulage enlève. Il ne sert qu'à préparer les moules, qu'il rend très-nets.

On procède de même la seconde fois, sans le mouiller; mais si l'on veut plusieurs épreuves des mêmes médailles, il faut, surtout si les moules sont en plâtre de Paris, les tremper de nouveau dans l'eau, sans les y laisser, autrement à la troisième coulée le soufre risquerait de s'y attacher et de les perdre. Puis on continue à couler sur d'autres moules, en les préparant comme les premiers, et l'on enlève les médailles en commençant par les premières faites.

Si l'on tient à ménager le beau soufre fleuron ou les soufres de couleur, on fera comme nous l'avons dit à la page 291.

S'il se trouvait de l'eau en gouttes sur la surface du moule, ce qui arrive assez souvent lorsqu'on vient d'en séparer la médaille ou lorsqu'on l'a laissée trop longtemps dans l'eau, on la laisserait rentrer dans le plâtre, ce qui se fait assez promptement, ou bien l'on soufflerait sur le moule pour la faire partir par les bords. Mais, nous le répétons, il ne faut jamais couler dans les moules sur lesquels il paraît de l'eau : on n'obtiendrait que de très-mauvaises épreuves.

Que l'on coule du soufre, soit sur du plâtre durci à l'huile lithargirée, soit sur du plâtre pur, soit sur du métal, si la médaille est grande et qu'elle offre beaucoup de relief, on aura toujours la précaution de verser en une seule fois, sur le moule, la quantité de soufre nécessaire pour couvrir le fond, en l'aidant par un mouvement de la main à s'étendre promptement pour éviter les inconvénients dont nous venons de parler.

Il faut aussi, dans le même cas, reverser le soufre dans le vase presque immédiatement, de manière à n'en laisser sur le moule qu'une couche mince. Autrement on risquerait de le voir s'attacher au plâtre. Il vaut mieux, pour éviter cet inconvénient, qui causerait la perte du moule, couler à deux, trois, quatre et même cinq reprises, jusqu'à ce qu'enfin la médaille ait l'épaisseur que l'on désire.

C'est toujours une sage précaution de reverser dans tous les autres cas le soufre dans le vase.

Lorsque l'on coule des creux en soufre, ou des moules qui devront ensuite être doublés en plâtre pour les consolider, suivant ce que nous disons à la page 306, il faudra disposer les *clés* en plâtre immédiatement après avoir coulé la première couche de soufre. De cette manière, ces clés se trouveront scellées plus solidement dans la masse de soufre.

A mesure qu'on moulera les médailles, on coupera

la portion de soufre qui excède le fond vers les bords et qui s'élève autour du carton, afin de rendre le revers uni. En retardant cette opération, elle devient plus difficile, elle se fait moins bien, et l'on risque de briser les médailles. (Voyez page 290, ce que nous avons dit à propos de la fragilité du soufre.)

On placera et l'on fera sécher les moules de la manière indiquée à la page 282.

§ 2. IMITATION DES CAMÉES.

Voici une manière d'imiter les camées, c'est-à-dire les pierres taillées dont le relief est d'une couleur et le champ d'une autre. Ce procédé ne doit s'employer que pour des figures qui ont beaucoup de relief, et qui sont d'un module assez grand pour qu'on puisse, sans trop de difficulté, détacher la figure du fond.

On coule comme nous l'avons dit au commencement du chapitre V, en ne donnant au fond que l'épaisseur convenable pour qu'on puisse enlever la médaille. Au fur et à mesure du moulage, dès que les médailles sont levées, on découpe les figures, c'est-à-dire qu'on enlève le fond de la médaille avec un canif ou un autre instrument qui coupe bien, en ayant le plus grand soin de ne pas toucher au relief, et cependant de ne rien laisser du fond, ce qui ferait, quand la médaille serait achevée, une bigarrure fort désagréable à l'œil. Cette opération faite, on replace le relief dans son moule, qu'on mouille, s'il paraît en avoir besoin, et l'on coule, pour former le fond, du soufre d'une autre couleur que celui de la figure.

Nous devons cependant ajouter qu'on ne réussit pas

toujours avec ce procédé, à moins d'en avoir une grande habitude.

On peut varier les couleurs à son gré, donner aux figures une teinte foncée, et aux champs une teinte claire, et réciproquement. Mais, pour bien réussir, il est essentiel de découper les figures le plus tôt possible, et de fondre les fonds sans retard, pour éviter soit la cassure des figures, soit le retrait, très-peu sensible à la vérité, qu'éprouve le soufre en refroidissant ; cette propriété empêcherait la figure de bien joindre dans le moule.

Il n'est pas besoin de dire que, quand on veut obtenir des creux en soufre sur des médailles en plâtre non préparées à l'huile siccative, il faut suivre les procédés qui viennent d'être indiqués dans ce chapitre.

CHAPITRE VI.

Préparation des Moules avec l'huile lithargirée.

L'huile siccative ou lithargirée, dont on se sert pour durcir les moules en plâtre, se prépare ainsi. On prend :

Huile de lin.	1 kilog.
Cire blanche.	1 kil. 300 gr.
Litharge d'or en poudre fine. . . .	2 kil. 500 gr.

On met la litharge dans un linge qu'on noue et qu'on tient suspendu dans le vase ; on fait bouillir ce mélange dans une marmite ou un vase de terre vernissé, pendant une heure ou deux, en ayant soin de remuer souvent pour empêcher l'huile de noircir. On enlève l'écume jusqu'à ce qu'elle devienne rare ; puis on laisse reposer le mélange, qui s'éclaircit au bout de quelques jours. Alors on verse l'huile dans des bouteilles qu'on bouche avec soin, et plus elle devient vieille, meilleure elle est.

Quand on veut se servir de cette huile pour durcir des moules en plâtre, on en verse dans un vase de terre vernissée peu profond, et qui présente une grande surface, afin qu'on puisse préparer un plus grand nombre de pièces; on la fait chauffer sur un feu doux, au-dessous du degré de l'ébullition. On a une espèce de gril en fer maillé ou à quadrille, assez serré pour que les pièces ne puissent passer au travers, et garni de deux anses et de pieds d'environ 7 ou 9 millimètres de hauteur, afin qu'il ne touche pas le fond du vase. On place les moules sur ce gril, après les avoir fait chauffer jusqu'à environ 80 degrés centigrades, afin que la chaleur n'altère pas la force du plâtre et pour qu'il s'imbibe mieux d'huile. On met le gril dans le vase où est le liquide, de manière que les pièces en soient couvertes. Quand on juge qu'elles sont assez imbibées, on retire le gril, on laisse épurer; ensuite on le passe, garni de ses pièces, sur le brasier, pour faire pénétrer la composition qui peut se trouver sur la surface qui porte les empreintes. On produit le même effet en essuyant avec un linge le dessous des médailles, mais l'opération est plus longue. On réitère l'immersion jusqu'à ce que le plâtre soit saturé d'huile et qu'il n'en absorbe plus. Par ce moyen, les creux ou les reliefs conservent toutes les finesses de la gravure aussi bien que s'ils n'avaient pas été passés à l'huile.

On peut encore passer, avec un pinceau doux, la composition sur les pièces chauffées au degré indiqué;

mais cette manière a l'inconvénient d'être trop longue, et de produire sur le plâtre un frottement qu'il n'éprouve pas par la simple immersion dans le liquide, et qui, quelque léger qu'il soit, ne laisse pas d'altérer les surfaces. Cette méthode ne convient que pour les grandes pièces, dont le travail, moins délicat que celui des médailles d'un module ordinaire, craint moins le frottement.

Dans les deux cas, il faut avoir soin qu'il ne reste sur la face des pièces aucune portion d'huile qui ne serait pas imbibée, ce qui formerait des épaisseurs qui en altéreraient le travail. On y parvient en présentant devant un feu clair ou sur un brasier, comme on vient de le dire, la surface opposée à celle qui se trouve trop huilée.

Les pièces ainsi préparées, on les fait sécher avec les précautions indiquées page 282. Si l'on peut les placer au soleil, cela sera plus avantageux en ce que la dureté du plâtre ne s'altèrera pas. Il faut aussi les garantir de la poussière.

Nous ne devons pas dissimuler que l'emploi de l'huile siccative composée suivant la formule indiquée ci-dessus, présente plusieurs inconvénients. D'abord elle nécessite l'usage de plusieurs ustensiles, tant pour sa préparation que pour son application. Ensuite, comme il est nécessaire que les plâtres en soient complétement imbibés, on ne laisse pas que d'en employer une certaine quantité, lorsqu'il faut pénétrer des médailles ou bas-reliefs d'une grande dimension. Enfin, quelque secs que soient les moules imprégnés d'huile lithargirée, la chaleur du soufre ne manque pas de rappeler à la surface du modèle, une certaine quantité de cette huile, ce qui nuit souvent à la netteté du moule en soufre obtenu. On est en outre obligé d'attendre que l'huile soit rentrée dans le plâtre, pour couler une seconde épreuve.

Nous allons indiquer, pour huiler les modèles en plâtre, un autre moyen qui est à la fois plus économique, plus simple et plus expéditif. Il consiste à employer à cet usage l'huile siccative des peintres, connue sous le nom d'*huile grasse*. Ce procédé est généralement adopté par tous les mouleurs de profession. Quoique cette huile se trouve partout à vil prix, voici la formule pour la faire soi-même :

Huile de lin.	1 kilog.
Litharge.	60 gram.
Céruse calcinée.	60 —
Terre d'ombre et talc.	60 —

Faites bouillir le tout pendant deux heures sur un feu doux, écumez avec soin, mettez ensuite dans les bouteilles exactement bouchées, pour éviter la dessiccation de l'huile.

Le principal avantage de l'huile *grasse* consiste en ce qu'une petite quantité sature promptement le plâtre, sur lequel elle forme une couche complétement imperméable, qui ne peut plus désormais reprendre sa fluidité. Il n'en résulte aucune épaisseur ni altération sur les traits de la gravure, si l'on prend toutes les précautions que nous allons indiquer.

On se procurera, chez un marchand de couleurs, la meilleure huile grasse que l'on pourra trouver. Elle doit être d'une couleur brune, un peu visqueuse et d'une odeur pénétrante. On fera chauffer les plâtres, bien séchés à l'avance, sur une plaque de tôle placée sur un feu très-doux et modéré par des cendres, ou sur un bain de sable. Lorsqu'ils seront parvenus à environ 90 degrés centigrades, on prendra la médaille d'une main, et on la maintiendra avec un chiffon, pour ne pas se brûler. On aura dans l'autre main un tampon de coton imbibé d'huile grasse, et l'on s'en servira pour appliquer sur le sujet une première couche d'huile grasse, qui pénétrera promptement dans le plâtre. Aussitôt que cette première couche sera sèche, ce qui a lieu presqu'instantanément, on en appliquera une seconde, puis une troisième, et ainsi de suite, jusqu'à ce que le plâtre refuse d'absorber l'huile. A chaque nouvelle couche qu'on appliquera, on chauffera de nouveau la médaille, et l'on attendra que la couche précédente soit bien imbibée. On reconnaîtra qu'on est parvenu à la saturation du plâtre, lorsqu'on verra l'huile, malgré l'application de la chaleur, rester fluide à la superficie de la médaille. On se hâtera alors d'enlever l'excédant d'huile avec un tampon de coton sec, dont on frottera légèrement le plâtre, pour ne pas altérer les empreintes. Sans cette précaution, l'huile qui n'a pas été absorbée par le plâtre, se desséchant promptement à sa superficie, formerait sur la gravure une épaisseur qui empâterait les traits et les altérerait. Il faudra, dans le cours de l'opération, remettre plusieurs fois le plâtre sur le feu, pour le maintenir à une température qui facilite l'absorption de l'huile. Il sera également bon de faire chauffer l'huile pour l'appliquer.

On ne devra point omettre d'imbiber aussi d'huile grasse la tranche de la médaille, si l'on veut éviter que le soufre, qui déborde toujours un peu entre la bande d'entourage et le plâtre, n'adhère à ce dernier.

La couleur que prend le plâtre imbibé d'huile grasse, ne peut, en aucune façon, servir de guide pour connaître si l'on est parvenu à la saturation. Quelques plâtres absorbent beaucoup d'huile et prennent une couleur qui va jusqu'au blond foncé; d'autres, par une bizarrerie que rien ne peut expliquer, restent toujours presque blancs, quelle que soit la quantité d'huile grasse dont on les imprègne. Enfin, ces différentes nuances se rencontrent souvent, en forme de marbrures, sur le même plâtre. Quelle que soit donc l'intensité de la couleur obtenue, le plâtre est saturé lorsqu'il refuse d'absorber et de sécher l'huile.

Il est bien entendu que, lorsqu'on voudra couler du soufre sur des modèles durcis à l'huile grasse, on devra préalablement y passer une couche d'huile d'olive, ainsi que nous l'avons dit page 275 et qu'on le verra ci-après, page 304.

On peut encore couler des moules en soufre sur des modèles imprégnés d'huile d'œillette. On les imbibera de cette huile, en les y faisant tremper, comme on l'a dit pour l'eau, au commencement du chapitre V. Lorsque le plâtre sera entièrement traversé, on essuiera l'excédant d'huile, on laissera sécher quelques jours le modèle, et, quand on voudra y couler du soufre, on n'oubliera pas d'y passer une couche d'huile. Ce dernier procédé, indiqué plus loin, page 306, mais trop succinctement, méritait une explication plus complète. Cependant on ne doit l'employer qu'à défaut des deux précédents.

CHAPITRE VII.

Moulage au Soufre ou au Plâtre sur moules lithargirés.

§ 1. MOULAGE AU SOUFRE.

Il faut d'abord nettoyer les modèles, s'ils en ont besoin, et ensuite les huiler comme on l'a dit au commencement du chapitre III. Cette dernière préparation se fait lorsque le soufre est au degré de chaleur convenable pour être coulé, de crainte que l'huile ne se couvre de la poussière répandue dans l'atmosphère. (Voyez au chapitre IV la manière de fondre le soufre).

Nous devons prévenir le lecteur, qu'il est presque impossible de couler des moules en soufre sur des modèles en métal, sans s'exposer à de graves inconvénients. C'est ainsi qu'il est très-fréquent de voir les médailles de bronze complétement débronzées ou profondément noircies par le contact du soufre. Cette altération va même quelquefois jusqu'à nuire aux traits de la gravure. Cet effet désastreux est encore plus sensible sur les médailles d'argent, que le soufre noircit d'une manière très-intense; et, quoique les médailles d'or soient moins attaquables par l'acide sulfureux, il ne faut pas moins les repolir après l'opération, ce qui altère un peu la finesse des traits. Or, comme il arrive souvent qu'on doit à la complaisance de ses amis, la plupart des médailles en métal que l'on a à mouler, on comprend combien il serait désagréable de les leur rendre altérées; et ils se refuseraient avec raison à faire de nouveaux prêts, s'ils couraient le risque de voir gâter une collection souvent précieuse.

En conséquence, nous avons dû rechercher, et nous indiquerons, dans le § 3 de ce chapitre, les moyens d'obtenir, *en relief* et en plâtre, l'empreinte également en relief d'une médaille en métal, sans recourir au moulage en soufre.

Si cependant, malgré les observations qui précèdent et qui sont justifiées par l'expérience, on tenait à couler du soufre sur des médailles en métal, nous recommanderons instamment : 1°, de couler le soufre le moins chaud possible, ainsi que nous l'avons dit au chapitre V; 2°, de mettre tremper la médaille, dans un vase où il y aura un peu d'eau, aussitôt qu'on y aura coulé le soufre. Par ce moyen, le métal ne s'échauffera pas, et le soufre s'en détachera plus facilement.

S'il arrivait que le bronzage d'une médaille fût noirci ou enlevé, on la rebronzerait suivant la méthode employée en galvanoplastie.

Quand le soufre est au degré de chaleur voulu, on prend, suivant ce qu'on doit mouler, un creux ou un relief nettoyé et huilé, puis on coule en suivant exactement ce que nous avons dit au chapitre V. Mais ici l'on peut conserver la première épreuve, qui est aussi belle que les suivantes. A chacune de celles qu'on coule, il faut avoir soin d'huiler de nouveau le modèle.

On prendra les précautions indiquées page 296, et, si l'on veut ménager le beau soufre fleuron ou les soufres de couleur, on suivra les instructions données à la page 291.

Presque aussitôt que le soufre est parvenu à l'état solide, on enlève le tour de papier ou de carton, et ensuite l'objet qu'on a moulé.

Si l'on a plusieurs sujets à couler, on en fera jusqu'à quatre et même un plus grand nombre et on lèvera les empreintes, en commençant par les premières faites.

On peut, dans les saisons froides ou humides, se dispenser, pour les médailles du module de 55 millimètres et au-dessous, d'huiler les modèles en métal, surtout s'ils sont épais : on se contente de les humecter avec l'haleine, et l'on verse aussitôt le soufre, afin que l'humidité ne s'évapore pas, autrement il s'attacherait au modèle. On peut, mais avec bien des précautions, couler de cette manière sur les moules en plâtre passés à l'huile ordinaire. Pour cela il ne faut couler que 3 millimètres d'épaisseur au plus. Si ce sont des creux qu'on veut couler, comme il faut, pour placer facilement la bande de carton quand on veut mouler, que les moules aient au moins 9 millimètres d'épaisseur, on coulera du plâtre derrière les moules en soufre, en prenant la précaution d'employer du plâtre faible, c'est-à-dire qui prend lentement. Cette opération se fera, au plus tard, une heure après qu'ils auront été moulés, autrement le plâtre les ferait fendre.

Nous avons déjà dit, page 296, qu'il était à propos de doubler en plâtre tous les moules en soufre que l'on fait. Nous insistons sur ce point, parce qu'il offre de nombreux avantages : économie de soufre, puisque les moules peuvent alors n'avoir qu'une couche de

4 à 6 millimètres de cette matière, et que l'excédant d'épaisseur du moule est alors fait en plâtre; diminution de fragilité, parce que la couche de plâtre consolidera beaucoup le soufre, et le rendra moins sensible à l'influence de la chaleur qui souvent le fait casser quand on le tient dans la main. Cet effet de consolidation est dû à la différence de dilatation du soufre et du plâtre, dont le premier se retire et l'autre se dilate après qu'ils ont été coulés. Il résulte donc, de l'assemblage de ces deux matières, une espèce de compensateur, qui rend le soufre beaucoup plus solide. On obtient, en outre, une plus grande facilité pour l'entourage, car n'ayant plus à tenir compte de la dépense du soufre, on pourra donner aux moules toute l'épaisseur nécessaire; enfin, la possibilité de ranger les moules les uns au-dessus des autres, ce qui permettra de ménager beaucoup l'espace lorsqu'on serrera les moules après s'en être servi. Cette disposition des moules les uns au-dessus des autres les préservera de la poussière qui ne manquerait pas de s'y attacher, et l'on n'aura point à craindre que cette superposition altère en rien les dessins, puisqu'une couche de plâtre reposera toujours sur la surface en soufre qui porte l'empreinte gravée du moule.

Pour plus d'économie, on pourra doubler les moules avec du plâtre à bâtiments, passé grossièrement au tamis de crin. On emploiera aussi à cet usage tous les résidus, et même le plâtre éventé qu'on pourrait avoir, mais en mélangeant ce dernier avec moitié de plâtre neuf et bien vif.

Il est de la plus grande importance que ces doublures soient faites le plus tôt possible après que le soufre aura été coulé, surtout pour les sujets d'une grande dimension; si l'on attendait trop longtemps, le plâtre, en prenant, ferait certainement éclater le soufre.

Quelque facilité qu'ait le plâtre pour adhérer aux moules en soufre, pour éviter qu'il ne puisse jamais s'en séparer, il sera nécessaire, lorsqu'on coulera le soufre, d'y sceller d'avance plusieurs *clés* en plâtre. Ces clés se composent tout simplement de quelques fragments de médailles en plâtre, de rebut, que l'on cassera à cet effet, et que l'on disposera sur la première couche de soufre, ainsi que nous l'avons déjà dit. Au moyen de ces clés, la doublure de plâtre se trouvera solidement fixée au soufre, avec lequel elle ne fera qu'un seul corps, et leur cohésion réciproque sera parfaite.

Il arrivera souvent qu'on s'apercevra qu'une épreuve en soufre est mauvaise et ne peut être conservée, lorsque déjà les clés en plâtre y sont scellées. Il ne faut pas craindre alors de remettre l'épreuve avec ses clés dans le soufre fondu; la fusion du soufre détachera facilement les morceaux de plâtre qui, à cause de leur légèreté, viendront surnager à la surface du vase. On les retirera alors facilement et d'une seule pièce, tandis que si on essayait de les arracher sans fondre la médaille, leur rupture inévitable occasionnerait, en les remettant au creuset, une foule de petites miettes de plâtre, qui saliraient le soufre et nuiraient à la pureté des empreintes.

Si l'on coulait le soufre trop chaud, il en résulterait deux inconvénients: le premier, c'est que le creux ou relief qu'on aurait voulu avoir en soufre serait couvert de soufflures et qu'il ne serait pas brillant; le second, plus grave, c'est que le soufre pourrait s'attacher tellement au modèle qu'on ne pourrait l'en détacher, que le modèle en plâtre serait perdu, et que, s'il était en métal, il serait oxydé par la trop grande chaleur du soufre. Il faudrait alors faire fondre le soufre sur un brasier, et l'enlever, en essuyant la médaille ou le moulé avec un linge, pendant qu'il serait en fusion, jusqu'à ce qu'il n'en restât plus. On aurait soin de bien essuyer la médaille, suivant l'indication donnée page 273.

On pourra aussi couler, sur ces moules, des médailles en soufre imitant les camées, en suivant le procédé indiqué à la page 297.

§ 2. MOULAGE AU PLATRE SUR MOULES DURCIS A L'HUILE SICCATIVE.

Pour mouler des creux ou des reliefs en plâtre sur des moules en métal ou en plâtre durcis à l'huile lithargirée, il faut se conformer exactement à tout ce que nous avons dit dans le chapitre III. Nous renvoyons donc à ce chapitre, pour éviter des redites inutiles.

§ 3. MOULAGE AU PLATRE SUR PLATRE, SANS HUILER LES MODÈLES ET SANS ALTÉRER LEUR BLANCHEUR.

Il est souvent utile de pouvoir mouler plâtre sur plâtre, lorsqu'on veut transformer un relief de plâtre en un creux de même matière *et vice versâ*. On emploie ce moyen : 1°, pour éviter d'altérer les médailles en métal en y coulant du soufre ; 2°, pour obtenir des moules en creux ou en relief destinés à être recouverts de cuivre par le procédé galvanoplastique ; 3°, pour faire le *double moule* en creux et en bosse, qui sert à estamper le papier et le carton suivant une méthode que nous ferons connaître plus loin.

Supposons d'abord qu'on veuille avoir le *relief* en plâtre d'une médaille en bronze ; on commencera par prendre un creux en plâtre sur cette médaille, en se conformant exactement aux instructions données pages 273 et suivantes. Ce moulage n'altérera pas le métal, et l'on obtiendra ainsi un creux en plâtre, qui servira lui-même de moule au relief qu'il s'agit d'obtenir définitivement. On le laissera sécher pendant une heure ou deux. Au bout de ce temps, on préparera une forte dissolution de savon blanc *sans veines*; puis, avec un pinceau de blaireau, on passera, successivement et presque coup sur coup, trois ou quatre couches de cette dissolution sur le creux en plâtre. Peu importe que l'eau de savon produise sur la surface du moule des bulles ou de la mousse. On entourera alors le moule avec une bande de toile cirée, puis on gâchera le plâtre comme il est dit au chapitre Ier ; mais avant de le couler, on appliquera une dernière couche d'eau de savon. On soufflera fortement sur le moule et sur les parois intérieures de la bande, afin de faire disparaître la mousse qui pourrait s'y être formée. Puis, sans perdre de temps, on coulera le plâtre, en le faisant pénétrer dans toutes les cavités du moule, au moyen d'un pinceau, comme nous le recommandons à la page 274. On sassera ensuite le plâtre, en frappant longtemps et à petits coups sur la table, pour faire sortir toutes les bulles d'air ou de savon que pourrait contenir le plâtre.

Au bout d'une demi-heure, plus ou moins suivant

la température, on ôtera l'entourage, on ébarbera les tranches du moule et du sujet, et on essaiera, d'après ce que nous avons dit à la note de la page 277, de détacher la médaille de son moule. Dans le cas où elle résisterait, il faut bien se garder de forcer, on doit remettre sécher le moule et la médaille jusqu'à ce qu'ils se détachent sans efforts. Si l'on s'avisait de les séparer de force, on serait presque assuré de voir quelques portions du moule ou de la médaille adhérer l'une à l'autre; l'opération serait manquée et le moule perdu. Il vaut mieux s'armer de patience et attendre le point où le savon, redevenu sec, ne s'oppose plus à la séparation des deux objets. Il nous est arrivé quelquefois, par un temps humide, de ne pouvoir séparer les médailles qu'un jour ou deux après qu'elles avaient été coulées; mais, dans presque tous les cas, elles se détachent facilement au bout d'une heure au plus.

Une fois le relief obtenu, on pourra s'en servir pour y couler un moule en soufre, et l'on aura ainsi évité l'inconvénient de couler le soufre directement sur la médaille en métal dont on veut avoir l'empreinte, inconvénient signalé à la page 304.

Nous engageons fortement les lecteurs à user souvent de cette manière de mouler. Ils seront étonnés de la beauté et de la netteté des médailles ainsi obtenues, le savon formant à leur surface une espèce de vernis durable qui leur donne beaucoup d'éclat. Malheureusement, le moule en plâtre ne peut fournir qu'un petit nombre de bonnes épreuves, à moins qu'on ne le fasse en plâtre durci. Il sera beaucoup plus avantageux de faire avec ce dernier plâtre les moules qui devront servir à la galvanoplastie. Toutefois, il ne faut pas les employer dans le bain de sulfate de cuivre. Le plâtre durci réussit au savon aussi bien que le plâtre ordinaire, seulement il faut le gâcher de la manière qui lui est propre, et que nous avons indiquée page 268.

CHAPITRE VIII.

Confection des Médailles de diverses couleurs.

§ 1. COLORATION DU PLATRE.

Les médailles en plâtre non coloré sont toujours les plus belles ; elles rendent plus sensibles à la vue la délicatesse du travail, et elles ont, sur celles de couleur, l'avantage de porter ou de réfléchir les ombres. Mais lorsqu'elles ne sont pas sous verre, elles risquent de s'altérer par le frottement, et les personnes qui n'ont pas l'habitude d'en tenir, ne manquent jamais de les prendre par le dessus et par le dessous, au lieu de les tenir par le tour. Pour qu'elles ne soient pas exposées à cet inconvénient, quelques personnes les préfèrent en soufre, qui ne craint pas le frottement. On peut durcir les médailles en plâtre, en même temps qu'on les colore, ou leur conserver leur blancheur, sans les altérer, et leur donner en même temps une grande dureté, comme on le verra ci-après.

On ne donne guère aux médailles en plâtre que la couleur brune ou bronze. Cependant l'on peut, pour des plâtres de grandes dimensions, faire la figure et le fond d'une couleur différente ; par exemple, conserver les figures blanches et faire les fonds nankin,

COLORATION DU PLATRE.

bleu, noir ou brun; ou bien donner aux figures une couleur foncée avec un fond blanc, nankin ou bleu céleste. On peut rendre les médailles brillantes ou les laisser mates. Nous allons d'abord indiquer la manière de procéder à la coloration du plâtre.

Couleur brune et nankin.

Quand on ne veut pas conserver au plâtre sa blancheur, la couleur brune ou bronze est celle qu'on doit préférer pour les médailles du module de 55 à 80 millimètres et au-dessous, parce qu'elle leur donne, quand on les a polies, le véritable aspect du bronze. Elle convient en général aux médailles de toutes grandeurs. La meilleure manière de colorer les plâtres, est d'y mélanger la couleur avant le moulage.

On peut encore obtenir cette belle couleur nankin, si estimée dans les plâtres d'Italie, en mélangeant au plâtre un quart ou un tiers en volume d'ocre jaune, réduit en poudre impalpable et passé au tamis de soie. On met plus ou moins d'ocre jaune, suivant l'intensité de la teinte qu'on veut obtenir, mais il est entendu que ce mélange devra être intimement fait avant de gâcher le plâtre.

Pour obtenir une couleur brune, on mélangera au plâtre, avant de mouler, un huitième en volume de couleur dite rouge-brun, passée au tamis de soie, ou bien écrasée sous la mollette. Après avoir préparé les moules, comme il est dit à la page 273, on délaie d'abord le rouge dans une petite quantité d'eau; on y ajoute ensuite l'eau qui paraît nécessaire, puis du plâtre passé au tamis de soie; on gâche clair, jusqu'à ce que le mélange soit bien opéré, et l'on moule

Mouleur.

en prenant les précautions indiquées à la page 274. On se conforme pour le surplus, aux indications qui y sont données.

Si l'on veut ménager le plâtre de couleur, particulièrement pour les grandes pièces, on se contentera d'en former une légère couche sur les moules, et l'on achèvera avec du plâtre ordinaire passé au tamis de soie.

Le mélange du rouge avec le plâtre dans la proportion qu'on vient d'indiquer, donne, étant fraîchement coulé, une couleur brune qui s'éclaircit à mesure que le plâtre sèche, et qui finit par être couleur de chair ou nankin; mais cette teinte est assez foncée pour qu'une médaille prenne la couleur bronze, quand on lui donnera le brillant de la manière indiquée à la page 318. On pourrait donner à une médaille formée de ce mélange une figure bronze et laisser le fond nankin, ou laisser la figure nankin et bronzer le fond; mais on y réussirait difficilement, parce qu'en donnant la couleur bronze, il serait presque impossible de ne pas tacher la partie qui devrait rester couleur de chair. Nous indiquerons dans le § 3 la manière de mouler les médailles de deux couleurs et d'éviter cet inconvénient.

Une décoction de bois de Brésil ou de bois de Fernambouc, dans laquelle on gâche le plâtre, lui donne aussi une belle couleur, et doit être préférée à l'emploi du rouge-brun, comme plus commode, moins coûteuse, et n'ayant pas, comme ce rouge, l'inconvénient d'occasionner assez fréquemment de petites soufflures, quoiqu'on prenne les précautions indiquées page 274 pour les éviter.

On rendra la teinte plus foncée en augmentant la

dose soit du rouge-brun, soit de celle du bois colorant.

On pourra aussi donner la teinte rouge à la médaille en l'immergeant, quand elle est sèche, dans la décoction du bois de Brésil ou de Fernambouc, qu'on aura eu soin de passer dans un linge fin ou au papier : ce sera une économie, surtout quand on aura de grandes pièces.

Bleu céleste.

Pour obtenir cette couleur, on mélange au plâtre du bleu de Prusse bien pulvérisé et passé au tamis de soie, en suivant ce qui a été dit à la page 313. On rendra la teinte plus ou moins foncée en augmentant ou en diminuant la dose du bleu.

Noir.

Cette couleur s'obtient en mélangeant de la même manière, au plâtre, ou du noir de fumée, ou du noir de vigne, ou enfin du noir d'ivoire, dans la proportion du dixième du plâtre en volume; on procède comme pour les autres couleurs.

Une manière plus simple de donner aux médailles en plâtre blanc une belle couleur noire, est de les immerger pendant quelques instants dans de la bonne encre, lorsqu'elles sont sèches; ou encore plus économiquement, de leur en donner quelques couches avec un pinceau plat en poils de blaireau. Une immersion légère produira une couleur grise qu'on rendra brillante à la plombagine.

§ 2. MANIÈRE DE DONNER LE BRILLANT AUX MÉDAILLES EN PLATRE BLANC OU COLORÉ.

Avant de donner le brillant aux médailles, il faut, lorsqu'elles sont sèches, et après les avoir fait chauffer à un certain degré, les immerger environ une demi-minute dans une solution de colle-forte de Flandre très-claire, chaude presque jusqu'à l'ébullition, et passée dans un linge fin. On obtient de fort bons résultats en soumettant les moulages à un bain d'acide stéarique, en les épongeant avec un pinceau neuf et en les frottant avec du papier de soie, lorsqu'ils sont refroidis.

Pour conserver au plâtre non coloré sa blancheur, on emploiera, au lieu de colle-forte, une dissolution de gomme arabique aussi très-claire, et chaude presque jusqu'à l'ébullition, et l'on y trempera les médailles, après les avoir fait chauffer; ou, par économie, on leur donnera deux ou trois couches de cette dissolution, avec un pinceau plat en poils de blaireau, pour ne pas altérer la délicatesse du travail.

On pourra encore employer, pour obtenir le même effet, quelques couches d'une solution très-claire de colle de poisson, qui donnera encore plus de ténacité.

Après cette première préparation et lorsque les médailles seront sèches, si l'on voulait les vernir, on le pourrait facilement. On se servirait, pour cela, d'un vernis préparé exprès. On appliquerait ce vernis, sur le plâtre légèrement chauffé, au moyen d'un pinceau plat en poil de blaireau, appelé *queue de morue*. Il faudra opérer à l'abri de toute poussière. Ce vernis, d'une blancheur remarquable, réussit également bien sur les plâtres blancs et colorés; il leur donne un grand éclat, et les préserve ultérieurement de la poussière et de l'humidité. Nous croyons même qu'en huilant les médailles enduites de ce vernis, il serait possible d'y couler des moules en soufre.

On peut, au lieu de gomme, employer le vernis suivant. On prend 15 grammes de beau savon blanc et autant de la plus belle cire blanche qu'on fait fondre, après les avoir râtissés dans un vase de terre neuf vernissé, dans un litre d'eau, sur des cendres chaudes. On y trempe les plâtres, placés sur un gril, de la manière indiquée à la page 299, et on les retire au bout d'une minute ou deux, suivant l'épaisseur des objets. Quand ils seront bien secs, on les frottera avec une brosse à dents en poils de blaireau, qu'on pourra couvrir de mousseline fine. Ce vernis ne forme aucune épaisseur et conserve au plâtre sa blancheur; mais elles n'acquièrent pas autant de dureté que celles préparées à la colle-forte ou à la gomme arabique.

Les médailles préparées de cette dernière manière, on les fait sécher à l'air, si le temps est sec, ou au soleil, ou dans une étuve, puis, si l'on veut, on les fait briller de la manière suivante, en leur donnant, excepté aux blanches et si les pièces sont grandes, une couche d'huile siccative, dans laquelle on mettra environ un huitième d'essence de térébenthine.

Blanc.

Pour faire briller le plâtre blanc, on le frottera avec une brosse à dents douce et propre, après avoir mis sur la médaille un peu de poudre très-fine de talc ou d'amidon; on humecte de temps en temps avec l'haleine, en commençant à frotter, pour faciliter l'adhésion de la poudre. Les médailles ainsi polies ressemblent à l'ivoire.

Bleu.

On frottera de la même manière le bleu avec la poudre azurée qu'on emploie pour colorer l'empois, et il deviendra brillant.

Brun ou bronze.

On a vu, page 314, que le plâtre couleur de chair ou nankin prenait la couleur bronze. Voici comment on la lui donne :

On prend d'abord de la poudre fine de sanguine ou craie rouge, et l'on frotte comme on vient de le dire. Quand la médaille aura pris une couleur rouge peu foncée, on continuera à frotter avec de la plombagine ou de la mine de plomb en poudre très-fine, en humectant de temps en temps avec l'haleine, excepté en finissant, jusqu'à ce que la médaille ait une couleur bronze. Si l'on veut que la couleur soit moins foncée, on mêlera à la plombagine 125 grammes de poudre de craie rouge. Par ce moyen on pourra varier les teintes à volonté.

Noir.

On fait briller les plâtres noirs en les frottant avec de la plombagine seule, et en ayant soin d'humecter un peu avec l'haleine en commençant.

§ 3. MÉDAILLES DE DEUX COULEURS.

La couleur ayant été mélangée au plâtre avant l'opération du moulage, comme on l'a vu en tête de ce chapitre, on ne peut obtenir des médailles dont le relief et le champ ou fond soient d'une couleur différente. Il faudrait pour cela donner au plâtre, avec le pinceau et après le moulage, une couleur à la colle, autrement la qualité spongieuse du plâtre ferait que la couleur qu'on donnerait au fond s'étendrait sur le relief et réciproquement. Mais comme une couleur à la colle formerait toujours une certaine épaisseur, on emploiera les procédés suivants :

On commencera par couler, en mêlant au plâtre la couleur qu'on désire donner à la figure, et en prenant les précautions indiquées à la page 274, pour éviter les soufflures. Quand le plâtre sera durci, on découpera le relief avec un canif ou un instrument bien tranchant, en ayant le plus grand soin de n'enlever absolument que le champ, sans toucher en rien à la figure. Si l'on veut faire le fond blanc, on replacera de suite très-exactement la figure dans le moule, après l'avoir huilé. On mettra la bandelette de carton et l'on coulera le plâtre blanc. Par ce moyen, on obtient des médailles fort belles, dont les traits auraient été altérés si l'on eût donné à la figure une couche de couleur à la colle.

Mais si l'on voulait que la figure et le champ fussent tous deux de couleur, il faudrait suivre les indications suivantes, pour éviter l'inconvénient dont nous venons de parler.

Lorsque la médaille en plâtre est moulée, on séparera, comme on vient de le dire, le relief du fond, et, quand le plâtre sera sec, on donnera, du côté de la figure seulement, et avec un pinceau très-doux, une ou deux couches de colle-forte de Flandre claire, puis on laissera sécher de nouveau le plâtre. Quand il sera sec, si l'on veut que la figure soit brillante, on lui donnera le poli, suivant sa couleur, d'après la manière indiquée ci-dessus. La figure étant polie ou restant mate, on coulera de suite le fond, en donnant au plâtre la couleur que l'on désire, après avoir huilé le moule. Quand le fond sera sec, on lui donnera, à son tour, les couches de colle claire, et l'on le polira ou on le laissera mat.

On variera à son gré les couleurs du relief et du fond, en ayant toujours la précaution, avant de couler le champ, d'encoller la figure, si l'on veut la garder mate, ou de la polir, si l'on veut qu'elle soit brillante, en se conformant aux indications précédentes.

DEUXIÈME SECTION.

MOULAGE EN MATIÈRES DIVERSES.

§ 1. MOULAGE A LA CIRE.

Moulage sur moules en plâtre.

Ce moulage, comme celui du plâtre et du soufre, peut se faire sur toutes sortes de matières dures, dans lesquelles la cire ne s'imbibe pas. On peut employer pour cet usage les moules en plâtre qui n'ont pas été durcis à l'huile siccative. Dans ce cas, on les trempera dans l'eau. (Voyez page 292.)

Avant de mouler la cire, on nettoie et l'on prépare les moules comme nous l'avons dit à la page 273. Les moules ainsi apprêtés, on fait fondre de la cire blanche sur un feu très-doux (la cire fond à 68 degrés du thermomètre centigrade), dans un vase neuf en terre vernissée. On expose un instant le moule à la vapeur de l'eau chaude pour l'humecter, afin que la cire ne s'y attache pas. On peut aussi l'huiler, suivant les indications précédentes. On mouille la bandelette qui l'entoure et l'on moule. Il faut avoir soin de ne pas couler la cire trop chaude, et de donner aux médailles une épaisseur proportionnée à leur module.

Si les médailles sont de petite dimension, et si la saison est froide ou humide, au lieu d'huiler les modèles ou de les passer à la vapeur, on pourra se contenter de les humecter avec l'haleine, et l'on versera la cire promptement avant que l'humidité ne disparaisse.

On peut colorer la cire en rouge, soit avec de la cochenille, soit avec du carmin ou du vermillon, qui sont beaucoup moins chers; en bleu, avec du bleu de Prusse; en vert, avec de la terre verte; en brun avec du brun-rouge. On lui donne la couleur jaune avec de la gomme gutte, de la terre de Sienne ou du massicot et du jaune minéral; la couleur orange avec du minium, et la couleur noire avec du noir de vigne ou de pêcher. Il est inutile de dire que toutes ces couleurs doivent être réduites en poudre très-fine, et qu'il faut bien remuer jusqu'au fond du vase quand on emploie des couleurs minérales, qui sont plus pesantes que la cire et qui se précipitent.

Pour donner plus de solidité aux médailles en cire, on les garnira derrière de fort papier, collé avec de la colle-forte ou avec de la colle de farine.

Voici une manière de faire de fort jolies médailles en cire que l'on colle ensuite sur verre.

On coule d'abord en soufre une médaille dans le creux destiné à mouler en cire. Avant de séparer cette médaille en soufre du creux, on a soin de marquer sur le contour des deux pièces trois points de repère bien correspondants; puis, pendant que le soufre se coupe facilement, on enlève de dessus le fond, avec la plus grande exactitude possible, tout le relief de la figure, de manière que la place où elle était n'en offre plus que les contours et soit bien plane. On pratique, sur ce moule et sur cette seconde partie qui n'offrent entre elles, lorsqu'elles sont réunies, que le vide que doit remplir la figure, deux trous près l'un de l'autre, dont l'un servira d'évent, et l'autre, plus grand, pour couler la cire. Au moment de couler, on huilera ou on exposera les deux pièces à la vapeur de l'eau chaude; on les réunira promptement, en faisant correspondre exactement les points de repère marqués sur le contour, et l'on coulera la cire. Au moyen de ce contre-moule, on ne retirera du creux que la figure, comme si elle était découpée, et dont les contours seront extrêmement minces.

Si l'on emploie un creux en plâtre non durci à l'huile siccative, on commencera, avant de couler la médaille en soufre, par pratiquer sur le fond, avec la pointe d'un couteau, trois trous qui serviront de points de repère plus exacts et plus faciles à retrouver que ceux placés sur le contour. On coulera ensuite la médaille en soufre, après avoir pris la précaution de tremper le moule dans l'eau conformément à la méthode indiquée à la page 292. On enlèvera la figure comme nous venons de le dire, et l'on pratiquera les deux canaux qui doivent servir pour l'évent et pour couler. On mouillera, s'il en est besoin, le moule en plâtre, on humectera à la vapeur d'eau, ou l'on huilera le contre-moule; on réunira les deux pièces, et l'on coulera la cire.

La médaille faite, on en retouchera les contours, s'il est nécessaire; on prendra un morceau de verre fin, sans défaut, de la forme qui plaira le mieux. On dépolira, si l'on veut, l'endroit sur lequel sera placée la figure, pour qu'elle adhère mieux au verre. On collera derrière, avec de la gomme arabique, du papier vélin de la couleur qui conviendra, ou bien l'on y donnera deux couches de couleur à l'huile, la seconde quand la première sera sèche. On collera avec soin la figure de cire sur la partie du verre dépolie, en prenant garde que la colle ne dépasse les contours de la figure, qui, paraissant sur un fond d'une couleur tranchante, fera un bon effet.

On donnera du brillant à la figure en y passant légèrement, avec un pinceau de poils d'écureuil, un peu d'essence de térébenthine étendue dans quatre ou cinq fois son volume d'eau.

On pourra encadrer ces médailles sous un verre convexe, qui les garantira de la poussière et de l'indiscrétion de ceux qui seraient tentés de toucher les figures.

Moulage sur moules en cire.

Nous avons décrit dans le premier Livre de cet ouvrage, page 171, le procédé de M. l'abbé Laroche, relatif au moulage à la cire sur moule en cire des figures et autres objets. Ce procédé, principalement applicable aux menues pièces, donne d'excellents résultats dans le moulage des médailles.

Nous avons eu en notre possession deux médailles moulées par ce procédé; elles étaient remarquables par le fini de leur exécution et, sauf la couleur sombre et mate de la cire, qui nuisait à l'aspect général de l'épreuve, elles ne laissaient rien à désirer. On peut remédier à cet inconvénient en teintant la cire d'une couleur plus ou moins vive. Avec un peu de soin, on remédiera à la fragilité des moules, qui demandent certaines précautions pour les conserver intacts, eu égard à la malléabilité de la cire.

§ 2. ESTAMPAGE A L'ARGILE.

Quoique l'estampage se rattache d'une manière plus spéciale à l'art du mouleur en statues, comme ce procédé peut souvent être utile au mouleur en médailles pour obtenir l'empreinte de quelques bas-reliefs de peu de dépouille, nous croyons devoir en donner une idée succincte.

Rien de plus simple et de plus facile que cette opération : les seuls matériaux nécessaires sont l'argile ou terre de potier un peu ferme, quoique liante, et l'on n'a pas besoin d'autres instruments que ses doigts. Supposons que le modèle qu'il s'agit d'estamper soit en plâtre; s'il n'était point passé à l'huile siccative ou à l'eau de savon, on aurait un petit sachet rempli de cendre, et l'on en frapperait de petits coups sur toute la surface du sujet, une poussière fine et légère le recouvrirait, et empêcherait la terre d'y adhérer. On pousserait alors cette terre avec les doigts d'abord dans les parties les plus rentrantes du sujet, et s'il était nécessaire de faire plusieurs pièces pour faciliter la dépouille, on enlèverait chaque pièce à mesure qu'elle serait faite; on couperait nettement ses bords qu'on huilerait fortement pour empêcher les pièces voisines de s'y attacher; on la replacerait soigneusement sur le moule et lorsque le sujet serait entièrement recouvert de terre, le moule serait fait. On ôterait alors une à une toutes les pièces de ce moule, on les rassemblerait avec soin sur une table, on huilerait l'intérieur du moule, et l'on y coulerait du plâtre. On enlèverait ensuite le moule avec précaution, pour ne pas endommager les parties du sujet qui ne sont pas de dépouille. Rarement le même moule peut donner plusieurs épreuves, mais on conserve l'argile, qui peut être employée à faire d'autres moules.

On estampe encore beaucoup avec de la cire à modeler.

§ 3. MOULAGE A LA MIE DE PAIN.

On peut mouler à la mie de pain sur toutes sortes de moules, excepté sur ceux en plâtre non durcis à l'huile lithargirée. Mais il faut toujours qu'ils soient huilés, comme nous l'avons dit à la page 274. On n'emploie point de bandelettes pour entourer les modèles ; mais si l'on veut s'en servir, on les fera en carton assez solide pour résister à la pression latérale, et on les fixera avec du fil.

Voici comme on prépare la matière : on prend la mie d'un pain sortant du four, ou du moins le plus frais possible. On peut y ajouter de l'alun en poudre très-fine, pour garantir cette pâte des mites. On la triture bien, puis on la travaille au rouleau de pâtissier, jusqu'à ce qu'elle soit propre au moulage, ce qui se reconnaît quand elle ne tient plus au rouleau, qu'elle est devenue élastique et qu'on peut la manier avec les doigts sans qu'elle s'y attache. Cette manipulation est nécessaire pour que cette espèce de pâte prenne le moins de retrait possible, et qu'elle ne soit pas sujette à se fendre en séchant.

On donnera à cette pâte telle couleur que l'on voudra, en y ajoutant ces couleurs réduites en poudre très-fine, au fur et à mesure qu'on la travaillera, et jusqu'à ce qu'elle ait la teinte désirée. La craie rouge donnera du brun ; le brun-rouge, un brun plus foncé ;

le bleu de Prusse, du bleu; le minium, la couleur orange, et le vermillon du rouge. On augmentera ou diminuera la teinte, en mélangeant une plus ou moins grande quantité de poudre colorante. Mais comme ces poudres absorbent en grande partie l'humidité ou les parties aqueuses qui se trouvent dans la mie de pain, on ajoutera, petit à petit, en la travaillant, quelque peu de dissolution de colle de Flandre, extrêmement légère, comme celle dont nous parlerons plus loin, page 350. On l'emploiera dans une proportion telle qu'elle conserve à la pâte la même solidité et la même élasticité qu'elle aurait si l'on n'y eût ajouté ni colle, ni poudre colorante; car si elle était trop dure, elle prendrait mal les empreintes; et, si elle était trop molle, elle s'attacherait au modèle.

La pâte ainsi préparée, on s'en servira de suite comme nous allons le dire, pour prendre des empreintes, soit en relief, soit en creux. Si on ne l'emploie pas de suite, en tout ou partie, on l'enveloppera d'un linge mouillé, pour l'empêcher de se dessécher, et quand on voudra s'en servir, on la manipulera un peu. Le modèle nettoyé et huilé comme à l'ordinaire, on prend la quantité de pâte convenable; on la travaille en la roulant entre la paume des mains jusqu'à ce qu'elle ait acquis une forme sphérique d'un diamètre moitié de celui du modèle, et qu'il ne paraisse à la surface aucune veine ou fissure. On pose cette espèce de boule sur le modèle; on étend cette pâte petit à petit, en pressant bien partout, à plusieurs reprises surtout sur les bords, si le moule est entouré de carton, afin que l'empreinte soit bien nette. Quand on suppose avoir réussi, on place sur le modèle et l'empreinte un corps uni, du poids de 500 grammes à un kilogramme, et l'on ne sépare l'empreinte du moule que lorsqu'elle est sèche. Sans cette simple précaution, les bords se relèveraient ou se fendraient, et elle prendrait une mauvaise forme. Si on n'a point mis de carton autour du moule, on y replacera l'empreinte, et, avec un canif qui coupe bien, on enlèvera la pâte qui excède le bord, puis on donnera le brillant à l'empreinte, suivant sa couleur, comme nous l'avons indiqué au § 2 du chapitre VIII.

Cette pâte devient si dure qu'on a peine à la rompre avec les mains, et que la cassure en est presque aussi brillante que celle du verre, même quand on n'a point employé de colle.

§ 4. MOULAGE AU PAPIER.

Il y a deux procédés pour mouler des médailles au papier : le premier, plus simple et plus expéditif, fera l'objet de ce paragraphe, l'autre étant identique avec la manière de mouler le carton, se trouvera décrit plus loin, au paragraphe 5.

On commence par bien nettoyer le moule dont on veut avoir l'empreinte, on applique dessus un morceau de papier non collé; tout autre papier réussirait moins bien que celui-ci. On mouille légèrement ce papier avec une éponge, jusqu'à ce qu'il adhère au moule. Prenant alors une brosse douce et à longs poils, on appuie et l'on frappe à petits coups jusqu'à ce que le papier ait pris toutes les formes du moule. On laisse sécher presque entièrement le papier sur le moule, puis on l'enlève avec précaution, et on laisse la dessiccation se compléter.

Si, en frappant avec la brosse, le papier venait à

crever, on mettrait une petite pièce, et l'on continuerait d'appuyer avec la brosse jusqu'à ce qu'elle fasse pâte et se soude avec la feuille.

Ce genre de moulage ne donne pas toujours, à la vérité, des empreintes d'une netteté irréprochable, mais son extrême simplicité le rend utile à connaître, puisqu'il permet aux savants et aux antiquaires de tous les pays de se communiquer, sous un très-petit volume, et dans une lettre, les médailles ou inscriptions qui font l'objet de leurs études et de leurs travaux.

§ 5. MOULAGE AU CARTON.

Ce procédé, fort en usage, il y a vingt ans, pour reproduire des empreintes de médailles, semblait à peu près tombé dans l'oubli, lorsqu'il a repris une nouvelle vogue depuis quelques années, par l'adoption générale de ces papiers où l'on voit des figures et inscriptions estampées en couleur, sur un fond de couleur tranchante, et qui s'obtiennent par des moyens que nous croyons analogues à ceux du moulage en carton.

Nous avons pensé que le lecteur trouverait avec plaisir la description de ce procédé dans un Manuel que nous nous sommes efforcés de rendre tout à fait complet.

On commencera par faire en creux et en relief un double moule de plâtre du sujet qu'on voudra reproduire, en se conformant à ce que nous avons dit au § 3 du chapitre VIII. Il sera même beaucoup mieux de faire ce double moule en plâtre durci, suivant les instructions contenues dans le dernier alinéa de ce même paragraphe 3.

Lorsque ces moules seront bien secs, on y passera deux ou trois couches d'eau de savon très-propre. On prendra alors un morceau de carton mince : celui dont on se sert pour les cartes de visite ou le Bristol seront très-convenables. On placera ce morceau de carton, préalablement humecté pour le rendre plus souple, entre les deux moules que l'on remettra très-exactement l'un sur l'autre, en se guidant par un repère qu'on aura dû faire à l'avance sur leurs tranches. On disposera alors le tout entre deux livres, sous une presse d'ébéniste qu'on serrera, mais pas assez pour briser les moules de plâtre. Au bout de quelques minutes, on pourra augmenter un peu la pression. Lorsqu'on jugera que le carton est suffisamment sec, on coupera avec des ciseaux tout ce qui déborde le moule, puis on enlèvera facilement l'empreinte, qui reproduira fidèlement en creux et en relief la gravure des deux moules.

Ces empreintes, à cause de leur légèreté, ont l'avantage de pouvoir être facilement expédiées au loin. On peut même, en les passant à l'huile lithargirée, s'en servir à tirer un moule en plâtre ; mais alors le carton ne peut donner qu'un petit nombre d'épreuves.

Au lieu de carton, il sera possible d'employer du papier plus ou moins épais, de couleur, glacé, etc. ; et alors les empreintes seront beaucoup plus nettes que celles obtenues par le procédé d'estampage à la brosse, indiqué au paragraphe précédent.

§ 6. MOULAGE A LA GÉLATINE OU A LA COLLE-FORTE.

Ces deux matières peuvent souvent convenir au moulage, principalement quand on veut mouler des bas-reliefs, des camées ou d'autres pierres gravées qui ont des parties qui ne sont pas de dépouille, parce que la gélatine et la colle-forte, par leur flexibilité et leur élasticité, permettent de retirer, sans la moindre altération, les empreintes qui reprennent de suite la forme qu'elles avaient auparavant.

Pour mouler, on prépare la gélatine ou la colle-forte, comme font les menuisiers. On la met détremper 24 heures dans l'eau froide, puis on la place sur le feu dans un bain-marie, et on la fait fondre, en y ajoutant la quantité d'eau convenable ou d'huile siccative qui garantira les empreintes de l'humidité, et en ayant soin de la remuer avec un pinceau pour mieux en opérer la dissolution. Il faut que la proportion de l'eau ou de l'huile et de la colle soit telle que, presqu'aussitôt qu'elle est refroidie, elle se prenne en gelée. On huile légèrement les modèles en métal, en soufre ou en plâtre passés à l'huile siccative, et l'on y coule la gélatine à un faible degré de chaleur. On enlève l'empreinte lorsque la matière a acquis assez de fermeté pour qu'on puisse le faire sans inconvénient.

Lorsque les empreintes seront bien sèches et bien dures, on s'en servira pour mouler en plâtre d'après la manière indiquée au chapitre III, pages 276 et suivantes.

Nous venons de dire que la gélatine et la colle convenaient au moulage des objets qui ont des parties qui ne sont pas de dépouille; si l'on se servait de moules qui auraient été faits sur de semblables objets, on ne pourrait séparer les empreintes en plâtre des modèles sans endommager ces empreintes. On a conseillé pour éviter ces effets d'enlever sur ces modèles, avec soin et d'une manière convenable, autant de matière qu'il est nécessaire pour qu'il n'y ait plus, dans l'empreinte à faire, de parties rentrantes.

On tombe ici dans une erreur qu'il importe de signaler. Le principal avantage du moulage à la gélatine consiste précisément, en ce que l'élasticité de cette matière permet d'enlever le moule, encore bien que toutes les parties du sujet ne soient pas de dépouille. Ceci est tellement vrai, que même certains sujets en ronde bosse, peuvent être moulés d'une seule pièce à la gélatine. Il en résulte un immense avantage, puisqu'on évite par ce moyen les coutures, si difficiles à enlever, qui se trouvent inévitablement sur les sujets obtenus dans un moule de plusieurs pièces. Aussi le moulage à la colle-forte a-t-il pris une grande extension depuis quelques années. La plupart de ces jolies statuettes que la mode a prises sous sa protection, sont moulées par ce procédé. Nous ne saurions donc trop engager le lecteur à faire des essais dans ce genre de moulage; nous pouvons lui promettre un succès facile.

Un autre avantage de la gélatine, et qui est encore une suite de sa flexibilité, c'est la possibilité de lui donner toutes les courbures qu'on juge convenables, sans altérer le dessin. C'est ainsi qu'une médaille ou un bas-relief qui étaient plats, pourront être à volonté rendus concaves ou convexes. Il deviendra dès lors facile de les employer comme ornements d'un vase ou de tout autre objet de forme courbe. Il suffira, pour obtenir ce résultat, de faire un moule ou *chape* en plâtre grossier, affectant la courbure qu'on aura adoptée. On y ajustera le moule en gélatine encore humide, afin qu'il en puisse prendre facilement la forme. Cette forme une fois fixée par la dessiccation de la gélatine, on y coulera du plâtre, et l'on obtiendra un relief qui aura la courbure voulue.

Soit qu'on coule des médailles, des bas-reliefs, ou des sujets en ronde-bosse, il sera toujours utile de revêtir le moule en gélatine d'une *chape* ou forte enveloppe de plâtre. Cette précaution est nécessaire pour opposer une résistance à la poussée du plâtre, qui ne manquerait pas d'altérer les formes du moule en gélatine, s'il n'était pas complétement séché et privé ainsi de son élasticité.

Il sera toujours plus convenable de ne couler dans les moules en gélatine que lorsqu'ils seront secs et durcis. S'il arrivait alors que l'humidité du plâtre coulé dans le moule, n'ait pas rendu à celui-ci assez de souplesse pour permettre d'en retirer un objet qui ne serait pas de dépouille facile, il faudrait mettre le moule quelques heures à la cave ou dans un endroit humide. La propriété hygrométrique de la colle-forte lui fera promptement recouvrer sa flexibilité, et il sera alors facile d'en extraire le sujet moulé, sans l'endommager. On peut encore, dans le même cas, plonger le moule en gélatine dans l'eau froide; mais il faut éviter de prolonger trop longtemps cette immersion.

Un autre avantage de la gélatine et de la colle, c'est qu'en séchant et se durcissant, elle éprouve du retrait en tout sens, mais sans se fendre. On peut tirer parti de cette circonstance pour réduire à de plus petites proportions les médailles ou les autres sujets pour le moulage successif d'un relief sur le premier creux; d'un second creux, sur le premier relief; d'un second relief sur le second creux; d'un troisième creux, sur le second relief; d'un troisième relief, sur le troisième creux, etc. Il est bien entendu qu'on préparera les empreintes en plâtre avec l'huile lithargirée. (Voyez à ce sujet le chapitre VI, page 298.) Mais ces moulages et surmoulages, quelque bien exécutés qu'ils soient, laissent toujours à désirer, en ce sens que la pureté primitive des formes est presque toujours altérée.

Nous ne nous étendrons pas plus longtemps sur le moulage à la gélatine; nous recommanderons seulement de tenir dans un endroit bien sec les objets qui en seront formés, surtout si l'on n'a pas employé de l'huile pour préparer la colle ou la gélatine.

§ 7. MOULAGE A LA SCIURE DE BOIS.

Cet ingénieux procédé, dont il a été question, page 231, apportera une nouvelle variété dans les travaux du mouleur en médailles. Les produits qui en résultent présentent une telle ressemblance avec la sculpture sur bois, que pour ne pas s'y méprendre, il faut être prévenu à l'avance.

Nous renvoyons le lecteur au premier Livre de cet ouvrage, dont la Huitième Section est entièrement consacrée au Moulage du bois. Nous ne saurions rien ajouter aux procédés qui y sont décrits en détail. Nous devons seulement faire remarquer que, pour obtenir de bonnes épreuves de médailles en bois moulé, il est indispensable de se servir de moules en métal. On peut facilement s'en procurer par le Clichage, dont nous parlerons plus loin, page 339, d'une manière toute spéciale.

§ 8. MOULAGE AU VERRE.

L'art d'obtenir des empreintes en pâte de verre est sans contredit l'une des branches les plus intéressantes des travaux du mouleur en médailles. C'est ainsi que sont obtenus ces moules si purs, si corrects qui nous viennent d'Italie. Il est véritablement étonnant que nous soyons restés tributaires de ce pays, d'où nous tirons encore ces empreintes, tandis qu'il est si facile de les multiplier chez nous à peu de frais. Nous engageons donc tous les amateurs jaloux du progrès de l'art à exercer leur industrie dans ce genre; ils seront surpris du succès qu'ils obtiendront avec si peu de peine, et nous espérons qu'ils nous sauront gré d'avoir appelé leur attention sur cette branche industrielle.

Les empreintes de verre peuvent être prises en creux ou en relief. Tout l'artifice de ce procédé consiste dans le choix de la matière à employer pour les moules. Une longue suite d'expériences a prouvé que le tripoli était presque la seule dans laquelle le verre en fusion pâteuse pouvait se mouler avec une parfaite netteté.

On doit employer de préférence le tripoli de Venise. On le pile dans un mortier de fer et on le tamise finement; plus il sera fin et mieux on réussira. Cependant, pour le corps du moule, on peut en employer qui soit moins fin. On humecte celui-ci légèrement, et on en forme un petit gâteau qu'on pétrit longtemps et qu'on presse fortement avec les doigts. On remplit de cette pâte un petit creuset plat d'une profondeur de 8 à 10 millim. et d'un diamètre proportionné à la grandeur du sujet qu'on veut mouler. On tasse bien le tripoli dans le creuset, puis on met par-dessus une couche de tripoli le plus fin. Il faut que celui-ci ait été broyé à la mollette sur une pierre ou sur une glace dépolie, jusqu'à ce qu'il soit en poudre impalpable et douce au toucher comme du velours. Cette seconde couche doit être assez épaisse pour suffire au relief qu'on veut donner au sujet.

La médaille, ou tout autre objet qu'on voudra mouler, étant posée sur cette couche de tripoli le plus fin, on appuie dessus en pressant fortement avec les deux pouces. Le bon tripoli est doué d'une sorte d'onctuosité qui favorise merveilleusement la netteté des empreintes. On enlève avec un couteau l'excédant de tripoli qui déborde le sujet. En cet état, on laisse le moule sur l'empreinte jusqu'à ce qu'on juge que l'humidité du tripoli de la première couche ait pénétré la deuxième couche fine et sèche. Ce délai est nécessaire pour que toutes les parties du moule soient bien liées et ne forment qu'un seul corps ; avec un peu d'habitude on jugera facilement du temps nécessaire pour obtenir cet effet. Pour séparer le sujet d'avec le tripoli, on le soulève un peu avec la pointe d'une aiguille emmanchée dans un petit morceau de bois, et, quand il est ébranlé, on renverse le creuset; le sujet tombe de lui-même et donne tout son relief gravé dans le moule. Il faut ensuite laisser sécher ce moule dans le creuset, à l'ombre et dans un endroit à l'abri de la poussière qui pourrait en gâter l'impression.

Quand le tout sera parfaitement sec, on prendra un morceau de verre, qu'on taillera de grandeur convenable; on le posera doucement et avec précaution sur le moule de tripoli, afin de ne pas affaisser les bords du creux. On approchera d'un petit fourneau construit exprès, le creuset ainsi couvert de son morceau de verre, pour qu'il s'échauffe peu à peu, jusqu'à ce qu'on ne puisse plus y tenir les doigts. Il est temps alors de l'enfoncer dans le fourneau.

On observera par la lorgnette de l'ouvreau l'état du verre. Quand il commencera à devenir luisant, on pourra juger qu'il est assez ramolli pour subir l'impression. On retirera alors le creuset du fourneau, et sans perdre un moment, avec une spatule en fer un peu flexible, on pressera sur le verre, pour y imprimer la figure moulée dans le tripoli. L'impression finie, on remettra le creuset dans le fourneau dans un endroit médiocrement chaud, et où le verre à l'abri d'un courant d'air froid puisse éprouver *le recuit*.

On réussit aussi à faire de fort belles empreintes, en substituant au tripoli le talc ou craie de Briançon traitée absolument comme le tripoli.

§ 9. PÉTRIFICATION DES MÉDAILLES.

Tout le monde connaît ces sources pétrifiantes, réparties en divers endroits du sol de la France, et qui ont la vertu de recouvrir d'une couche de pierre les divers objets mis en contact pendant un certain temps avec leurs eaux. Nous citerons entr'autres les sources de St-Allyre, près Clermont (Puy-de-Dôme), et plusieurs autres dans le voisinage du Mont-Dore. Cette singulière propriété, due à une certaine quantité de chaux carbonatée que les eaux de ces fontaines tiennent en dissolution, a été mise à profit pour obtenir des reliefs en pierre d'une grande netteté. Nous avons vu en ce genre de véritables petits chefs-d'œuvre, qui provenaient des sources de St-Allyre. Quoiqu'un très-petit nombre de nos lecteurs soit à portée de se livrer à ce genre de travail, pour ne rien laisser ignorer de ce qui a rapport aux médailles, nous allons indiquer le moyen dont on se sert pour obtenir ces empreintes en pierre.

Il suffit de disposer des moules convenablement huilés, sous une gouttière laissant échapper goutte à goutte, des petits filets d'eau pétrifiante, très-divisés et facilement évaporables. Le sédiment calcaire se dépose peu à peu sur les moules, et, au bout de plusieurs jours, ils se trouvent complétement recouverts d'une couche assez épaisse pour présenter une grande solidité, avec toute l'apparence et le poli d'une pierre d'un blanc jaunâtre.

TROISIÈME SECTION.

CLICHAGE DES MÉDAILLES EN MÉTAL.

CHAPITRE PREMIER.
Clichage à la Main et à la Presse.

Le clichage est l'art d'obtenir des empreintes (en creux ou en relief) en faisant tomber les moules, à l'aide de la main ou d'une machine, sur un métal ou un alliage métallique, au moment où, après avoir été fondu, il revient à l'état pâteux et où il est près de reprendre sa solidité.

Ce sont principalement les médailles que nous avons eu en vue dans notre travail. Sous ce rapport, le clichage offre de grands avantages pour le moulage des médailles et une grande économie de modèles. En effet, avec les mêmes creux en métal, on peut multiplier les médailles, soit en alliage, soit en plâtre, soit en soufre, sans altérer les matrices; et les épreuves, quelque multipliées qu'elles soient, sont toutes également belles; tandis que les moules en plâtre sont hors de service quand on en a tiré cinq ou six épreuves, dont les dernières ne valent jamais les premières, à moins que les moules n'aient été durcis à l'huile lithargirée, et que les matrices en soufre sont sujettes à se briser et à s'endommager trop facilement sur les bords, en raison de la fragilité de la matière. Mais un des plus grands avantages des creux en métal, c'est de pouvoir se procurer, à peu de frais, des médailles en alliage aussi belles que celles en bronze, soit par le fini, soit par la teinte qu'on peut si bien imiter, que l'œil le plus exercé a peine à y trouver quelque différence.

L'antiquaire, l'amateur de médailles pourra remplacer les plâtres et les soufres de son cabinet par des clichés métalliques; ses empreintes, devenues solides, jouiront de l'avantage d'être multipliées plus facilement en diverses matières, comme nous venons de le dire, sans craindre de les altérer, et ses richesses s'augmenteront par l'échange des copies qu'il en pourra faire. Les principes que nous allons établir, les développements que nous leur donnerons, suffiront pour que toute personne un peu intelligente puisse clicher avec succès. La presse à balancier n'est pas coûteuse, et, pour clicher les petits objets, on peut même s'en passer. Nous avons longtemps cliché les médailles à la main, sans le secours d'aucune espèce de machine.

§ 1. CLICHAGE A LA MAIN.

Quand les médailles n'offrent qu'une petite ou une moyenne surface, qu'elles n'ont pas un grand relief, ou qu'elles sont en plâtre ou en soufre, on peut les clicher à la main. On se sert à cet effet d'un mandrin cylindrique en bois dur et bien sec, (fig. 25), long d'environ 11 centimètres, dont on abat un peu les arêtes à l'extrémité supérieure, de manière que la main n'en soit pas blessée lors du choc.

Ce petit mandrin cylindrique doit ex-

Fig. 25.

céder la surface de la médaille à clicher du double de l'épaisseur que l'on veut donner à l'épreuve. On obtient facilement ce résultat en évidant la partie inférieure du mandrin, de sorte qu'il puisse contenir la matrice ou modèle et l'épreuve en métal. Afin de laisser un passage à l'air au moment du choc, on fait une encoche sur l'un des côtés de cet évidement, sorte d'évent au moyen duquel on évite les soufflures.

On a soin de se garnir le poignet d'une espèce de bracelet de 8 ou 10 centim. de large, en cuir fort et souple, fixé avec deux boucles, et l'on met un gant de peau de daim ou de chamois pour ne pas être brûlé par le métal qui jaillit, surtout si c'est de l'étain, ou un alliage fusible à une température plus haute que celui de D'Arcet. Il faut aussi bien prendre garde au visage. Il ne serait pas mauvais de le couvrir d'un masque en carton, ayant aux yeux de grandes ouvertures rondes, garnies de simple verre bien pur. Il faut encore s'habituer à donner le coup bien d'aplomb et à proportionner la force du choc à la résistance des matières, de peur de les briser en les frappant.

Les médailles circulaires modernes s'exécutent sur un certain nombre de modules, au nombre de 12 au plus, depuis 81 millimètres pour les plus grandes, jusqu'à 17 millimètres pour les plus petites. La figure 26 représente ces divers modules. Les modules plus grands, lorsqu'il s'en rencontre par hasard, ont ordinairement trop de relief pour être clichés sans soufflures, parce qu'en les frappant, l'air se trouve comprimé dans les creux. Il suffira, pour vaincre cette difficulté, d'avoir autant de mandrins qu'il y a de modules différents.

CLICHAGE DES MÉDAILLES EN MÉTAL.

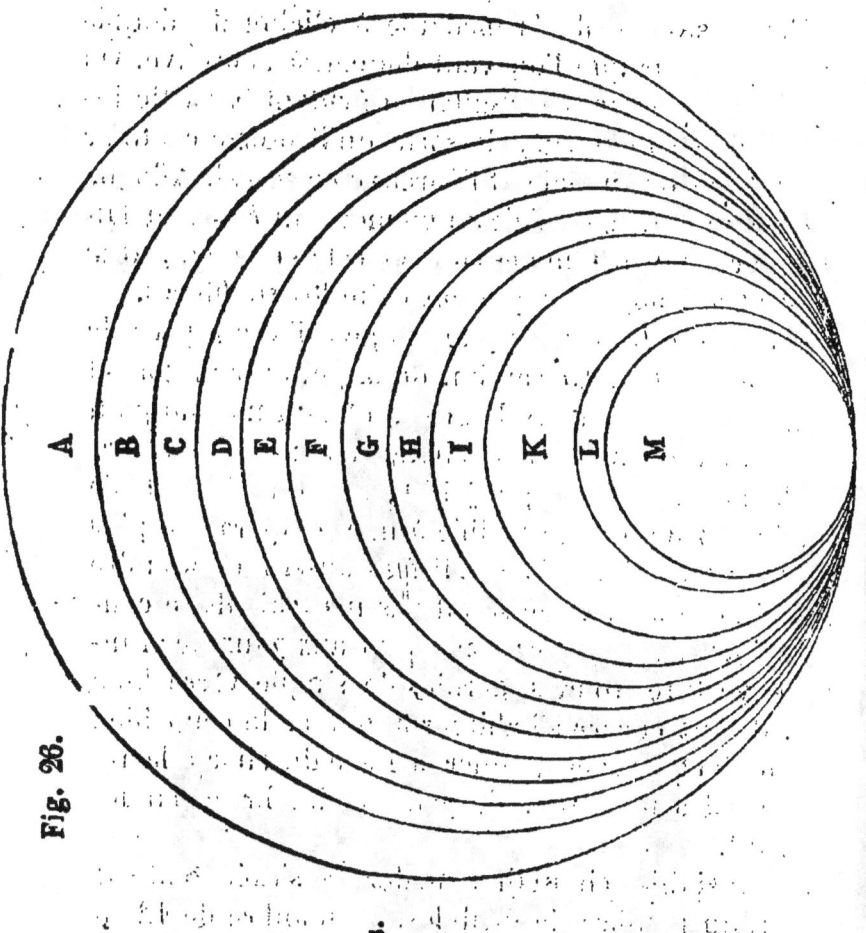

Fig. 26.

MODULES DES MÉDAILLES LES PLUS USITÉS.

- A. 36 lig. ou 81 millièmes.
- B. 32 — 72
- C. 30 — 68
- D. 28 — 63
- E. 26 — 59
- F. 24 — 53
- G. 22 — 50
- H. 20 — 45
- I. 18 — 41
- K. 16 — 36
- L. 12 — 27
- M. Au-dessous.

Jetons { à pans. à virole. cordonnés. }

§ 2. CLICHAGE A LA PRESSE.

Lorsque les matrices sont en matière dure, lorsqu'elles ont beaucoup de relief ou une grande dimension, il est nécessaire d'employer un instrument plus fort que la main. On se sert alors d'une presse à vis en fer (fig. 27), dont la manivelle est munie d'un

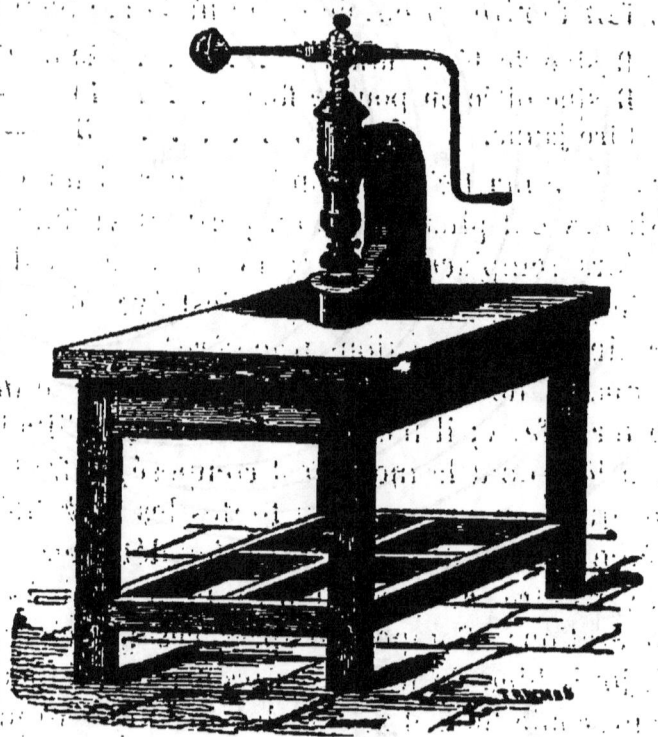

Fig. 27.

poids qui forme volant et qui augmente la force du coup. Cet instrument offre plus de régularité et beaucoup plus de puissance que la main.

Si l'on veut éviter en partie l'effet de la compression de l'air dans le vide formé par les liteaux, on se servira d'une planchette qui n'en sera point garnie. On entourera d'une virole en fer noir ou en carton l'objet dont on veut prendre l'empreinte; mais on ne donnera à la virole que la hauteur suffisante pour qu'elle excède la surface du modèle de l'épaisseur qu'on veut donner au moule, et l'on fixera le modèle à la planchette avec le mastic dont voici la recette, donnée par M. D'Arcet.

On fait fondre ensemble et on mélange bien :

    Résine de térébenthine. . . . . . 20 parties.
    Résine pilée en poudre fine. . . . 40 —
    Cire jaune. . . . . 5 —

Quand ce mastic a été fondu un grand nombre de fois, il devient plus tenace en perdant sa fluidité; il faut alors remplacer la quantité de cire ou d'huile essentielle de térébenthine qui s'est évaporée, et rétablir ainsi les proportions premières.

Ce mastic ne doit servir qu'à empêcher le moule de porter à faux; il n'est pas nécessaire qu'il adhère à la matière dont le moule est composé, il faut seulement qu'il en prenne bien toutes les inégalités; il est même important qu'il puisse s'en détacher facilement, sans être sali par le plâtre, pour servir à d'autres opérations. Composé d'après ces principes, ce mastic jouit bien de toutes ces propriétés; il fond facilement, coule bien et se détache du moule au moindre choc donné sur la tranche.

Dans tous les cas, lorsque l'objet à clicher (surtout si c'est une matière fragile, telle que le soufre et le plâtre) n'offre pas au revers une surface plate ou qui n'est pas parallèle au côté gravé, il faut, pour rétablir le parallélisme, que le carton excède le revers autant qu'il est nécessaire. On remplit alors ce vide en y coulant du plâtre, du soufre ou du mastic, dont nous avons donné ci-dessus la composition, afin que le moule ne porte pas à faux. Si le modèle est en soufre mince et s'il n'est pas garni au revers, on emploie le mastic au lieu du plâtre ou du soufre, qui le feraient fendre.

Le parallélisme entre la surface de la matrice ou de la médaille à clicher avec le métal en fusion est une chose essentielle sous deux rapports : d'abord parce que toute la surface de la matrice frappant en même temps et également sur le métal, l'empreinte est plus parfaite; en second lieu, parce qu'elle a tout autour la même épaisseur, ce qui est une grande économie de temps, car il est fort long et par conséquent fort ennuyeux d'établir cette égalité d'épaisseur avec une râpe ou une lime.

Comme le métal, au moment où l'on cliche, n'est pas à l'état solide, que la pression le fait souvent jaillir, et que cela peut occasionner de graves accidents, surtout si c'est de l'étain ou un alliage fusible à une haute température, on aura une rondelle mobile en fort carton et même en fer, s'adaptant sur le plateau de la presse et pouvant s'en séparer facilement. Cette rondelle servira d'entourage au métal en fusion. Sur le côté, on disposera une encoche faisant fonction d'évent, afin d'éviter les soufflures. Il est nécessaire d'avoir autant de ces rondelles qu'on a de médailles de différents modules à clicher.

§ 3. EMPLOI DU MANDRIN D'ARCET.

Pour éviter l'assortiment assez considérable de ces rondelles, on peut les remplacer par le mandrin de

M. D'Arcet, en le disposant convenablement sous le plateau de la presse. Voici la description de cet appareil :

Le côté inférieur forme une espèce de boîte en bois dur de 3 millimètres de profondeur, dont les bords ou côtés ont 7 à 9 millimètres d'épaisseur et sont garnis de 4 écrous qui reçoivent des vis en fer destinées à serrer la médaille ou la matrice à clicher. On entoure la médaille d'une virole en tôle d'une largeur d'environ 27 millimètres, afin qu'elle puisse servir pour des objets de différente épaisseur ; on y fait une ou deux échancrures pour laisser passage à l'air ; on la laisse déborder la tranche ou le tour de la médaille de l'épaisseur qu'on veut donner à l'empreinte, et l'on garnit exactement le vide qui est derrière avec le mastic dont la composition a été indiquée plus haut. Quand le derrière de la virole est garni de ce mastic, on serre la vis de la virole, de manière que le métal ne puisse s'insinuer entre elle et la médaille. Au lieu de virole en fer, on pourra se servir, surtout si les modèles sont en soufre qui est très-fragile, d'une bande de carton amincie aux deux bouts, qui fera un, deux ou trois tours et qui sera arrêtée avec du pain à cacheter ou de la colle. On y pratiquera un ou deux crans pour servir d'évents. On placera enfin la médaille ainsi garnie dans le mandrin de bois, auquel on la fixera à l'aide des quatre vis.

Si ce mandrin présente plus d'économie que les rondelles dont nous venons de parler, il offre moins d'avantage sous le rapport de l'emploi du temps : pour fixer la médaille dans le mandrin D'Arcet, il faut faire jouer les quatre vis du mandrin, tandis que, lorsqu'on a un certain nombre de rondelles de différents modules, on peut les préparer toutes d'avance, et sitôt que l'une est clichée, remplacer le premier mandrin par un autre. Le métal étant aussi remis plus promptement sur le feu, il fond plus vite, et il n'y a pour ainsi dire point de temps perdu.

Un troisième avantage des mandrins cylindriques, c'est que la colonne d'air qu'ils refoulent en tombant sur le métal n'a pas plus de surface que la médaille, tandis que le mandrin de M. D'Arcet presse une colonne d'air d'une surface plus étendue que celle de l'objet à clicher, ce qui doit occasionner plus de soufflures, comme l'observe très-bien M. D'Arcet. Lorsque l'opération a lieu dans un milieu dont l'air est moins agité, les empreintes en sont plus belles; elles seraient parfaites si l'on pouvait opérer dans le vide.

Cependant l'usage du mandrin de M. D'Arcet et des viroles en carton devient indispensable, lorsqu'on a à clicher des objets qui ne sont pas cylindriques ou d'une forme régulière.

CHAPITRE II.

Confection des Modèles en Plâtre et en Soufre.

§ 1. MODÈLES EN PLATRE.

Nous supposerons toujours que le modèle est en relief. On conçoit aisément que le même procédé s'applique à la multiplication des modèles en creux.

Les modèles dont on veut obtenir des clichés se font avec du bon plâtre sur des soufres ou des plâtres durcis à l'huile siccative, en prenant toutes les précautions indiquées à la page 273. Nous ne parlons pas ici des médailles en métaux. Il est clair qu'il vaut mieux en prendre des empreintes clichées que de les faire en plâtre. Cependant, comme il est des occasions où l'on n'a pas de l'étain ou des alliages à clicher, et comme le plâtre et le soufre sont plus faciles à trouver, on agira suivant les circonstances.

On aura le plus grand soin surtout que la première couche qui s'étend au pinceau soit assez claire pour rendre les moindres détails du sujet, et ne pas produire sur l'empreinte ces soufflures qui ressemblent au pointillé de la miniature, qui échappent à la vue simple, mais non à la loupe, et qui occasionnent sur l'empreinte en métal autant d'aspérités très-sensibles au toucher et qui ôtent aux clichés tout leur prix. Il faut que les modèles offrent à l'œil tout le brillant et le poli de la médaille.

On donnera aux reliefs l'épaisseur convenable pour qu'ils ne se brisent pas sous le choc, et aussi égale que possible pour les médailles du même module, afin que la même virole ou le même cylindre puisse servir pour tous, et que les creux par conséquent aient tous la même épaisseur. Il faudra aussi que la tranche des médailles modèles soit bien perpendiculaire aux plans des deux faces, ce qui sera l'effet de leur parallélisme, condition essentielle qui empêchera le métal de s'insinuer entre le modèle et la virole.

On fera sécher les plâtres à l'air libre, s'il fait chaud, ou dans une étuve d'une chaleur de 60 à 80 degrés au plus, du thermomètre centigrade : une plus haute température leur ferait perdre leur solidité et les rendrait peu propres à supporter l'encollage et la moindre pression.

On pourrait, à la rigueur, obtenir des creux passables en alliage, avec ces modèles en plâtre, lorsqu'ils sont bien secs, surtout pour de petites médailles qui ont peu de relief, en donnant à ces creux peu d'épaisseur, car plus le métal est mince, plus tôt il se refroidit, et moins il altère le modèle et y adhère. Mais si le cliché ne réussit pas du premier coup, on ne peut recommencer avec le modèle, qui se trouve presque toujours hors d'état de servir une seconde fois. Pour parvenir à des résultats plus satisfaisants, il faut rendre les plâtres plus solides, en remplissant avec un corps étranger, non-seulement les pores qui se trouvent à sa surface, mais encore ceux en plus grand nombre, qui se trouvent pour ainsi dire voilés par elle, et s'en approchent de si près que le moindre choc les découvre. On ne peut boucher complétement les premiers ; mais en donnant de la solidité au moule, on empêche les seconds de céder, et l'on contribue surtout, par ce moyen, à obtenir des clichés dont la surface est polie.

On ne peut atteindre ce but qu'en employant une substance liquide qui pénètre aisément le plâtre desséché ; il faut qu'elle se durcisse promptement, sans former d'épaisseur à la surface du modèle, et sans altérer le fini du travail ; il faut enfin que la matière employée, quand elle est sèche et qu'elle emplit les pores du plâtre, ne puisse se ramollir ou ressuer à la chaleur nécessaire pour le clichage. La fusibilité de l'alliage de D'Arcet, à une température peu élevée, remplit parfaitement cette dernière condition.

L'huile lithargirée conviendrait parfaitement pour remplir les pores des plâtres ; ceux qui en sont imbibés depuis longtemps résistent parfaitement au choc et peuvent fournir un assez grand nombre d'épreuves sans se détériorer, surtout si on les laisse reprendre à chaque fois la température ordinaire; mais il faut des années pour la combiner au moule de manière que la chaleur de l'alliage ne la rappelle pas à la surface.

On doit donc donner la préférence à la colle et à la gomme, qui, n'ayant que l'eau pour excipient, donnent des résultats prompts et d'autant meilleurs que, dans les deux cas, la solidité est extrême. Leur usage offre à peu près les mêmes avantages, quant aux effets produits; mais les colles animales, coûtant beaucoup moins que la gomme, étant d'un emploi plus facile et donnant peut-être même plus de solidité aux grandes pièces, nous conseillons d'employer la colle-forte préférablement à la gomme.

On fait tremper à froid, pendant dix ou douze heures, et dissoudre ensuite à chaud au bain-marie, dans un vase en cuivre, dont se servent les menuisiers, 100 grammes de belle colle de Flandre, dans 2 litres d'eau, une plus ou moins grande quantité de ces deux substances, suivant le besoin, mais toujours dans la même proportion. On peut opérer d'abord la dissolution de la colle dans le vase en cuivre, avec une partie seulement d'eau, s'il est trop petit; la dissolution opérée, on verse le mélange dans un vase neuf de terre vernissée, on ajoute le restant de l'eau, on fait chauffer le tout légèrement, et on le passe à travers un linge fin ou une étamine, pour enlever toutes ordures ou corps étrangers.

Avant de se servir de la dissolution, on la fait chauffer de nouveau dans le grand vase, presque jusqu'à l'ébullition, et l'on y plonge les plâtres bien secs et légèrement chauffés, en les plaçant, l'empreinte en dessus, sur une écumoire ou un gril comme celui décrit au chapitre VI, page 299. L'air contenu dans le plâtre se dilate, s'échappe en formant une espèce d'ébullition à la surface du liquide, et l'eau, en prenant sa place, entraîne avec elle, dans l'intérieur des moules, la colle qui est dans un grand état de division. Dès qu'il ne se dégage plus d'air, on retire les plâtres, on les secoue, et l'on souffle fortement sur la surface gravée, pour éviter qu'il ne s'y forme, par le refroidissement, des pellicules de colle qui ôteraient tout le fini de l'ouvrage.

On pourra se servir, avec peut-être plus d'avantage, d'une solution légère de colle de poisson, qui empâtera moins les médailles et leur donnera encore plus de ténacité. (Voyez page 316.)

Une seule immersion ne suffit pas pour donner aux moules de grande dimension la solidité convenable. On y parvient en répétant plusieurs fois l'immersion. Il ne faut cependant pas dépasser certaines limites, car les moules qui contiendraient trop de colle se fendraient et s'écailleraient en séchant, ce qui arrive surtout quand la dessiccation, poussée trop vite, rejette la colle à la surface.

On laisse sécher lentement les modèles ainsi préparés. Sur la fin de l'opération, on peut cependant élever la température jusqu'à 50 ou 60 degrés du thermomètre centigrade, et apporter les mêmes précautions que celles prescrites par la dessiccation des moules non encollés. (Voyez page 282.)

Pour les objets délicats, on pourra ne pas immerger entièrement les modèles dans le liquide, en sorte qu'il n'en couvre pas la surface, la dissolution y pénétrera toujours et ne s'élèvera pas au-dessus; l'on n'aura point à craindre les pellicules de colle, et l'on n'aura pas besoin de souffler sur les plâtres pour parer à cet inconvénient.

La proportion indiquée entre la quantité d'eau et de colle est celle que l'expérience a démontrée être la plus convenable. Elle est telle, que le mélange qui se prend en gelée à la température de l'atmosphère, peut redevenir fluide par la moindre augmentation de chaleur. Cette proportion, relativement à la colle, devrait plutôt être affaiblie qu'augmentée; aussi faut-il remplacer l'eau à mesure que l'évaporation en diminue la quantité. La dissolution, en s'épaississant, ne pénétrerait pas le plâtre facilement; elle se refroidirait à la surface et y formerait des épaisseurs considérables.

Comme la colle est une matière animale, et que, mélangée à une si grande quantité d'eau, elle ne peut devenir solide avant de se gâter, on aura soin de ne pas laisser la solution plusieurs jours sans s'en servir, surtout pendant la chaleur. Si l'on fait usage du mélange altéré, il ne produirait plus aucun effet.

On ne doit employer les moules encollés que lorsqu'ils sont parfaitement secs, et comme ils attirent l'humidité de l'air à cause de la colle qu'ils contiennent, on les conservera dans un lieu sec, et on les échauffera légèrement quelque temps avant le clichage, qui ne doit se faire qu'après l'entier refroidissement des moules, qu'on doit aussi laisser refroidir après chaque épreuve qu'on en tire.

§ 2. MODÈLES EN SOUFRE.

On coulera sur des modèles en plâtre, passés ou non à l'huile lithargirée et faits avec toutes les précautions indiquées page 347, et dans la première partie de cet ouvrage, des creux ou des reliefs en soufre, d'une épaisseur convenable pour résister au choc de la presse; cette matière est excessivement fragile, et la moindre chaleur la fait casser. Pour remédier en partie à cet inconvénient, on entourera les modèles d'une bande de carton mince qui n'en excède pas le bord, et l'on pourra garnir le vide d'environ 3 à 6 millim. qu'on laissera derrière, avec du plâtre, ou du ciment de Pouilly, ou du mastic, en ayant soin d'établir la tranche ou le tour bien perpendiculaire au plan de la médaille et les deux plans bien parallèles, pour les motifs déduits à la page 345.

Nous venons de dire que le soufre cassait à la moindre chaleur. Cela est vrai, quand il est fondu depuis plusieurs heures, et qu'il a repris la couleur qu'il avait auparavant. Nous avons déjà remarqué, qu'immédiatement après avoir été coulé, et même une heure ou deux après, il se coupait presque aussi facilement que du savon : c'est le moment qui convient le mieux pour clicher. On peut alors tirer plusieurs épreuves avec la même matrice, sans qu'elle se brise ou sans que la surface s'enlève en écailles, comme cela arrive quand les moules sont fondus depuis longtemps.

Nous avons souvent remarqué qu'ayant oublié des moules en soufre coulés même anciennement, sur un poêle en faïence chauffé modérément, ces moules, loin de se casser, comme on aurait pu s'y attendre, nétrera toujours et ne s'élèvera pas au-dessus ; l'on n'aura point à craindre les pellicules de colle, et l'on n'aura pas besoin de souffler sur les plâtres pour parer à cet inconvénient.

La proportion indiquée entre la quantité d'eau et de colle est celle que l'expérience a démontrée être la plus convenable. Elle est telle, que le mélange qui se prend en gelée à la température de l'atmosphère, peut redevenir fluide par la moindre augmentation de chaleur. Cette proportion, relativement à la colle, devrait plutôt être affaiblie qu'augmentée ; aussi faut-il remplacer l'eau à mesure que l'évaporation en diminue la quantité. La dissolution, en s'épaississant, ne pénétrerait pas le plâtre facilement ; elle se refroidirait à la surface et y formerait des épaisseurs considérables.

Comme la colle est une matière animale, et que, mélangée à une si grande quantité d'eau, elle ne peut devenir solide avant de se gâter, on aura soin de ne pas laisser la solution plusieurs jours sans s'en servir, surtout pendant la chaleur. Si l'on fait usage du mélange altéré, il ne produirait plus aucun effet.

On ne doit employer les moules encollés que lorsqu'ils sont parfaitement secs, et comme ils attirent l'humidité de l'air à cause de la colle qu'ils contiennent, on les conservera dans un lieu sec, et on les échauffera légèrement quelque temps avant le clichage, qui ne doit se faire qu'après l'entier refroidissement des moules, qu'on doit aussi laisser refroidir après chaque épreuve qu'on en tire.

§ 2. MODÈLES EN SOUFRE.

On coulera sur des modèles en plâtre, passés ou non à l'huile lithargirée et faits avec toutes les précautions indiquées page 347, et dans la première partie de cet ouvrage, des creux ou des reliefs en soufre, d'une épaisseur convenable pour résister au choc de la presse; cette matière est excessivement fragile, et la moindre chaleur la fait casser. Pour remédier en partie à cet inconvénient, on entourera les modèles d'une bande de carton mince qui n'en excède pas le bord, et l'on pourra garnir le vide d'environ 3 à 6 millim. qu'on laissera derrière, avec du plâtre, ou du ciment de Pouilly, ou du mastic, en ayant soin d'établir la tranche ou le tour bien perpendiculaire au plan de la médaille et les deux plans bien parallèles, pour les motifs déduits à la page 345.

Nous venons de dire que le soufre cassait à la moindre chaleur. Cela est vrai, quand il est fondu depuis plusieurs heures, et qu'il a repris la couleur qu'il avait auparavant. Nous avons déjà remarqué, qu'immédiatement après avoir été coulé, et même une heure ou deux après, il se coupait presque aussi facilement que du savon : c'est le moment qui convient le mieux pour clicher. On peut alors tirer plusieurs épreuves avec la même matrice, sans qu'elle se brise ou sans que la surface s'enlève en écailles, comme cela arrive quand les moules sont fondus depuis longtemps.

Nous avons souvent remarqué qu'ayant oublié des moules en soufre coulés même anciennement, sur un poêle en faïence chauffé modérément, ces moules, loin de se casser, comme on aurait pu s'y attendre, reprenaient, au contraire, toutes les qualités qu'ils avaient une heure après avoir été coulés. Nous avons même pu les couper très-facilement. On pourra profiter de la connaissance de cette propriété du soufre, pour faire légèrement chauffer les moules, lorsqu'il s'agira de les employer au clichage.

On augmentera beaucoup la résistance et la dureté du soufre, en y ajoutant le quart ou le cinquième en volume d'oxyde ou de battitures de fer, qui se trouvent au pied de l'enclume des forgerons. On les pulvérisera dans un mortier de fer et on les passera ensuite au tamis. En coulant, on aura soin de remuer chaque fois le fond du vase et de prendre une portion de l'oxyde, parce que cette matière étant plus pesante que le soufre, elle se précipite au fond, où elle resterait sans cette précaution.

On fera bien d'employer, pour toute espèce de moules ou de médailles en soufre, l'alliage que nous venons d'indiquer. Il donne au soufre la plus grande dureté qu'on puisse atteindre, en formant avec lui une combinaison intime qui est un véritable sulfure de fer.

CHAPITRE III.

Alliages propres au Clichage.

§ 1. DE L'ÉTAIN ET DES ALLIAGES.

L'étain convient mieux que tous les alliages pour la confection des creux sur les médailles ou autres reliefs en fer, acier, cuivre, bronze et argent. Il doit obtenir la préférence en raison de sa dureté, qui rend les matières moins sujettes à s'altérer que celles en alliage. Le plus fin est le meilleur. Cependant l'emploi de l'étain offre un petit inconvénient : l'application immédiate de la médaille, qui est froide, sur le métal, qui est encore à une haute température, même quand il parvient à l'état pâteux en perdant de sa chaleur, produit une effervescence qui occasionne assez ordinairement sur le moule des espèces de boursoufflures ou d'ondulations peu sensibles à la vue, mais qui cependant font que la surface n'en est pas parfaitement plane et n'offre pas tout le brillant de la médaille. On évitera ce léger défaut en se servant des alliages ci-après.

Les deux alliages suivants ne doivent s'employer que pour obtenir des matrices sur fer, acier, argent, bronze et cuivre. Ils sont moins durs que l'étain, mais les creux qu'on en retire ont un fini et un poli tels que celui des médailles. Il faut une assez haute température pour les faire fondre, cependant moindre que celle qui fait entrer l'étain en fusion. C'est pourquoi on ne s'en servira point sur le bois, le plâtre, ni le soufre, pas même sur l'étain.

Premier alliage.

Plomb.	10 parties.
Bismuth.	1 —
Etain.	5 —

Deuxième alliage.

Plomb. . . . . } Parties égales.
Bismuth. . . . . . . }

Le succès du clichage sur des moules en plâtre ou en soufre dépend beaucoup de la fusibilité de l'alliage dont on se sert. Le plus facile à fondre offre le plus d'avantage; mais, pour jouir de toutes ses propriétés, il faut que les métaux qui entrent dans sa composition soient purs, et qu'ils y soient unis dans les proportions qui donnent au mélange la propriété de devenir fluide à la moindre chaleur possible. De nombreuses expériences ont prouvé que les trois alliages suivants réunissent les qualités convenables. Tant qu'ils sont chauds, ils sont cassants : froids, ils sont assez malléables pour résister au choc, et assez durs, surtout le premier, pour garantir les empreintes du frottement, et donner la facilité de les retoucher au burin et au grattoir.

Premier alliage.

Plomb.	5 parties.
Bismuth.	8 —
Etain.	3 —

Deuxième alliage.

Plomb.	2 parties.
Bismuth.	3 —
Etain.	1 —

Troisième alliage.

Zinc.	
Bismuth.	Parties égales.
Etain.	

Ces trois alliages, dont le premier est celui de M. D'Arcet, sont plus durs que les deux précédents. Les deux premiers fondent à peu près à la même température, 93 degrés du thermomètre centigrade, 7 degrés au-dessous de la chaleur de l'eau bouillante. Le dernier, le plus fusible de tous, reste en fusion quand on le tient dans une carte au-dessus de la flamme d'une chandelle ou d'une lampe. Pour clicher des médailles sur des creux en étain, on donnera la préférence au métal de M. D'Arcet, qui prend parfaitement le bronze.

§ 2. PRÉPARATION DES ALLIAGES.

On fait fondre dans un poêlon de fer les divers métaux, en commençant toujours par les moins fusibles : autrement l'alliage ne pourrait se faire d'une manière convenable, en raison de ce qu'il faudrait élever la température des métaux d'une fusion facile jusqu'au degré où ceux moins fusibles pourraient y entrer, ce qui occasionnerait en partie l'oxydation du premier métal, en diminuerait la quantité, et détruirait par conséquent les proportions données. Voici, suivant le thermomètre centigrade, l'ordre de fusibilité des métaux que nous employons :

Zinc. . . . . $+ 370°$
Plomb. . . . . $+ 260°$
Bismuth. . . . . $+ 256°$
Étain. . . . . $+ 210°$

Il faut remarquer que le zinc se volatilise quand on l'expose à une température plus élevée que celle à laquelle il entre en fusion, et qu'en général les autres s'oxydent dans le même cas. On aura donc soin d'agir en conséquence ; et, pour éviter l'oxydation, on couvrira de résine ou de suif le premier métal sitôt qu'il sera fondu, même quand il commencera à entrer en fusion. On chauffera ensuite un peu fortement avant d'ajouter le second, parce que celui-ci, avant de fondre, s'empare du calorique du premier, jusqu'à ce qu'ils soient tous deux à la même température. Cette température ne serait plus alors assez haute pour opérer la fusion, et l'alliage ne se ferait pas bien. Les deux métaux étant fondus, on les brasse, c'est-à-dire qu'on les mélange bien avec un pochon de fer, en remuant la matière en la puisant et en la reversant aussi longtemps qu'il paraît nécessaire. On ajoute ainsi successivement les métaux jusqu'au dernier qui entre dans l'alliage, et l'on opère à chaque fois le mélange ; puis on le verse dans des petites capsules en carton, et, à l'aide de cloisons aussi en carton, on le divise en petites parties, pour s'épargner la peine de couper les lingots quand on n'a besoin que d'une petite quantité de matière.

Chaque fois qu'on fait fondre des alliages, il se forme à leur surface, surtout si l'on n'y met que peu ou point de suif, des pellicules oxydées, d'autant plus considérables que la chaleur a été plus forte et soutenue plus longtemps. On réunira ces scories et on les fondra avec de la résine, du suif ou de l'huile, à une température assez élevée pour les ramener à l'état métallique, afin qu'elles puissent servir à de nouvelles opérations. L'alliage qui en provient est encore très-fusible. L'expérience prouve aussi, qu'après un grand nombre d'opérations, celui qui reste, et dont on a séparé les pellicules oxydées, se trouve encore capable de se ramollir dans l'eau bouillante.

CHAPITRE IV.

Opérations du Clichage.

Nous avons vu précédemment qu'on peut clicher à la presse ou à la main ; et nous avons fait connaître les soins et les précautions qu'il faut prendre dans les deux cas.

En principe, il est admis qu'on ne peut obtenir d'empreintes qu'en employant un métal qui entre en fusion à une température moins élevée que celle qui ferait fondre le modèle. Une température égale convient quelquefois, mais seulement pour les alliages qui entrent en fusion à un degré de chaleur peu élevé. Ainsi l'on peut clicher, avec les trois alliages indiqués à la page 356, sur des modèles qui en sont formés ; mais pour y parvenir plus sûrement, voici comment il faut préparer ces modèles :

Après les avoir nettoyés au moyen d'une brosse à dents, avec de l'eau de savon, dans laquelle on mettra un quart d'eau-de-vie et un peu de poudre de tripoli ou de pierre-ponce extrêmement fine, on les essuiera bien avec de la toile usée ou de la mousseline, puis on les mouillera et on les frottera avec la dissolution indiquée plus bas, dans laquelle on les fera ensuite infuser quelques minutes. Lorsqu'ils seront secs, on les frottera de nouveau avec une brosse sèche et propre, jusqu'à ce qu'ils soient bien débarrassés du superflu de l'oxyde qui s'y sera attaché, et qu'ils soient devenus rouges et brillants. On pourra augmenter le poli en faisant usage de la brosse à dents qui sert à faire briller les médailles bronzées, sans employer cependant la poudre de sanguine, ni la plombagine, attendu que ce qui en sera attaché à la brosse suffira. On aura soin de frotter légèrement.

La dissolution dont on vient de parler se compose de fort vinaigre blanc et de vert-de-gris en poudre, connu dans le commerce sous le nom de *verdet*, dans la proportion d'une tasse à café ordinaire pour 15 grammes de verdet. On mélange bien l'un avec l'autre ; on laisse reposer une heure ou deux pour laisser opérer la dissolution, que l'on décante avant d'en faire usage, en prenant garde de la troubler. On évitera de respirer la poudre qui se répand dans l'atmosphère quand on prépare les modèles.

On peut se dispenser de les laisser infuser, et se borner à les frotter avec la brosse, que l'on trempe de temps en temps dans la dissolution, jusqu'à ce qu'ils aient acquis la couleur du cuivre rouge. Alors on les essuie et on leur donne le brillant, comme nous venons de le dire.

Que l'on cliche avec des modèles en creux ou en relief, qu'ils soient en bronze ou en autre métal dur, en étain ou en alliage, en bois, en plâtre ou en soufre, ou en toute autre matière, le procédé est toujours le même. Il faut, avant d'opérer, qu'ils soient bien secs et bien nettoyés de toute crasse ou corps étrangers (voyez Chapitre III). On les fixe alors à un mandrin D'Arcet en ayant bien soin d'établir le parallélisme entre la surface du modèle et le métal à clicher. Si l'on cliche à la main, on suivra ce qui est dit à la page 340. Quand on aura à clicher à la main ou à la presse plusieurs médailles, on pourra les ajuster d'avance aux mandrins cylindriques.

On aura soin que la presse soit placée sur un corps

solide ou horizontal, pour obtenir le parallélisme essentiel entre la surface du modèle et le métal en fusion. On placera sur le plateau, perpendiculairement sous la tige, une capsule en carton de 9 à 11 millimètres de profondeur, plus large que le modèle, garnie intérieurement d'une autre capsule en papier, légèrement huilée, afin que le métal ne s'y attache pas. On fera fondre l'étain ou l'alliage; quand il entrera en fusion, on y ajoutera un peu de suif ou de térébenthine pour empêcher l'oxydation, et, aussitôt qu'il sera fondu, on en versera dans la capsule environ le double de l'épaisseur que doit avoir le cliché, en détournant le suif et l'oxyde avec un morceau de carton arrondi au bout. Ensuite, avec un autre morceau de carton, pas tout-à-fait aussi large que la capsule, on agitera le métal en le ramenant d'abord alternativement des bords au centre et du centre à la circonférence, en le pétrissant et en le coupant rapidement en tout sens, par petites portions parallèles, jusqu'à ce qu'il soit parvenu à un état pâteux, égal dans toutes ses parties, tel que le carton pénètre facilement jusqu'au fond, et que sa trace disparaisse aussitôt. Alors on passe légèrement le carton, d'une seule fois, sur toute la surface du métal, afin de lui donner un aspect brillant et pour enlever les corps étrangers qui pourraient s'y trouver. On abaisse de suite la vis de la presse qui comprime la matière molle, et y forme l'empreinte du sujet. Il faut que le passage du carton sur le métal et l'abaissement de la vis de la presse se fassent avec célérité, pour éviter que l'alliage ne s'épaississe trop. L'expérience apprendra à le bien triturer et à saisir le moment le plus favorable pour frapper.

Mouleur.

Nous ne reviendrons pas sur l'opération du clichage à la main, décrite à la page 340.

Les deux premiers alliages dont on trouvera la formule à la page 355, parviennent à l'état pâteux moins promptement que l'étain, et d'une manière moins uniforme. Il se fait dans le milieu de la masse, dont une partie reste fluide, une cristallisation qu'il faut briser et rendre confuse, en agitant, en triturant et en coupant la masse métallique, comme on l'a dit plus haut, et le plus vite possible, jusqu'à ce qu'elle soit également pâteuse partout.

On sépare le cliché du modèle lorsqu'ils sont refroidis tous deux. Pour obtenir un bon résultat, on frappe fortement, bien à plat sur une planche, le derrière du modèle, s'il est assez solide pour résister au choc sans se briser ou s'altérer; autrement on dégage les bords avec un petit couteau ou un instrument fait exprès, en prenant garde d'endommager le modèle, et l'on frappe légèrement sur la tranche.

Comme les alliages formulés à la page 356 sont très-cassants tant qu'ils ne sont pas froids, on se gardera bien de séparer de suite l'empreinte du modèle; il faut attendre que le tout soit refroidi. Cette précaution est surtout nécessaire lorsque tous deux sont composés d'alliage, parce que le cliché communiquant sa chaleur au modèle, celui-ci devient cassant comme le premier.

Le clichage avec des moules en soufre réussit très-bien, surtout quand ceux-ci n'ont que peu de diamètre et de relief, et qu'on a la précaution de s'en servir une heure ou une demi-heure après qu'ils ont été coulés, parce qu'alors ils sont beaucoup moins fragiles. Les clichés viennent ainsi presque toujours sans défaut, et se détachent facilement du modèle; mais leur surface est ou noircie ou bronzée par le soufre qui s'échauffe et qui sulfure un peu le métal. C'est une espèce de patine artificielle qu'on peut enlever en la frottant avec du tripoli ou de la poudre très-fine de pierre-ponce, mais qu'il vaut mieux laisser quand on ne veut pas bronzer les clichés, et qui n'a rien de désagréable à l'œil.

Si les clichés sont faits sur des modèles en plâtre, on les met tremper dans l'eau, et on les nettoie en les frottant avec une brosse à dents un peu rude, ce qui se fait avec d'autant plus de facilité, que la colle se gonfle en s'humectant et désunit ainsi les molécules de plâtre qu'elle entoure. S'il restait dans les creux quelques portions de plâtre que la brosse ne pût enlever, on se servirait d'un bout de bois aiguisé, pour ne pas endommager le métal.

On agira de même quand des parcelles de soufre demeureront attachées aux clichés.

Quand ceux-ci sont bien propres, on les examine avec la loupe, et s'ils sont sans défaut, on les conserve; dans le cas contraire, on les refond. Cependant, s'il n'y avait que de légers défauts, on tirerait auparavant de secondes épreuves, et l'on ne remettrait les premières au creuset qu'autant qu'on aurait mieux réussi la seconde fois.

Les objets les plus faciles à clicher sont ceux qui ont le moins de surface et de relief. Les médailles à portraits qui ont 4 à 5 millimètres de relief, réussissent difficilement, parce qu'à l'instant où la matrice comprime le métal, l'air, qui cherche à se dégager, ne trouvant pas assez promptement issue, il en reste toujours un peu qui, étant refoulé dans les parties les plus creuses de la matrice, occasionnent des soufflures aux clichés. Aussi les creux de ces sortes de médailles réussissent mieux que les reliefs, parce qu'au moment où la médaille modèle tombe sur la matière en fusion, l'air s'échappe facilement, d'abord sous les parties les plus saillantes de la médaille, puis sous les extrémités, et qu'il est chassé à l'extérieur.

On cliche sur le bois et sur le carton de la même manière que sur le plâtre et le soufre, mais il faut avoir soin de ne se servir que des alliages indiqués à la page 356.

On peut encore clicher sur la cire à cacheter, ce qui se fait toujours à la main. Mais comme cet ouvrage pourrait tomber entre des mains qui en feraient un usage criminel et s'en aideraient pour fabriquer de faux cachets, nous nous abstiendrons de faire connaître cette manière de clicher.

CHAPITRE V.

Réparation et Bronzage des Clichés.

§ 1. RÉPARATION DES CLICHÉS.

Quand les clichés ont été séparés des modèles, on coupe avec de bons ciseaux, tels que ceux dont on se sert pour couper les ongles, la portion de matière qui s'est insinuée entre le mandrin et le modèle, et qui excède le bord de la médaille, en prenant la précaution d'en enlever plutôt moins que trop. On achèvera de dresser et d'unir ce bord au moyen d'une lime un peu fine, puis avec un râcloir. Cet outil est fait avec un morceau d'acier plus large qu'épais, dont les côtés sont bien droits et les angles assez vifs, telle que serait une petite lime triangulaire avant d'être taillée. On peut en avoir de plusieurs dimensions : les plus grands serviront pour râcler et unir le derrière des clichés. On dressera et l'on unira de même, à la lime et au râcloir, la tranche de la médaille, en tenant cette tranche bien perpendiculaire et en ayant soin qu'elle ne fasse pas ventre au milieu, ce qui arrive assez fréquemment quand on se sert du râcloir. Pour limer la tranche plus aisément et plus perpendiculairement, on se servira de deux planchettes en bois de 9 à 11 centimètres de largeur, placées l'une sur l'autre ; l'une a environ 5 millimètres et l'autre environ 11 centimètres d'épaisseur ; elles sont arrondies à l'un des bouts et fixées à l'étau ou à une table, par trois petits goujons en fer *c*, de manière qu'on puisse les placer et les ôter aisément, sans frapper (fig. 28). C'est sur l'ex-

Fig. 28.

trémité arrondie *a* que l'on place la médaille pour en limer la tranche ; on appuie la lime sur la planchette de dessous *b*, en la tenant bien perpendiculairement ; le cliché, faisant un peu saillie hors de celle de dessus *a*, la lime atteint la tranche tout entière, ce qui n'aurait pas lieu, du moins très-difficilement, sans cette saillie et si le cliché n'était pas sur un plan un peu plus élevé que celui sur lequel porte la lime.

Si le cliché a tout autour la même épaisseur, on n'aura pas besoin de limer le dessous, on ne fera usage que du râcloir pour l'unir et le polir. S'il en était autrement, on se servirait pour égaliser l'épaisseur, d'une lime plate, dite *bâtarde*, et ensuite d'une lime moins grosse, et l'on achèverait d'unir au râcloir, dont on donnerait en finissant un léger coup sur les angles, en dessus et en dessous, pour les rendre moins vifs.

Comme le métal empâte les limes, c'est-à-dire s'y attache, surtout quand elles sont fines, on les nettoiera en passant entre chaque dent une pointe d'acier bien aiguë et bien trempée, afin qu'elle s'use moins vite, et on l'aiguisera sur la meule ou le grès quand elle en aura besoin.

La tranche, le bord et le derrière des clichés étant bien dressés et bien unis, on les nettoiera et les dégraissera, en les frottant avec du tripoli ou de la poudre de pierre-ponce très-fine, à l'aide d'une brosse à dents fortes qu'on mouillera d'eau ; puis on les lavera à l'eau claire et on les essuiera fortement avec de la toile usée. On les examinera alors avec la loupe, et, s'il y a quelques défauts, on les fera disparaître à l'aide du burin. On en aura à cet effet de différentes formes, les uns à grains d'orge, d'autres arrondis au bout, et d'autres ayant deux biseaux, l'un au bout et l'autre sur l'un des côtés, celui du bout formant un angle aigu avec le côté qui n'a pas de biseau. Ce dernier instrument servira à unir le fond ou le champ de la médaille et à en enlever promptement les petites aspérités qui s'y trouveraient, surtout si l'on a cliché avec des modèles en plâtre qui n'auraient pas été confectionnés avec les précautions que nous avons recommandées page 348. Si l'on aperçoit les traits du burin, on les fera disparaître en frottant avec de petits morceaux de pierre à rasoirs bien polie, ou d'ardoise, et de l'huile d'olive. Cette opération faite avec soin, on nettoiera de nouveau le cliché avec le tripoli et la poudre de pierre-ponce, puis on le lavera et on l'essuiera soigneusement.

Si l'on ne veut pas bronzer les clichés, il ne faudra pas les nettoyer, parce que cette opération leur ferait perdre leur éclat.

§ 2. BRONZAGE DES CLICHÉS.

Les clichés préparés comme on vient de le dire, on versera de la dissolution de vert-de-gris dont nous avons parlé page 360 (en ayant soin de ne pas la troubler), dans une assiette ou une soucoupe, suivant qu'on aura une ou plusieurs médailles à bronzer; puis, avec une brosse à dents, on les frottera dessus et dessous et sur la tranche, avec la dissolution, de sorte qu'elles soient mouillées partout; puis on les placera dans le vase, le relief en dessus, de manière que le liquide les couvre entièrement. Elles se colorent insensiblement; la teinte devient de plus en plus foncée, et on ne les retire de la dissolution que lorsqu'elles ont acquis une belle couleur de cuivre rouge. On les fera sécher pendant une demi-heure ou une heure, suivant la saison. On y parviendra plus promptement en hiver en les plaçant sur un poêle en faïence.

Quand elles sont bien sèches, on prend une brosse qui le soit également, et, avec de la poudre de sanguine très-fine, on frotte la médaille pour enlever le superflu de l'oxyde qui s'y est attaché, sans cependant la trop nettoyer. On est parvenu au point convenable quand, en soufflant avec l'haleine, on aperçoit encore sur toute la surface une partie de l'oxyde qui est sous une forme un peu visqueuse. On souffle de nouveau sur la médaille, et, avec une brosse douce que l'on trempe dans le mélange suivant :

Sanguine. . . . . 5 parties.
Plombagine. . . . . 8 —

Ces deux substances sont broyées ensemble sur une glace avec un peu d'esprit-de-vin ; il doit en résulter une pâte presque solide, que l'on conserve pour l'usage.

Lorsqu'on veut s'en servir, on délaie un peu de cette pâte dans de l'alcool, et on l'applique en bouillie épaisse sur la surface du métal. On laisse cette composition séjourner pendant vingt-quatre heures sur la médaille, puis on brosse doucement et l'on recueille la poudre qui tombe, pour s'en servir de nouveau.

Pour polir et faire briller la médaille, on la frotte doucement en tous sens, en humectant de temps en temps avec l'haleine, jusqu'à ce que la médaille commence à briller. Alors on cesse de souffler, et si elle offre la teinte que l'on désire, on continue à frotter pour la rendre brillante. Pour l'achever, on prend avec la brosse un peu de plombagine, sans mélange de sanguine, et l'on frotte avec plus de force. Si l'on veut que le bronze soit d'une couleur plus claire, on ne mettra dans le mélange qu'un quart de plombagine ; si on la désire plus foncée, on augmente la dose de cette dernière matière. En un mot, l'expérience apprendra à donner aux clichés la teinte que l'on voudra. On polira la tranche et le derrière avec moins de précaution. Il faudra bien prendre garde de respirer par le nez ou la bouche la poudre d'oxyde et celle de la plombagine qui se dégagent en frottant.

Au lieu de mettre infuser les clichés dans la dissolution, on pourra les frotter avec la brosse qu'on y trempera de temps en temps, en ayant soin de la nettoyer de l'écume qui se forme et de la presser un peu pour en faire sortir le vinaigre. On continuera de frotter jusqu'à ce que le cliché ait une belle couleur de cuivre rouge. On le laissera ou le fera sécher, comme on l'a déjà dit, puis on donnera le bronze comme on vient de l'enseigner à la page précédente; mais on pourra moins en varier la teinte.

Nous disons qu'il faut tremper de temps en temps la brosse dans la dissolution, parce que, si l'on frottait toujours sans prendre cette précaution, la couleur ne se formerait pas, puisque, la médaille se chargeant du vert-de-gris que le vinaigre tenait en dissolution, il n'en pourrait fournir une assez grande quantité; c'est pourquoi il faut tremper plusieurs fois la brosse dans la préparation pour la charger d'un nouvel oxyde. Par la même raison, quand on a fait infuser un certain nombre de médailles dans la dissolution, elle a perdu presque toute sa vertu; alors on ne doit plus s'en servir.

Les médailles bronzées d'après la manière que nous venons d'enseigner, peuvent rivaliser avec celles de bronze pour le fini, la teinte et le brillant, et l'œil le plus exercé pourrait s'y tromper. Mais, par le procédé du clichage, on ne peut frapper des médailles à double face. Cet inconvénient, si c'en est un, est compensé par un autre avantage : l'amateur, en formant son médailler, peut placer à côté l'un de l'autre la médaille et le revers; en sorte que d'un seul coup-d'œil il voit les deux côtés, sans rien toucher ni déranger. Il serait cependant possible de réunir les deux parties, soit à l'aide de colle ou de mastic, soit, mieux encore, en les soudant avec un alliage plus fusible que celui qui les compose, après en avoir uni et rendu les faces de derrière aussi parallèles que possible avec le champ de la médaille. Cette dernière opération, que nous avons essayée d'une manière assez légère, nous paraît cependant assez difficile en ce que, d'une part, pour opérer la soudure, il faut faire fondre un tant soit peu de la surface des deux côtés de la médaille, à l'endroit où l'on veut souder, afin que la soudure, plus fusible, puisse s'y unir; et que, d'un autre côté, la grande fusibilité de l'alliage des clichés fait que, sitôt que la fusion s'opère d'un côté, elle s'étend de l'autre, ce qui endommage les médailles sans remède.

On pourrait encore au besoin réunir les deux côtés des clichés avec de légères goupilles.

QUATRIÈME SECTION.
CONFECTION DES MÉDAILLERS.

§ 1. PRÉPARATION DES CADRES.

On fera faire un cadre d'une grandeur proportionnée à celle de la tablette dont on parlera plus bas, et sur laquelle on placera les médailles, en lui donnant, ainsi qu'à cette tablette, et autant que l'arrangement des médailles le permettra, une forme rectangulaire dont les grands côtés auront une fois et demie la longueur des petits, cette forme étant la plus agréable. Ce cadre sera fait comme ceux qui sont destinés à recevoir des gravures. Il aura seulement de plus tout autour, par derrière et à fleur du bord extérieur, un baguette saillante sur le fond d'environ 14 millimètres de largeur et d'une épaisseur égale à celle de la tablette, qui sera aussi garnie d'un rebord assez épais pour que les médailles ne touchent pas le verre, quand on placera cette tablette dans le cadre. La surface de la tablette remplira le vide du cadre par derrière, et, entre ses rebords, elle sera égale au vide que présente le cadre entre ses quatre côtés vers la feuillure. On voit que la baguette mise autour du cadre par derrière est destinée à cacher, par les côtés, la tablette qui doit porter les médailles.

On construira cette tablette en sapin, en peuplier ou en tout autre bois léger bien sec. On coupera de la même dimension une feuille de bon carton bien uni, sur laquelle on collera proprement du papier de couleur. Si les médailles sont jaunes ou de toute autre couleur claire, on emploiera du papier bleu un peu foncé; si elles sont blanches, noires ou bronzées, on se servira de papier vert clair. Les papiers de tenture mats conviennent parfaitement pour ce travail; le papier lustré serait moins bon. On collera ce carton, ainsi recouvert de papier, sur la tablette de sapin. On ajustera, sans le fixer, le tour ou l'espèce de châssis, dont l'intérieur, comme on l'a déjà dit, offrira un vide égal à l'ouverture du cadre. Ce châssis aura un peu plus d'épaisseur que les médailles, afin que celles-ci ne touchent pas le verre du cadre. Les quatre pièces du châssis seront ajustées, non à onglet, comme celles du cadre, mais le bois coupé à moitié de son épaisseur, les extrémités se recouvrant réciproquement. On collera, sur l'une des faces étroites de chaque pièce, en couvrant un peu celles du dessus et du dessous, du papier de la même couleur que celui qui garnira le fond de la tablette. Ensuite, avec des pointes de Paris, on clouera le châssis sur la tablette; les côtés garnis de papier se trouvant à l'intérieur.

Au cas où ces courtes explications paraîtraient trop insuffisantes au lecteur, il pourrait recourir au *Manuel du Fabricant de Cadres*, publié par M. De Saint-Victor dans l'*Encyclopédie-Roret*. Il trouverait dans ce petit ouvrage les renseignements nécessaires pour exécuter toutes les sortes de cadres, de châssis, d'encadrements, etc. Ce petit volume écrit par un praticien amateur peut être recommandé comme un guide certain. Les collectionneurs pourront ainsi varier à l'infini les modèles de leurs cadres, suivant leur fantaisie ou suivant la place disponible.

§ 2. DISPOSITION DES MÉDAILLES.

Si les médailles à encadrer sont toutes du même module (1), on les placera en lignes horizontales, suivant l'ordre chronologique des événements qu'elles retracent, et si ce sont des personnages, suivant la date de leur naissance. S'il y a de grandes médailles, on les distribuera symétriquement autour de la tablette.

Pour les arranger plus régulièrement, on divisera la hauteur de la tablette en autant de parties qu'on aura de rangs de médailles à placer horizontalement, et la largeur en autant de parties qu'il y aura de médailles dans chaque ligne horizontale, en ayant soin de laisser l'espace de 2 ou 5 millimètres entre chaque médaille ; dans la direction perpendiculaire et la direction horizontale, de 7 ou 9 millimètres entre le tour du châssis et les quatre rangs qui l'avoisinent.

Il faudra prendre ses mesures de manière : 1°, que les points de division des rangs horizontaux indiquent le bas de la médaille, c'est-à-dire que si l'on tirait des lignes horizontales d'un côté à l'autre, le bas des médailles s'appuierait sur ces lignes ; 2°, que les points de division des rangs perpendiculaires indiquent le centre des médailles, c'est-à-dire que si l'on traçait des lignes perpendiculaires, des points inférieurs aux points supérieurs, elles partageraient les médailles perpendiculairement en passant par le centre.

On marquera avec une pointe les divisions hori-

---

(1) La figure 26, page 342, représente les modules de médailles les plus usités.

zontales sur les bords des petits côtés du châssis. Les divisions marquées sur les grands côtés se traceront, à l'équerre et au crayon, sur une règle très-mince et bien droite, d'environ 20 millimètres de largeur et d'une longueur égale à la largeur intérieure du châssis.

Ces divisions ainsi tracées, il ne reste plus qu'à coller les médailles, ce qui est facile et qui se fait très-promptement et très-régulièrement. Pendant que la colle-forte chauffe, on divise, si déjà on ne l'a pas fait, ses médailles par ordre chronologique, en autant de piles qu'il doit y avoir de rangs horizontaux dans le tableau. Cet arrangement fait, on place la règle dont on vient de parler vis-à-vis le premier point tracé en haut sur chacun des petits côtés du châssis, comme si l'on voulait tirer une ligne d'un point à l'autre, et on la fixe avec deux pointes plantées aux extrémités, de manière que les trous faits par ces pointes se trouvent cachés sous les médailles du rang suivant. Puis, avec le bout de bois dont on s'est servi pour placer les bordures, on met, tout autour du bord, plutôt en dedans qu'en dehors, pour ne pas salir le fond du tableau, de la colle bien chaude et pas trop épaisse. Cette opération se fait pour cinq ou six médailles à la fois, suivant que la colle se met plus ou moins vite en gelée. Ensuite, on les applique proprement sur le fond du tableau, en pressant légèrement sur les médailles et en appuyant la bordure contre la règle, vis-à-vis les lignes qui y sont tracées, de manière que si ces lignes se prolongeaient, elles partageraient les médailles perpendiculairement en deux parties égales, comme on l'a déjà dit.

Quand le premier rang est achevé, on place la

règle vis-à-vis du second point des côtés, et l'on continue, comme pour le premier rang, jusqu'à la fin du tableau. Pour le dernier rang, on ne peut pas placer la règle, à cause de sa largeur, dans l'intérieur de la tablette; on trace alors au crayon la ligne sur laquelle seront placées les médailles, et l'on se guide pour les espacer, soit sur les rangs précédents, soit sur la règle qu'on fixera sur le bord du châssis. Au bout d'une heure ou deux, la colle est sèche.

La colle étant bien sèche, et les médailles tenant solidement sur la tablette, si elles sont jaunes, on les fera briller en les brossant fortement, d'un bout d'une ligne à l'autre et dans tous les sens, avec une brosse à poils courts, bien fournie, peu dure et bien nettoyée à l'eau de savon, puis à l'eau claire, pour ne pas salir les médailles. Cette manière est bien plus expéditive que de les faire briller l'une après l'autre, avant de les coller sur la tablette. Cependant, si ces médailles et principalement celles de couleur, avaient besoin d'être rendues brillantes, on pourrait les frotter, mais avec la brosse à dents, en prenant la précaution de ne pas toucher la bordure.

§ 3. ENCADREMENT DES TABLEAUX.

Avant de placer le tableau de médailles dans le cadre, pour empêcher la poussière et la fumée de pénétrer entre le verre et la feuillure qui le reçoit, on y colle tout autour une bandelette de papier. On fixe ensuite le tableau au cadre avec des clous à vis, le plus près que l'on peut du bord extérieur, dans la crainte de percer le cadre, ce à quoi l'on prendra bien garde en n'employant pas des vis trop longues, et en ne perçant pas les trous trop profonds. On colle aussi tout autour du derrière du cadre de petites bandelettes de papier, pour garantir les médailles, soit de la fumée, soit de la poussière.

Les cadres de couleur brune ou acajou, conviennent aux médailles blanches, jaunes ou d'une couleur claire, et les cadres dorés ou d'une couleur claire aux médailles de couleur bronze ou noire.

§ 4. DISPOSITION DES MÉDAILLERS.

Si l'on ne veut pas encadrer les médailles, mais en former un médaillier, dans lequel elles ne seront point fixées, on fera faire un meuble ou simplement une boîte, dont le couvercle se lève et le devant s'abaisse au moyen de charnières, dont les tablettes sont à rebords, de la hauteur proportionnée à l'épaisseur des médailles qu'on veut y placer. On coupera très-juste, pour les coller ensuite sur le fond des tablettes, d'autres tablettes de 2 millimètres environ d'épaisseur, en sapin, en peuplier, en noyer, ou en tout autre bois tendre, ou bien encore des feuilles de carton bien uni, qu'on percera de trous ronds proportionnés au module des médailles.

Ces trous se font à la main, à l'aide d'un instrument ou compas en fer représenté par la figure 29. Il se compose : 1° d'une pièce a, servant de pivot, de 10 centimètres de long, surmontée d'une pomme en bois sur laquelle appuie la main qui le fait tourner, percée au bas horizontalement d'un trou carré, servant de coulisse, et terminée par une pointe qui porte un collet, afin qu'elle ne pénètre pas trop profondément; 2° d'une seconde pièce carrée b, longue de 7 à 10 centimètres, glissant dans la coulisse du morceau précédent, percée elle-même d'un trou carré ou rond, dans lequel se place perpendiculairement

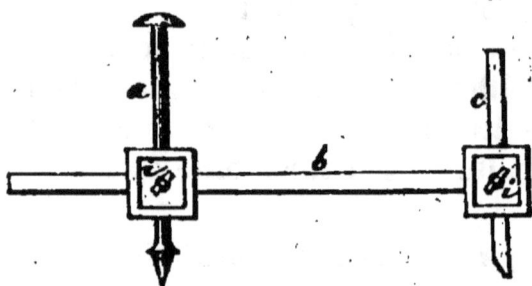

Fig. 29.

une troisième pièce c terminée par une pointe d'acier bien tranchante, servant à couper le bois ou le carton, au moyen du mouvement circulaire et de la pression qu'on lui imprime. La pièce b est fixée à la pièce a, et la pièce c à la pièce b, chacune par un écrou à oreille i, et au point qui convient suivant le

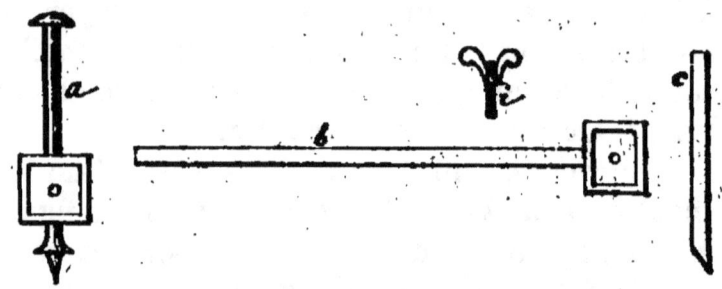

Fig. 30.

diamètre qu'on veut donner au trou. La figure 30 représente les quatre parties de ce compas séparées.

On aura soin que le tranchant n'excède pas l'extrémité de la pointe, à moins que l'on ne veuille enlever un peu d'épaisseur à la planchette, et que le côté de la lame, qui forme biseau, soit tourné du côté du centre, pour que le bois soit coupé perpendiculairement.

On aiguisera toujours le tranchant du côté du biseau, et l'on ôtera seulement le morfil du côté opposé.

———

Nous terminons ici cette dernière section et nous nous bornons à ces explications que nous croyons suffisantes pour l'ouvrier ainsi que pour l'amateur.

La dernière édition de ce petit Manuel contenait un chapitre entier sur la manière de garnir les médailles avec du papier ou du carton doré, pour en composer des cadres. Nous avons cru devoir retrancher de cette nouvelle édition ce chapitre démodé. Il n'est plus d'usage aujourd'hui de garnir les médailles. On a remarqué sans doute qu'un cadre de médailles ainsi ornées présentait une ressemblance avec ces reliquaires de mauvais goût qu'on surcharge ordinairement de papier doré.

Nous donnons cependant ce renseignement, afin qu'on puisse recourir au besoin à l'ancienne édition (*Manuel du Mouleur en Médailles*, par M. F.-B. ROBERT. 1 vol. in-18, 1 fr. 50 c. Paris, Roret, 1843).

FIN.

TABLE DES MATIÈRES.

<table>
<tr><td></td><td>Pages.</td></tr>
<tr><td>Préface.</td><td>I</td></tr>
<tr><td>Introduction.</td><td>1</td></tr>
</table>

LIVRE PREMIER.
MOULAGES ARTISTIQUES ET INDUSTRIELS.

PREMIÈRE SECTION.
MOULAGE EN PLÂTRE.

<table>
<tr><td>Chapitre I. Choix, tamisage et durcissement du plâtre.</td><td>9</td></tr>
<tr><td>§ 1. Notions générales sur le plâtre.</td><td>9</td></tr>
<tr><td>§ 2. Analyse chimique du plâtre.</td><td>16</td></tr>
<tr><td>§ 3. Durcissement et marmorisage du plâtre.</td><td>17</td></tr>
<tr><td>§ 4. Durcissement et alunage du plâtre.</td><td>18</td></tr>
<tr><td>§ 5. Durcissement du plâtre, procédé Greenwood, Savage et Cie.</td><td>19</td></tr>
<tr><td>§ 6. Durcissement du plâtre, procédé Sorel.</td><td>21</td></tr>
<tr><td>Chapitre II. Outillage.</td><td>23</td></tr>
<tr><td>Chapitre III. Gâchage. Confection des moules. Estampage. Moulage à creux perdu.</td><td>33</td></tr>
<tr><td>§ 1. Gâchage.</td><td>33</td></tr>
<tr><td>§ 2. Estampage.</td><td>37</td></tr>
<tr><td>§ 3. Moulage à creux perdu.</td><td>39</td></tr>
<tr><td>§ 4. Manière de faire les creux perdus d'une seule pièce.</td><td>40</td></tr>
<tr><td>§ 5. Moulage des plantes, fleurs, etc.</td><td>47</td></tr>
<tr><td>Chapitre IV. Moulage à bon creux.</td><td>49</td></tr>
<tr><td>§ 1. Moulage sur terre molle.</td><td>51</td></tr>
</table>

§ 2. Composition des mastics.	52
§ 3. Travail du moulage.	53
§ 4. Surmoulage sur plâtre. Préparation de l'huile grasse.	65
§ 5. Moulage sur terre cuite.	66
§ 6. Moulage sur terre sèche.	67
§ 7. Moulage sur marbre.	68
§ 8. Moulage sur bois.	69
§ 9. Moulage sur bronze.	70
§ 10. Moulages des statues équestres.	70

Chapitre V. Moules sur nature. 77

§ 1. Nature vivante.	78
§ 2. Nature morte.	87
§ 3. Moulage en plâtre des cadavres.	93
§ 4. Emploi du chlorure de zinc pour éviter le farinage dans les pièces anatomiques.	94

Chapitre VI. Coulage du plâtre. 98

§ 1. Manière de sécher et de durcir les creux.	98
§ 2. Manière de mouler les creux.	102
§ 3. Procédé de M. Abate pour donner au plâtre moulé la dureté et l'inaltérabilité du marbre.	110
§ 4. Moulage du plâtre à l'eau sulfurique.	114
§ 5. Procédé de moulage, dit moulage hydraulique de M. Meeüs.	115
§ 6. Confection des figurines communes en plâtre.	122
Enluminure des figurines.	123

Chapitre VII. Procédés pour rendre les statues de plâtre inaltérables à l'air. 124

§ 1. Enduit hydrofuge de d'Arcet et Thénard.	124
§ 2. Emploi de la céruse pour enduire et conserver les statues.	126
§ 3. Badigeon de Bachelier pour conserver le plâtre.	127
§ 4. Emballage des figures en plâtre.	130

DEUXIÈME SECTION.

MOULAGE DES CIMENTS, DE LA CHAUX, DES MORTIERS, DES MASTICS ET AUTRES COMPOSITIONS.

Chapitre I. Moulage des chaux hydrauliques. . . 132
Chapitre II. Moulage des ciments artificiels. . . 134
Chapitre III. Moulage des matières plastiques. . 139
   § 1. Composition plastique de fécule de pommes de terre et de chlorure de zinc. . . . 139
   § 2. Composition de plâtre et de borax. . . . 142
   § 3. Moulage à la zeiodelithe. 142
   § 4. Meules et pierres artificielles, bétons moulés et comprimés; stucs. 143

TROISIÈME SECTION.

MOULAGE DE L'ARGILE.

§ 1. Nature de l'argile. 147
§ 2. Moulage de l'argile ou estampage dans les creux. 152
§ 3. Séchage, cuisson et réparation des figures en terre. 156
§ 4. Réparation des objets en grès. 159

QUATRIÈME SECTION.

MOULAGE A LA CIRE.

§ 1. Introduction historique. 161
§ 2. Moulage à la cire. 166
   Cire molle perfectionnée. 170
§ 3. Moulage à la cire sur moules en cire; procédé de M. l'abbé Laroche. 171
   1° Préparation du moule. 171
   2° Moulage. 172

§ 4. Application de la cire au moulage des cadavres et des pièces anatomiques. . . . 172
§ 5. Moulage à la cire d'une statue équestre. . 174
§ 6. Confection des masques en cire. 182

CINQUIÈME SECTION.

MOULAGE A LA GÉLATINE.

§ 1. Confection des moules en gélatine. . . . 185
    1° Procédé Delamotte. 185
    2° Procédé Fox. 188
§ 2. Moulage au linge, au moyen de la gélatine, par M. Stahl. 189

SIXIÈME SECTION.

MOULAGE DU PAPIER, DU CARTON, DU CARTON-PIERRE, DU CARTON-CUIR, DU CARTON-TOILE ET DES LAQUES.

§ 1. Moulage du papier. 191
§ 2. Moulage du carton. 191
    1° Préparation du carton. 192
    Carton de collage. 192
    Carton de moulage. 195
    2° Opération du moulage. 199
    3° Moulage des masques en carton. . . 204
§ 3. Moulage du carton-pierre. 207
    1° Fabrication du carton-pierre. . . . 208
    2° Opération du moulage. 212
§ 4. Moulage du carton-cuir. 215
§ 5. Moulage du carton-toile. 216
§ 6. Moulages des laques. 217

SEPTIÈME SECTION.

COMPOSITIONS DIVERSES, PROPRES AU MOULAGE.

1º Pâte propre au moulage et à l'ornement, de Barrieu. 224
2º Moules propres à toutes sortes d'ornements d'architecture. 225
3º Pâte à mouler les chapelets. 226
4º Moulage des ornements avec des moules en fer ou en soufre. 227
5º Mastic inaltérable de Sarrebourg pour toutes sortes de moulures. 228
6º Mastic de M. Schmidt. 229
7º Pâte propre au moulage, par M. Pelletier. . 230

HUITIÈME SECTION.

MOULAGE DU BOIS.

§ 1. Moulage à la sciure de bois. 231
  1º Mastic de bois à la colle. 232
  2º Mastic de bois ou d'ardoise à la gélatine tannée. 235
  3º Mastic de bois à la résine. 236
§ 2. Bois plastique. 237
  Première composition. 237
  Deuxième composition. 238
§ 3. Similibois. 239
§ 4. Ornements imitant les bois sculptés. . . . 242
§ 5. Moulage du bois par le feu. 243
   Procédé Frantz et Graenaker. 248
§ 6. Bois durci. 251

NEUVIÈME SECTION.

MOULAGE DE L'ÉCAILLE, DE LA CORNE ET DE LA BALEINE.

§ 1. Moulage de l'écaille.. 254
    Moulage de l'écaille fondue. 257
    Bas-reliefs en gélatine, en écaille et en poudre d'écaille. 259
§ 2. Moulage de la corne. 260
    Procédé pour donner à la corne l'apparence de l'écaille. 261
§ 3. Moulage de la baleine, par M. Morize. . . 262

LIVRE II.

MOULAGE ET CLICHAGE DES MÉDAILLES.

PREMIÈRE SECTION.

MOULAGE AU PLÂTRE ET AU SOUFRE.

CHAPITRE I. Gâchage du plâtre. 265
  § 1. Durcissement du plâtre à l'alun, procédé Greenwood et Savage. 267
  § 2. Durcissement du plâtre au borax, à la gélatine et au verre soluble. 270
CHAPITRE II. Outils et ustensiles nécessaires au mouleur en médailles. 270
CHAPITRE III. Préparation et moulage des médailles et autres objets. 273
  § 1. Préparation des médailles avant le moulage. 273
  § 2. Moulage des médailles. 274

CHAPITRE IV. Manière de fondre le soufre et de lui donner diverses couleurs............ 283

§ 1. Soufre pur.................. 283
§ 2. Couleur verte............... 288
§ 3. Couleur rouge.............. 288
§ 4. Couleur noire.............. 288
§ 5. Couleur bronze ou brune....... 290

CHAPITRE V. Coulage des médailles au soufre sur moules en plâtre non lithargirés, et imitation des camées.................. 292

§ 1. Moulage des médailles d'une seule couleur. 292
§ 2. Imitation des camées............ 297

CHAPITRE VI. Préparation des moules avec l'huile lithargirée.................. 298

CHAPITRE VII. Moulage au soufre ou au plâtre sur des moules lithargirés............ 304

§ 1. Moulage au soufre............. 304
§ 2. Moulage au plâtre sur moules durcis à l'huile siccative.................. 309
§ 3. Moulage au plâtre sur plâtre sans huiler les modèles et sans altérer leur blancheur. 309

CHAPITRE VIII. Confection des médailles de diverses couleurs.................. 312

§ 1. Coloration du plâtre............ 312
    Couleur brune et nankin........ 313
    Bleu céleste................ 315
    Noir..................... 315
§ 2. Manière de donner le brillant aux médailles en plâtre blanc ou coloré.......... 316
    Blanc.................... 317
    Bleu..................... 318
    Brun ou bronze............. 318
    Noir..................... 318
§ 3. Médailles de deux couleurs........ 319

Mouleur.   22

DEUXIÈME SECTION.

MOULAGE EN MATIÈRES DIVERSES.

§ 1. Moulage à la cire.	321
Moulages sur moules en plâtre.	321
Moulage sur moules en cire.	324
§ 2. Estampage à l'argile.	325
§ 3. Moulage à la mie de pain.	326
§ 4. Moulage au papier.	328
§ 5. Moulage au carton.	329
§ 6. Moulage à la gélatine ou à la colle-forte.	330
§ 7. Moulage à la sciure de bois.	334
§ 8. Moulage au verre.	335
§ 9. Pétrification des médailles.	337

TROISIÈME SECTION.

CLICHAGE DES MÉDAILLES EN MÉTAL.

Chapitre I. Clichage à la main et à la presse.	339
§ 1. Clichage à la main.	340
§ 2. Clichage à la presse.	343
§ 3. Emploi du mandrin D'Arcet.	345
Chapitre II. Confection des modèles en plâtre et en soufre.	347
§ 1. Modèles en plâtre.	347
§ 2. Modèles en soufre.	353
Chapitre III. Alliages propres au clichage.	354
§ 1. De l'étain et de ses alliages.	354
§ 2. Préparation des alliages.	357
Chapitre IV. Opérations du clichage.	359

TABLE DES MATIÈRES.

Chapitre V. Réparation et bronzage des clichés. . 364
§ 1. Réparation des clichés. 364
§ 2. Bronzage des clichés. 367

QUATRIÈME SECTION.

CONFECTION DES MÉDAILLERS.

§ 1. Préparation des cadres. 371
§ 2. Disposition des médailles. 372
§ 3. Encadrement des tableaux. 375
§ 4. Disposition des médaillers. 376

FIN DE LA TABLE DES MATIÈRES.

BAR-SUR-SEINE. — IMP. SAILLARD.

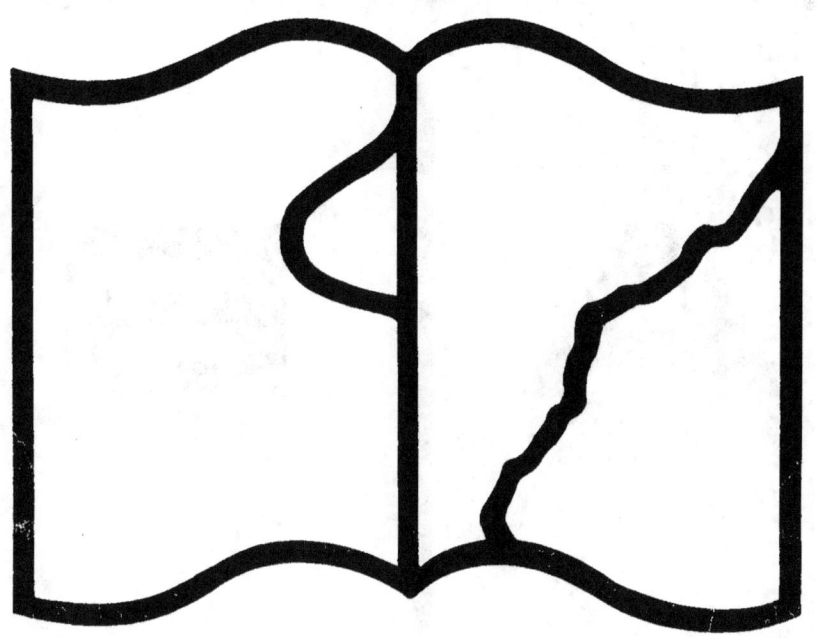

Texte détérioré — reliure défectueuse

NF Z 43-120-11

Contraste insuffisant

NF Z 43-120-14

www.ingramcontent.com/pod-product-compliance
Lightning Source LLC
Chambersburg PA
CBHW052039230426
43671CB00011B/1717